高 等 学 校 规 划 教 材

装配式建筑概论

陈 群 蔡彬清 林 平 主编

U0264148

中 国 建 筑 工 业 出 版 社

图书在版编目（CIP）数据

装配式建筑概论/陈群，蔡彬清，林平主编．—北京：
中国建筑工业出版社，2017.6
高等学校规划教材
ISBN 978-7-112-20780-0

Ⅰ.①装…　Ⅱ.①陈…②蔡…③林…　Ⅲ.①建筑工
程-高等学校-教材　Ⅳ.①TU

中国版本图书馆 CIP 数据核字（2017）第 112589 号

　　本书共分为七章，主要内容包括概述、国外装配式建筑发展历程、我国装配式
建筑发展历程、装配式建筑结构体系与技术、装配式混凝土结构建筑施工技术、装
配式建筑管理、装配式建筑发展新趋势。本书基于我国装配式建筑发展的背景，详
细阐述了装配式建筑的内涵、特征与优势，介绍了国外、我国装配式建筑发展历程
与状况，对国家层面及代表性省市装配式建筑相关政策文件进行梳理与解读；介绍
了装配式建筑技术及管理两个层面的创新，对装配式建筑、装配式混凝土结构建筑
主要技术体系进行概述，对其建筑设计、结构设计、构件制作与运输、施工与安装
等系列技术要点进行阐述，并介绍装配式混凝土结构建筑施工技术及创新；从产业
链、项目组织、全寿命周期管理、质量管理等维度介绍装配式建筑管理领域的相关
创新。最后，本书从基于绿色建造的现场施工思维、装配式建筑与环境保护、装配
式建筑与资源节约、智能建筑与信息化、建筑信息模型与各项技术未来的挑战等方
面介绍装配式建筑发展新趋势。

　　本书可作为高等院校工程管理类、土木工程类相关专业的教材，也可供工程管
理、建筑设计施工、政府及相关部门、科研机构等专业人员的参考用书与培训用
书。为更好地支持相应课程的教学，我们向采用本书作为教材的教师提供教学课
件，有需要者可与出版社联系，邮箱：kejiancabp@126.com

＊　　　＊　　　＊

责任编辑：赵晓菲　张智芊
责任校对：李欣慰　党　蕾

高等学校规划教材
装配式建筑概论
陈　群　蔡彬清　林　平　主编
＊
中国建筑工业出版社出版、发行（北京海淀三里河路 9 号）
各地新华书店、建筑书店经销
北京红光制版公司制版
北京同文印刷有限责任公司印刷
＊
开本：787×1092 毫米　1/16　印张：16½　字数：370 千字
2017 年 6 月第一版　　2018 年 2 月第二次印刷
定价：**40.00** 元（赠课件）
ISBN 978-7-112-20780-0
（30442）

前　　言

　　装配式建筑是建造方式的革新，是建筑业突破传统生产方式局限、生产方式变革、产业转型升级、新型城镇化建设的迫切需要。大力发展装配式建筑，是建设领域推进生态文明建设，贯彻落实绿色循环低碳发展理念的重要要求，是稳增长、调结构、转方式和供给侧结构性改革的重要举措，也是提高绿色建筑和节能建筑建造水平的重要途径。装配式建筑的发展将对我国建设领域的可持续发展产生革命性、根本性和全局性的影响。

　　当前我国装配式建筑发展正处于探索、推广和应用的关键时期，国家和各地区的相关政策陆续发布实施，研究和实践正在不断推进。装配式建筑专业人才培养、培训成为推进装配式建筑发展的重要方面，而目前针对装配式建筑人才培养、培训的教材较为缺乏。因此，本书关注当前建筑业创新发展方向，以装配式建筑作为主要研究对象，力争全面系统地论述装配式建筑发展意义、国内外装配式建筑发展历程、装配式建筑结构体系与技术、装配式混凝土结构建筑施工技术、装配式建筑管理、装配式建筑发展新趋势等内容。期望本书的出版有助于对现有教材体系形成有益补充，为相关专业人才培养培训提供支持。

　　本书将装配式建筑创新内涵从技术领域延伸至管理领域，既介绍装配式建筑主要技术体系实施中全寿命周期技术要点，又提供了产业链、项目组织、全寿命周期管理、质量管理等维度的管理创新方向，力求使读者能对装配式建筑创新发展形成深刻、全面的认识。书中针对相关问题的研究成果期望能对我国装配式建筑发展和实践提供一定的借鉴和参考。

　　本书由福建工程学院管理学院研究团队合作编写，由陈群教授、蔡彬清副教授、林平副教授担任主编。全书由陈群、蔡彬清组织编写、撰写提纲、修订统稿，第一章由张兆溪、陈哲撰写，第二、三章由柳丞辉、蔡彬清撰写，第四、五章由林平、陈曼英、李文峰、蔡彬清、柳丞辉、黄骞撰写，第六章由林平、陈群撰写，第七章由陈建达、李文峰、朱赛敬撰写。

　　为推进装配式建筑人才培养培训，2016年，福建省住房和城乡建设厅、福建省建筑产业现代化协会组织福建工程学院、福建建工集团总公司、中建海峡有限公司、福建建超建设集团有限公司、润铸建筑工程（上海）有限公司等单位合作编写装配式建筑培训教材。本教材编写组承担并完成《装配式建筑培训教材（基础）》的编写工作，该教材已应用于福建省装配式建筑人才培训，效果良好。本书在此培训教材基础上修订完善而形成，在此对福建省住房和城乡建设厅、福建省建筑产业现代化协会、福建建工集团总公司、中建海峡有限公司、福建建超建设集团有限公司、润铸建筑工程（上海）有限公司等单位给予的指导和支持表示感谢。在本书修订过程中，东南大学博士生导师李启明教授、福建省工程建设造价管理总站鄢飞教授级高工、福建省建筑设计研究院任彧教授级高工、福建省建筑科学研究院陈宇峰教授级高工等专家同行提出了宝贵的意见和建议，在此致以谢忱。

在本书的编写过程中参阅了相关教材、论著和资料，在此谨向相关作者表示由衷的感谢。由于编写时间仓促，编者的学术水平和实践经验有限，书中难免存在不妥和疏漏之处，敬请同行专家和广大读者批评指正，不胜感激。

福建工程学院教材编写组
2017 年 3 月

目　　录

第一章 概　　述

第一节　装配式建筑发展背景与意义

一、装配式建筑发展的背景

装配式建筑是建造方式的革新，更是建筑业落实党中央、国务院提出的推动供给侧结构性改革的一个重要举措。国际上，装配式建筑发展较为成熟，第二次世界大战以后，欧洲一些国家大力发展装配式建筑，其发展装配式建筑的背景是基于三个条件：一是工业化的基础比较好；二是劳动力短缺；三是需要建造大量房屋。这三个条件是大力发展装配式建筑的非常有利的客观因素。目前，装配式建筑技术已趋于成熟，我国也呈现出类似上述装配式建筑发展的三大背景特征，具备了发展与推广装配式建筑的客观环境。

再从建筑产品与建造方式本身来看，目前的建筑产品，基本上是以现浇为主，形式单一，可供选择的方式不多，会影响产品的建造速度、产品质量和使用功能。从建造过程来看，传统建造方式设计、生产、施工相脱节，生产过程连续性差；以单一技术推广应用为主，建筑技术集成化程度低；以现场手工、湿作业为主，生产机械化程度低；工程以包代管、管施分离，工程建设管理粗放；以劳务市场的农民工为主，工人技能和素质低。传统建造方式存在技术集成能力低、管理方式粗放、劳动力素质低、生产手段落后等诸多问题。此外，传统建造方式还存在环境污染、安全、质量、管理等多方面的问题与缺陷，而装配式建筑一定程度上能够对传统建造方式的缺陷加以克服、弥补，成为建筑业转型升级的重要途径之一。

然而，近几年我国虽然在积极探索发展装配式建筑，但是从总体上讲，装配式建筑的比例和规模还不尽如人意，这也正是在当前的形势下，我国大力推广装配式建筑的一个基本考虑。

二、装配式建筑发展的重要意义

1. 建筑业转型升级的需要

当前我国建筑业发展环境已经发生深刻变化，建筑业一直是劳动密集型的产业，长期积累的深层次矛盾日益突出，粗放增长模式已难以为继。同其他行业和发达国家同行相比，我国建筑行业手工作业多、工业化程度低、劳动生产率低、工人工作条件差、质量和安全水平不高、建造过程能源和资源消耗大、环境污染严重。长期以来，我国固定资产投资规模很大，而且劳动力充足，人工成本低，企业忙于规模扩张，没有动力进行工业化研究和生产；随着经济和社会的不断发展，人们对建造水平和服务品质的要求不断提高，而劳动用工成本不断上升，传统的生产模式已难以为继，必须向新型生产方式转轨，因此，建筑预制装配化是转变建筑业发展方式的重要途径。

装配式建筑是提升建筑业工业化水平的重要机遇和载体，是推进建筑业节能减排的重要切入点，是建筑质量提升的根本保证[1]。装配式建筑无论对需求方、供给方，还是整个社会都有其独特的优势，但由于我国建筑业相关配套措施尚不完善，一定程度上阻碍了装配式建筑的发展。但是从长远来看，科学技术是第一生产力，国家的政策必定会适应发展的需要而不断改进。因此，装配式建筑必然会成为未来建筑的主要发展方向。

2. 可持续发展的需求

在可持续发展战略指导下，努力建设资源节约型、环境友好型社会是国家现代化建设的奋斗目标，国家对资源利用、能源消耗、环境保护等方面提出了更加严格的要求，如我国制定了到 2020 年国内单位生产总值二氧化碳排放量比 2005 年下降 40％～45％的减排目标。要实现这一目标，建筑行业将承担更重要的任务，由大量消耗资源转变为低碳环保，实现可持续发展。

我国是世界上年新建建筑量最大的国家，每年新增建筑面积超过 20 亿 m^2，然而相关建设活动，尤其是采用传统方式开展的建设活动对环境造成严重影响，比如施工过程扬尘、废水废料、巨额能源消耗等。具体看，施工过程中的扬尘、废料垃圾随着城市建设节奏的加快而增加，在施工建造等各环节对环境造成了破坏，建筑垃圾已经占到城市固体垃圾总量的 40％左右，此外还造成大量的建筑建造与运行过程中的能耗与资源材料消费。在建筑工程全寿命周期内尽可能地节能降耗、减少废弃物排放、降低环境污染、实现环境保护并与自然和谐共生，应成为建筑业未来的发展方向之一。因此，加速建筑业转型是促进建筑业可持续发展的重点①。

多年来，各地针对建筑企业的环境治理政策均是针对施工环节的，而装配式建筑目前是解决建筑施工中扬尘、垃圾污染、资源浪费等的最有效方式之一，其具有可持续性的特点，不仅防火、防虫、防潮、保温，而且环保节能。随着国家产业结构调整和建筑行业对绿色节能建筑理念的倡导，装配式建筑受到越来越多的关注。作为对建筑业生产方式的变革，装配式建筑既符合可持续发展理念，是建筑业转变发展方式的有效途径，也是当前我国社会经济发展的客观要求。

---

① 京华时报．中国新建房屋超过 20 亿 m^2，占全球 1/2 以上．（2017.4.28）．［2015.3.27］．http：//finance.sina.com.cn/money/roll/20150327/144521827153.shtml.

3. 新型城镇化建设的需要

我国城镇化率从·1978 年的 17.9% 到 2014 年的 54.77%，以年均增长 1.02% 的速度稳步提高。随着内外部环境和条件的深刻变化，城镇化必须进入以提升质量为主的转型发展新阶段。国务院发布的《国家新型城镇化规划》指出：推动新型城市建设，坚持适用、经济、绿色、美观方针，提升规划水平，全面开展城市设计，加快建设绿色城市；对大型公共建筑和政府投资的各类建筑全面执行绿色建筑标准和认证，积极推广应用绿色新型建材、装配式建筑和钢结构建筑；同时要求城镇绿色建筑占新建建筑的比重将由 2012 年的 2% 增加到 2020 年的 50%。

随着城镇化建设速度不断加快，传统建造方式从质量、安全、经济等方面已经难以满足现代建设发展的需求。预制整体式建筑结构体系符合国家对城镇化建设的要求和需要，因此，发展预制整体式建筑结构体系可以有效促进建筑业从"高能耗建筑"向"绿色建筑"的转变、加速建筑业现代化发展的步伐，有助于快速推进我国的城镇化建设进程。

第二节 装配式建筑的内涵、特征与优势

一、装配式建筑的内涵

预制装配式建筑，指集成房屋，是将建筑的部分或全部构件在工厂预制完成，然后运输到施工现场，将构件通过可靠的连接方式加以组装而建成的建筑产品。它采用最新的冷压轻钢结构以及各类轻型材料组合房屋的各个部分，使其具备卓越的保温、隔声、防火、防虫、节能、抗震、防潮功能。在欧美及日本被称作产业化住宅或工业化住宅。其内涵主要包括以下三个主要方面：

第一，装配式建筑的主要特征是将建筑生产的工业化进程与信息化紧密结合，体现了信息化与建筑工业化的深度融合。信息化技术和方法在建筑工业化产业链中的部品生产、建筑设计、施工等各个环节都发挥了不可或缺的作用。

第二，装配式建筑集中体现了工业产品社会化大生产的理念。装配式建筑具有系统性和集成性，促进了整个产业链中各相关行业的整体技术进步，有助于整合科研、设计、开发、生产、施工等各方面的资源，协同推进，促进建筑施工生产方式的社会化[2]。

第三，装配式建筑是实现建筑全生命周期资源、能源节约和环境友好的重要途径之一。装配式建筑通过标准化设计优化设计方案，减少由此带来的资源、能源浪费；通过工厂化生产减少现场手工湿作业带来的建筑垃圾等废弃物；通过装配化施工减少对周边环境的影响，提高施工质量和效率；通过信息化技术实施定量和动态管理，达到高效、低耗和环保的目的。

二、装配式建筑的特征

装配式建筑的主要特征总结如下：

1. 系统性和集成性

装配式建筑集中体现了工业产品社会化大生产的理念，具有系统性和集成性，其设计、生产、建造过程是各相关专业的集合，促进了整个产业链中各相关行业的整体技术进步，需要科研、设计、开发、生产、施工等各方面的人力、物力协同推进，才能完成装配式建筑的建造。

2. 设计标准化、组合多样化

标准化设计是指"对于通用装配式构件，根据构件共性条件，制定统一的标准和模式，开展的适用范围比较广泛的设计"。在装配式建筑设计中，采用标准化设计思路，大大减少了构件和部品的规格，重复劳动少，设计速度快。同时，设计过程中可以兼顾考虑城市历史文脉、发展环境、周边环境与交通人流、用户的习惯和情感等因素，在标准化的设计中融入个性化的要求并进行多样组合，丰富装配式建筑的类型。

以住宅为例，可以用标准化的套型模块组合出不同的建筑形态和平面组合，创造出板楼、塔楼、通廊式住宅等众多平面组合类型，为满足规划的多样化要求提供了可能。

3. 生产工厂化

装配式建筑的结构构件都是在工厂生产的，工厂化预制采用了较先进的生产工艺，模具成型，蒸汽养护，工厂机械化程度较高，从而使生产效率大大提高，产品成本大幅降低。同时，由于生产工厂化，材料、工艺容易掌控，使得构件产品质量得到很好的保证。

4. 施工装配化、装修一体化

装配式建筑的施工可以实现多工序同步一体化完成。由于前期土建和装修一体化设计，构件在生产时已事先统一在建筑构件上预留孔洞和装修面层预埋固定部件，避免在装修施工阶段对已有建筑构件打凿、穿孔。构件运至现场之后，按预先设定的施工顺序完成一层结构构件吊装之后，在不停止后续楼层结构构件吊装施工的同时，可以同时进行下层的水电装修施工，逐层递进，且每道工序都可以像设备安装那样检查精度，各工序交叉作业方便有序，简单快捷且可保证质量，加快施工进度，缩短工期。

5. 管理信息化、应用智能化

装配式建筑将建筑生产的工业化进程与信息化紧密结合，是信息化与建筑工业化的深度融合的结果。装配式建筑在设计阶段采用 BIM 信息技术，进行立体化设计和模拟，避免设计错误和遗漏；在预制和拼装过程采用 ERP 管理系统，施工中用网络摄影和在线监控；生产中预埋信息芯片，实现建筑的全寿命周期信息管理。BIM 可以简单地形容为"模型＋信息"，模型是信息的载体，信息是模型的核心。同时，BIM 又是贯穿规划、设计、施工和运营的建筑全生命期，可以供全生命期的所有参与单位基于统一的模型实现协同工作。信息化技术和方法在装配式建筑工业化产业链中的部品生产、建筑设计、施工等各个环节都是不可或缺的[3]。

三、装配式建筑的优势

传统建筑在设计建造过程中存在诸多问题，其设计、生产、施工相互脱节，生产过程连续性差；以单一技术推广应用为主，建筑技术集成化低；以现场手工、湿作业为主，生产机械化程度低，材料浪费多，建筑垃圾量大，环境污染严重；工程以包代管、管施分离，工程建设管理粗放，资源、能源利用率低；以劳务市场的农民工为主，工人技能和素质低，工程质量难控制等。

与传统建筑相比，装配式建筑采用的是标准化设计思路，结合生产、施工需求优化设计方案，设计质量有保证，便于实行构配件生产工厂化、装配化和施工机械化。构件由工厂统一生产，减少现场手工湿作业带来的建筑垃圾等废弃物；构件运至现场后采用装配化施工，机械化程度高，有利于提高施工质量和效率，缩短施工工期，减少对周边环境的影响；采用信息化技术实施定量和动态管理，全方位控制，效果好，资源、能源浪费少，节约建设材料，环境影响小，综合效益高。

相比于传统建筑及其建造方式，装配式建筑具有以下突出优势：

1. 保护环境、减少污染

传统建筑工程施工过程中，因采用现场湿作业方式，现场材料、机械多，施工工序多，人员、机械、物料、能耗管理难度大，对周围环境造成噪声污染、泥浆污染、灰尘固体悬浮物污染、光污染和固体废弃物等污染严重。而装配式建筑的构件在工厂生产，然后运到现场吊装。现场施工湿作业少，工地物料少，现场整洁性好。主要构件已预制成型，现场灰料少，施工工序简单，大大减少了施工过程中的噪声和烟尘，垃圾、损耗都减少一半以上，有效降低施工过程对环境的不利影响，有利于环境保护，减少污染。

2. 装配式建筑品质高

预制装配式建筑可从设计、生产、施工过程中对建筑质量进行全方位控制，有利于提高建筑品质。与传统建筑构件采用现场现浇，多采用木模成型，需要大量支撑的施工方式相比，装配式建筑构件采用工厂预制生产，严格按图施工，钢模成型，外观整洁，蒸汽养护，质量更有保证。传统建筑的现场施工，工人素质参差不齐，人员流动频繁，管理方式粗放，施工质量难以得到保证，很大程度上受限于施工人员的技术水平。而装配式建筑构件在预制工厂生产，是完全按照工厂的管理体制及标准体系来进行构件预制，如原材料选择、钢模预先定制，大多数构件一体成型，生产人员较固定，技术水平有保证，生产过程中可对材料配比、钢筋排布、养护温度、湿度等条件进行严格控制，构件出厂前的质量检验进行把关，使得构件的质量更容易得到保证。构件在现场吊装施工之前，还需经过多道检验，装配时可增加柔性连接，提高建筑结构的抗震性。构件生产过程中可配合使用轻质、难燃材料，降低建筑物自重，提高建筑耐火极限和隔声要求。预制外墙生产过程中，可采用预嵌外饰材方式生产，也可采用预制工艺做成各种形式的面饰，牢固美观可靠，不掉石材砖块。墙板之间的缝隙采用双重隔水层，且可分层断水，能最大限度地改善墙体开裂、渗漏等质量通病，并提高住宅整体安全等级、防火性、隔声和耐久性。

3. 装配式建筑形式多样

传统建筑造型一般受限于模板搭设能力，对于造型复杂的建筑，采用传统建筑方式，很难做到。装配式建筑在设计过程中，可根据建筑造型要求，灵活进行结构构件设计和生产，也可与多种结构形式进行装配施工。如与钢结构复合施工，可以采用预制混凝土柱与钢构桁架复合建造，也可以设计制造如悉尼歌剧院式的薄壳结构或板壳结构。由美国建筑师 RiChard Meier 设计，于 2003 年建造完成的罗马千禧教堂就是由 346 片预制异型混凝土板组构而成。除此之外，采用预制工艺，还可以完成各种造型复杂的外饰造型板材、清水阳台或者构件，如庙宇式建筑——花莲慈济精舍寮房，就是采用预制工艺建造的装配式建筑。

从实用角度出发，装配式建筑可以根据选定户型进行模数化设计和生产，结构形式灵活多样。这种设计方式大大提高生产效率，对大规模标准化建设尤为适合。因此，采用装配式建筑可以更快速、高效地满足像传统现浇建筑一样的建筑造型要求和实用需求。

4. 减少施工过程安全隐患

传统施工过程中模板脚手架多，现场物料、人员、机械复杂，高空作业多，安全管理难度大，安全隐患多。而装配式建筑的构件在工厂流水式生产，运输到现场后，由专业安装队伍严格遵循流程进行装配，现场仅需部分临时支撑，现场整洁明了；采用制式安全网施工，且预制施工外围无脚手架，施工动线明确，安全管理相对容易。因此，与传统施工相比，预制装配式建筑大大降低了安全隐患。

5. 施工速度快，现场工期短

装配式建筑比传统方式进度快 30% 左右。传统建筑施工时，需要架设大量支撑和模板，然后才能进行混凝土浇筑，达到规定养护时间后才能进行后续楼层施工，而装配式建筑的构件由预制工厂提前批量生产，采用钢模，不需支撑，可蒸汽养护，缩短构件生产周期和模板周转时间，尤其是生产形式较复杂的构件时，优势更为明显，省掉了相应的施工流程，大大提高了时间利用率。进入施工现场之后，结构构件可统一吊装施工，且可实现结构体吊装、外墙吊装、机电管线安装、室内装修等多道工序同步施工，大大缩短施工现场的作业时间，从而加快施工进度，缩短现场工期。如大润发台湾内湖二店 5 万 m² 的项目采用装配式建筑总工期只有 5 个月。

6. 降低人力成本，提高劳动生产效率

传统建筑施工技术集成能力低、生产手段落后，需要投入大量的人力才能完成工程建设。目前我国逐渐步入老龄化社会，工人整体年龄偏大，新生力量不足，建筑行业劳动力不足、技术人员缺乏、劳动力成本攀升，导致传统施工方式难以为继。装配式建筑采用预制工厂生产，现场吊装施工，机械化程度高，劳动生产率提高，减少现场施工及管理人员数量近 10 倍，大大降低人工成本，如图 1-1 为装配式建筑施工现场图。

图 1-1　装配式建筑施工现场工人数量少

四、装配式建筑与传统建筑生产方式的区别

装配式建筑生产方式与传统建筑生产方式的比较，见表 1-1。

装配式建筑生产方式与传统生产方式对比　　　　　　　　　　表 1-1

比较项目	传统生产方式	装配式建筑生产方式
建筑工程质量与安全	现场施工限制了工程质量水平，露天作业、高空作业等增大安全事故隐患	工厂生产和机械化安装生产方式的变化，大大提高产品质量并降低安全隐患
施工工期	工期长，受自然环境条件及各种因素影响大，各专业可能不能进行交叉施工；主体封顶仍有大量工作	构件提前发包，现场模板和现浇湿作业少；项目各楼层之间并行施工；构件的保温及装饰可在工厂一体集成，现场只需吊装
经济性	人工费、管理费较高，保温材料无法实现与建筑物同寿；建筑能耗较大，材料浪费严重	构件制作造价随模具周转次数增加而降低；现场工人减少；材料可多次利用；由于构件实现标准化、模数化，材料损耗减少；预制工期短可缩短投资回收期

续表

比较项目	传统生产方式	装配式建筑生产方式
劳动生产率	现场湿作业,生产效率低,只有发达国家的20%～25%	住宅构件和部品工厂生产,现场施工机械化程度高,劳动生产效率较高
施工人员	工人数量多,专业技术人员不足,人员流动性大,工人素质,技术水平参差不齐,人员管理难度大	工厂生产和现场机械化安装对工人的技能要求高,人员较固定,施工操作技术水平有保证,机械化程度高,用工数量少,人员管理容易
建筑环境污染	建筑垃圾多、建筑扬尘、建筑噪声和光污染严重	工厂生产,大大减少噪声和扬尘、建筑垃圾回收率提高
建筑品质	很大程度上受限于现场施工人员的技术水平和管理人员的管理能力	构件由工厂生产,多道检验,严格按图施工生产,生产条件可控,产品质量有保证,工艺先进,建筑品质高
建筑形式多样性	受限于模板架设能力和施工技术水平	工厂预制,钢模可预先定制,构件造型灵活多样,现场机械吊装,可多种结构形式组合成型

 本章小结

相对传统生产方式,装配式建筑具有系统性与集成性,且具备设计标准化、组合多样化、生产工厂化、施工装配化、装修一体化、管理信息化、应用智能化等特点,有利于节约资源和能源,减少污染,提高建筑质量品质,丰富建筑形式,同时还有助于减少施工过程安全隐患,施工速度快,现场工期短,能降低人力成本,提高劳动生产效率,促进信息化、工业化深度融合,对化解产能落后、提高工程质量有着积极的作用。在国家大力发展装配式建筑的大背景下,应紧抓发展机遇,进一步推进新型城镇化的建设、满足可持续发展的需求和建筑业转型升级的需要。

参考文献

[1] 抓住机遇大力发展装配式建筑[N]. 解放日报,2014.
[2] 任凭,牛凯征,庄建英,梁莞然. 浅议新型建筑工业化[J]. 建材发展导向(下),2014.
[3] BIM技术是建筑业革命性力量[R]. 鲁班咨询,2014.
[4] 浅谈装配式可持续建筑的发展前景[N]. 基层建设,2014.
[5] 宁尚,李元. 浅谈装配式建筑的发展[J]. 房地产导刊,2013.
[6] 田黎. 装配式建筑时代来临[J]. 城市住宅,2014.
[7] 潘旭钊. 装配式住宅的现状与发展趋势[J]. 城市建设理论研究,2014.
[8] 齐冠宇. 浅谈装配式建筑在我国的现状与发展[J]. 新材料新装饰,2014.
[9] 工业化:建筑业科学发展的大趋势[J]. 建筑,2013.

第二章 国外装配式建筑发展历程

第一节 国外装配式建筑的兴起

一、国外装配式建筑的产生

最早的装配式建筑可以追溯到 17 世纪向美洲移民时期所用的木构架拼装房屋，20 世纪初英国利物浦的工程师 John Alexander Brodie（图 2-1）提出最早的装配式公寓的想法和实现过程，但是 Brodie 的想法并没有在英国被广泛接受，反而在东欧流行起来，图 2-2，图 2-3 为当时的现场实景图。

图 2-1 John Alexander
Brodie
（1858～1934）

图 2-2 1903 年 John Alexander Brodie 在利物浦埃尔登街建筑作品（采用预制混凝土作为建筑材料）

图 2-3 1964 年拍摄的埃尔登街作品（虽然经历了战争侵袭，仍是一件严谨的建筑工业化产品）

二、国外装配式建筑发展契机

纵观建筑工业化的发展历史，特别是工业化住宅的发展，其重要的契机和推动力主要来自以下几个方面。

1. 工业革命

技术的进步带来现代建筑材料和技术的发展。与此同时，城市发展带来大批农民向城市聚集，城市住宅紧缺问题日益严重。在1866年的伦敦，有人对一条街道作过调研。在这条街上，住10～12个人的房子有7间，12～16个人的房子有3间，17～18个人的房子有2间。住宅紧缺已经到了令人发指的地步。1910年，在伦敦还出现了一些夜店。所谓夜店，不是现在作为娱乐场所的夜店，而是专门给无家可归的人过夜的一些店铺。它们基本上是人满为患，空间小到躺不下，只能一排一排地坐着，在每一排人的胸前拉一根绳子，大家都趴在绳子上睡觉，如图2-4、图2-5所示。

图 2-4　工业革命的重要成果（第一座　　　　图 2-5　工业革命时期伦敦的夜店
　　　　装配式大型公建伦敦水晶宫）

2. 战争与灾难引发的需求

装配式建筑的真正高速发展始于第二次世界大战后，欧洲国家以及日本等国房荒严重，迫切需要解决住宅问题，促进了装配式建筑的发展[1]。如法国的现代建筑大师勒·柯布西耶曾经构想房子也能够像汽车底盘一样工业化成批生产。他的著作《走向新建筑》奠定了工业化住宅、居住机器等最前沿建筑理论的基础。期间为促进国际建筑产品交流合作，建筑标准化工作也得到很大发展，如图2-6所示。

图 2-6　战后大规模重建背景下柯布西耶的以标准化为基础的居住单元系列

　　大灾难导致的城市重建以乌兹别克斯坦共和国首都塔什干为典型，1966年的一场大地震让古都塔什干一夜之间三分之一的生活区域被毁，30万人无家可归，所有文物古迹几乎都遭受严重损毁，城市重建迫在眉睫。在之后的两年时间内，苏联政府用工业化方式对城市进行了快速重建，修建了2300万平方英尺的住宅和15所学校，其中60％的住宅和70％的学校都采用预制装配式建筑，塔什干成为工业化重建的城市典型，如图2-7所示。

图 2-7　以工业化方式快速建设的塔什干城市住宅

3. 共产主义与乌托邦思想主导的城市建设

　　这方面的代表是以苏联为典型的东欧国家，在乌托邦思想的主导下，城市建设大赶快上，通过不断增加工人阶层、减少农民，快速建立一个工业文明的社会。这一时期苏联的建筑工业化得到很大的发展。首先在20世纪30年代的工业建筑中推行建筑构件标准化和预制装配方法。第二次世界大战后，为修建大量的住宅、学校和医院等，定型设计和预制构件有很大发展。1958～1962年，对两三种定型单元的"经济住宅"开始采用工厂化生产；1963～1971年，适用于不同气候区的定型单元定型设计增加到10种，如图2-8所示。

图 2-8　20世纪60年代的莫斯科展会：埋入导管的混凝土预制板，镶嵌水管的单元墙体

　　装配式建筑发展过程中，各国按照各自的特点，选择了不同的道路和方式。在建筑工业化发展的道路方面，除了美国较注重住宅的个性化、多样化，没有选择大规模预

制装配化的道路外，其他大部分国家和地区，如欧洲、苏联、中国香港地区和新加坡等都选择了大规模预制装配化的道路；在装配式建筑发展的方式方面，瑞典、丹麦和美国主要通过低层、中低层和独立式住宅的建造发展建筑工业化；香港地区和新加坡主要通过高层住宅建筑的建造发展装配式建筑；其他国家如日本、芬兰、德国等则是两种发展方式兼而有之。

由于地质情况的不同，不难发现欧美等西方国家装配式建筑与日、韩等国存在很大差异，一个最直接的差别就是 PC 构件采取的拼接方式不同。西方国家很多采取干性连接，这种连接的抗震性较差，比如引起国际结构工程师高度重视的英国伦敦 Ronan Point 公寓的连续倒塌事故，就是由于 Ronan Point 公寓各预制板之间的节点仅有齿槽灌浆相连而无钢筋连接，不符合抗震要求而造成重大的事故（图 2-9）。而日本作为地震频发地区，在推行装配式建筑的前期就要充分考虑到建筑的抗震要求，在探索预制装配式建筑的标准化设计施工基础上，结合自身要求，在预制装配式结构体系整体抗震和隔震设计方面取得了突破性进展。日本的预制装配式混凝土建筑体系设计、制作和施工的标准也很完善，如图 2-10 所示。

图 2-9　倒塌的英国 Ronan Point 公寓　　　　图 2-10　　日本经过 6.5 级
地震后的装配式建筑

第二节　发达国家装配式建筑发展概况

一、欧洲

欧洲是第二次世界大战的主要战场之一。第二次世界大战后，欧洲住房受到严重的破坏，造成房屋大量短缺。欧洲各国对住宅的需求量都急剧增加，出现"房荒"现象，成为当时严重的社会问题。为了解决居住问题，欧洲各国开始采用工业化的生产方式建造大量住宅，这时的工业化主要指的是预制装配式，并形成了一套完整的住宅建筑体系。以预制装配式进行住宅建设，大大提高了住宅产品的生产效率，使得住宅生产速度大幅提高，这种预制装配式的工业化建筑模式和体系至今还在使用。

1. 法国

法国预制混凝土结构的使用已经历了 130 余年的发展历程，是世界上推行装配式建筑最早的国家之一。法国装配式建筑的特点是以预制装配式混凝土结构为主，钢结构、木结构为辅，装配式住宅多采用框架或者板柱体系，焊接、螺栓连接等均采用干法作业，结构构件与设备、装修工程分开，减少预埋，生产和施工质量高。

（1）发展历程

法国装配式建筑发展经历了 3 个阶段：

第一阶段是以"数量"为目标的装配式建筑形成阶段。20 世纪五六十年代，二战对法国的住宅建筑造成了极大的破坏，为了解决"房荒"问题，法国进行了大规模的装配式建筑生产，以成片住宅新区建设的方式大量建造住宅，此阶段被称为"数量时期"。

第二阶段是以"高性能"为目标的装配式建筑成熟阶段。20 世纪 70 年代，法国住房短缺得以缓解，但是随着居民生活水平不断提高，新区的问题却逐渐暴露出来，于是人们开始反思 20 世纪 50 年代和 60 年代的新区建设，开始寻求装配式建筑的新途径。装配式建筑的重点逐渐从"量"转移到"质"，即全面提高住宅的性能，住宅产业化开始迈入成熟阶段。

第三阶段是以"高品质环保"为目标的装配式建筑高级阶段。20 世纪 90 年代开始，为了缓解全球"温室效应"，法国等欧盟国家率先提出城市和建筑的可持续发展，由此装配式建筑发展的重点开始转向节能、减排，即逐渐降低住宅的能源消耗、水消耗、材料消耗，减少对环境的污染，实现可持续发展。由此法国的装配式建筑进入了"环保"的高级阶段。

（2）法国装配式建筑的主要形式[2]

在法国建筑工业化快速发展时期，样板住宅是装配式住宅的主流形式。样板住宅实际上就是标准化住宅，设计图纸公开发行，所有厂家都可以生产。从 1968 年开始，样板住宅政策要求施工企业与建筑师合作，共同开展标准化的定型设计。同时通过全国或地区性竞赛筛选出优秀方案，推荐使用。1972～1975 年法国通过了建筑设计和建筑技术方面的创新，进行了一些设计竞赛，最后确定了大概 25 种样板住宅。这些样板住宅实际是以户型和单元为标准的标准化体系，如图 2-11 所示。

图 2-11　法国典型装配式住宅

如图 2-12 所示，DM73 样板住宅基本单元为 L 形，设备管井位于中央，基本单元可以加上附加模块 A 或 B，并采用石膏板隔墙灵活分隔室内空间，这样可以灵活组成 1~7 室户，不同楼层之间也可以根据业主需求灵活布置。规划总平面中，这些基本单元可以组合成 5~15 层的板式、锯齿式、转角式的建筑，或者 5~21 层的点式建筑，或者低层的联排式住宅。

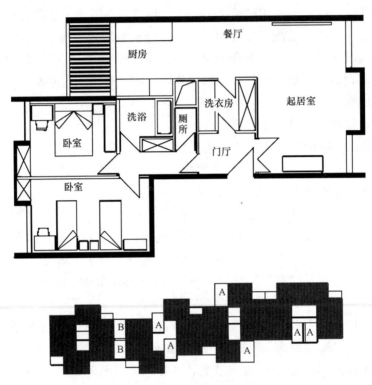

图 2-12　法国 DM73 样板住宅实例

虽然定型单位的尺度越小，其组合的灵活度越高，最终的多样性越能保证。但是这会导致其生产规模缩小，生产效率降低。因为受限于住宅生产规模的进一步缩小，即使只有 25 种样板住宅，其每一种的生产量仍然小到无法维持，最终不可避免地走向衰败。

1977 年，法国希望通过建立模数协调规则来建立一种通用构造体系，以解决这个问题。为此，法国成立了构件建筑协会 ACC，包括：建筑师同业会，建筑材料、构配件及设备工业协会（AIMCC），全国建筑承包商联合会（FNB），设计顾问公司联合会（SYN-TEC），法国顾问工程师协会（CICF）。构件建筑协会的主要工作是建立模数协调规则。

1978 年协会制定了模数协调规则，内容包括：采用模数制，基本模数 $M=100$，水平模数 $=3M$，垂直模数 $=1M$；外墙内侧与基准平面相切；隔墙居中，插放在两个基准平面之间；轻质隔墙不受限制，可偏向基准平面的任一侧；楼板上下表面均可与基准平面相切，层高和净高其中有一符合模数。这种模数协调规则表达方式过于复杂，难于理解，并且若按照该规则制定的标准化节点，将使设计僵化。因此，1978 年，法国住宅部提出在模数协调规则的基础上发展构造体系。

构造体系是向开放式工业化过渡的手段，它是由施工企业或设计事务所提出主体结构体系，每一体系由一系列可以互相装配的定型构件组成，并形成构件目录。所有构造体系符合尺寸协调规则，建筑师可以从目录中选择构件，像搭积木一样组成多样化的建筑，可以说构造体系实际上是以构配件为标准化的体系。样板住宅的体系是以户型和单元为标准单位的，所以在设计上构造体系比样板住宅更灵活，在这种情况下，设计师的灵活性和主动性就增加了。

法国住宅部委托建筑科技中心（CSTB）进行评审，共确认了25种体系，年建造量约为10000户。为了促进构造体系的发展应用，法国政府规定：选择正式批准的体系，可以不经过法定的招投标程序，直接委托，这种政策刺激了构造体系的发展。

法国构造体系以预制混凝土体系为主，钢、木结构体系为辅。在集合住宅中的应用多于独户住宅。多采用框架或者板柱体系，向大跨度发展，焊接、螺栓连接等干法作业流行，结构构件与设备、装修工程分开，减少预埋，生产和施工质量高。这些特点和我们现在倡导选择的装配式技术体系非常相似。以下是一些构造体系的实例，如图2-13所示。

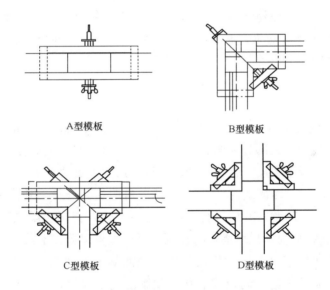

A型模板   B型模板

C型模板   D型模板

图 2-13 法国 SGE-C 构造体系实例的现浇节点模板示意图

这是一种预制大板体系，适用于 7 层以下的住宅建筑。楼板为预制条形板：跨度4800mm 以下采用 160mm 厚实心板，跨度 4800mm 以上采用预应力空心板。内外墙板统一规格，为实心板或多孔板，外墙做外保温加抹灰或混凝土装饰板，墙板之间的连接节点可预制、可现浇，墙板与楼板之间的连接节点可焊接或者现浇，楼板与楼板之间预留槽灌浆。

（3）经验借鉴

在住宅大规模建设时期推进装配式建筑发展。法国抓住住宅大规模建设的有利契机，形成了工业化生产建造体系，改变了传统的住宅手工建造方式，提高了生产效率。该阶段以全装配式大板和工具式模板现浇工艺为标志，出现了许多"专用建筑体系"。

建立建筑部品的模数协调原则。在20世纪90年代，法国混凝土工业联合会和法国混凝土制品研究中心编制出一套GS软件系统。这套软件系统把遵守统一模数协调原则、安装上具有兼容性的建筑部件汇集在产品目录之内，告诉使用者有关选择的协调规则、各种类型部件的技术数据和尺寸数据、特定建筑部位的施工方法，其主要外形、部件之间的连接方法，设计上的经济性等。模数协调原则的制定，使得预制构件的大规模生产成为可能，降低成本的同时提高了效率。

推动形成"建筑通用构造体系"。构造体系最突出的优点是建筑设计灵活多样，它作为一种设计工具，仅向建筑师提供一系列构配件及其组合规律，至于设计成什么样的建筑，建筑师有较大的自由。1982年后，法国政府调整了技术政策，推行构件生产与施工分离的原则，发展面向全行业的通用构配件的商品生产，并开发出"构造逻辑系统"的软件，可以设计出多样化的建筑，不仅能进行辅助设计，而且可快速提供工程造价。通过推行"建筑通用体系"，法国的装配式建筑得到了大发展。

2. 德国

德国是世界上建筑能耗降低幅度最快的国家，近几年更是提出发展零能耗的被动式建筑。从大幅度的节能到被动式建筑，德国都采取了装配式建筑来实施，装配式住宅与节能标准相互之间充分融合。德国的装配式建筑主要采取叠合板、混凝土、剪力墙结构体系，采用混凝土结构，耐久性较好。

（1）发展历程

1926~1930年间在柏林建造的战争伤残军人住宅区是德国最早的预制混凝土板式建筑，共有138套住宅，大部分为两到三层楼。如今该项目的名称是施普朗曼居住区，项目采用现场预制混凝土多层复合板材构件，构件最大重量达到7t[3]。

第二次世界大战后，西德地区70%~80%的房屋遭到破坏，住房问题显得尤为突出，政府高度重视住宅问题，开始进行大规模重建工作，德国装配式建筑迎来了契机。东德地区1953年在柏林约翰尼斯塔进行预制混凝土大板建造技术第一次尝试。1957年在浩耶斯韦达市的建设中第一次大规模采用预制混凝土构件施工。此后，东德用预制混凝土大板技术，大量建造预制板式居住，预制混凝土大板住宅的建筑风格深受包豪斯理论影响。

1972~1990年东德地区开展大规模住宅建设，并将完成300万套住宅确定为重要政治目标，预制混凝土大板技术体系成为最重要的建造方式。这期间用混凝土大板建筑建造了大量大规模住区、城区，如10万人口规模的哈勒新城。

在过去的几十年中，依靠其雄厚的工业化基础和职业教育环境，通过不断完善法律、标准，并在相关协会和企业的执着与坚持下，逐步形成了完整的产业体系，为德国的社会、经济可持续发展做出了巨大的贡献。

（2）德国建筑工业化现状

对于装配式建筑，只追求设计、生产或施工单一环节的建筑工业化，无疑是一叶障目，不见泰山。如果没有完整的装配式建筑产业链的支撑，将无法使各个结构体系融洽的结合应用，不仅影响各环节本身的发展，也会使整个装配式建筑产业无序发展。目前，德国已经形成了一条包含建筑设计、工程设计、生产工艺、物流运输、施工安装、配套产品供应的完整的产业链，见图2-14。

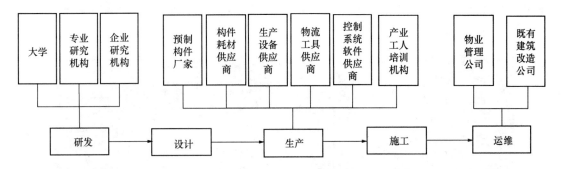

图 2-14　德国建筑工业化产业链

研发：在产学研合作方面德国一直走在世界前列，建筑行业也不例外。在装配式建筑领域的技术和产品研发方面，许多大学都与有产品和技术研发需求的企业保持着紧密合作关系，企业根据自身产品和技术革新的需求，向大学提出联合或者委托研究，大学在理论和验证性实验方面具备完整的科研体系，能科学的完成相关科研目标。其他独立的专业研究机构，则在新型材料，技术等方面有着深厚的实用性研究的积累，促进了新技术和新产品的发展。

设计：设计工作在德国的特点是分工有序，各专业设计机构之间紧密合作。建筑单位负责牵头与客户对接，然后相关的专业设计机构（如水、机电、暖通等）也会受委托进行专项设计。预制构件深化则是和结构设计结合在一起。相关的软件厂商积极开发软件系统和数据标准，方便设计师们进行协同设计。同时 BIM 也得到广泛的应用，设计成果不仅是图纸还有大量的数据和清单，与生产系统以及各企业 ERP 管理系统方便对接。在产业模式上，德国是设计师负责制，打通了设计、生产、施工、运维环节，保证了产业链的协同，更好了发挥了产业化的优势。

生产：可以说德国建筑产业里具有工业化的基因，德国强大的机械设备设计加工能力使预制构件的生产得到了变革式的飞跃发展。在板式构件的加工方面，由于有了安夫曼、沃乐特这类专职于做设备加工的企业、优立泰、SAA 这样的生产控制系统的软件供应商的支持，流水作业变为可能，而且摆脱了传统板式构件预制必须具备固定模数尺寸的限制，更加能满足个性化的需求。在非板式构件的加工方面，通过大量家族企业孜孜不倦地开发新产品，完善技术，使生产效率大幅提高，成本得以降低。生产所需的预埋件与消耗品从门窗，保温隔热构件，起吊件，套管，电气开关线盒线管，钢筋制品，化学剂等等都是各自专业的厂家进行供货。构件的特殊运输车辆也是在这个发展的过程中被车辆供应商结合需求不断的开发出来。当然，在这个过程中，在产品标准，研发，协调等方面协会起着重要的作用。

此外，德国在全球处于领先地位的"双元制"职业教育制度，通过校企合作，产学结合，培养适应市场需求的技能型人才，为建筑工业化提供了大量优秀的产业工人。

施工：德国大多数建筑施工企业都有着预制建筑的施工经验，从豪赫蒂夫、旭普林这些大集团公司到地方上的小家族企业，完成了很多预制建筑领域的创新和施工技术的创新。在工具和支撑，模板方面，像哈芬、多卡这类公司则是对这些施工企业给予了莫大的支持。在吊装机械方面，像利勃海尔这类公司则做着贡献。预制建筑方面也有专门的协会，促进着交流与创新，如图 2-15 为施工模板的几种情况。

AUL-TOP 铝合金支柱　　　　　ID15 方框支柱　　　　　MODEX 脚手架

图 2-15　施工模板

运维：在德国有大量专业的物业公司对建筑进行运维管理。在维修维护和改造方面，对于战后所建的多层板式住宅楼，由于当时的技术条件和建造条件的限制，面临着大量的维修维护和改造，类似西伟德建材集团，会提供大量改造类项目以及维修维护类项目所需的特殊建材。

（3）启示与借鉴

德国装配式建筑自第二次世界大战后 70 年的积累，对我们有很多启示和借鉴[4]。

装配式建筑应有完善的产业链支撑。装配式建筑不是设计单位或施工单位就能推动的产业，它需要标准规范、施工工艺、吊装设备、部品部件等一系列配套的环境，需要产业链上下游企业共同参与才能完成。我们应发挥"政产学研用"的协同创新模式，大力进行装配式建筑的研发、设计、生产、运输、施工等技术创新、产品创新和管理创新，通过产业链协同的方式大力推进装配式建筑发展的进程。

管理模式需要创新。在德国实行的设计师负责制，打通了设计、生产、施工、运维环节，保证了产业链的协同，更好的发挥了产业化的优势。在我国，应大力推行以工程总承包（EPC）为龙头的设计、施工一体化的模式，更好发挥装配式建筑的优势，并实现现代化的企业运营管理模式。

在推进装配式建筑上，应有执着和坚持精神。从德国的装配式建筑进程看，也不是一帆风顺，其中有很多低谷。但相关的企业都坚持走工业化的道路，在低谷时期研究相关技术和新产品，通过创新不断提高工业的质量和水平，改变人们对工业化的认识，最终迎来了市场的认可和繁荣。当前我国的装配式建筑也存在着市场不足，民众认可度不高的局面，相关企业应学习德国企业的执着和坚持精神，通过坚持不懈的持续推进，最终一定能迎来装配式建筑的春天。

应大力培养产业工人。从德国的装配式建筑进程看，"双元制"职业教育制度，为建筑工业化提供了大量优秀的产业工人。目前，我国装配式建筑的技术工人严重不足，制约着产业化的发展。为了解决这个问题，政府和企业应共同行动。政府应大力推进职业资格教育，鼓励校企联合培养产业工人。企业也应建立自己的产业化培训体系和组建自己的产业化队伍，为产业化提供充足的技术工人队伍。

灵活运用装配式建筑结构体系。德国的装配式建筑结构非常成熟，钢结构、木结构、玻璃结构、预制混凝土、现浇混凝土、集成化设备结构体系灵活组合应用在公共建筑、多层和高层住宅中。我国在推进装配式建筑的过程中，也应综合考虑成本、质量、安全等因素，合理选用结构体系，不能通过政策性指令去限定结构体系的应用。

合理选择建筑工业化技术体系。德国的建筑工业化技术体系主要分为大模板、预制和 TGA 体系。德国的大模板体系非常成熟（图 2-16），广泛应用在建筑、桥梁、隧道、水电等领域。在预制体系方面，德国会因地制宜，综合考虑结构性能、施工便捷等因素，将混凝土、钢结构、木结构、玻璃机构等进行有机结合，结合各自体系之长，选用最合适的结构体系用于建筑中。在建筑部品、专业产品、设备集成方面，德国有完善的产品和产业链，很好地支撑了建筑工业化的发展。

墙模板 　　　　　　　　圆筒形模板

隧道模板 　　　　　　　　高层模板

图 2-16　德国大模板体系

目前我国在推行装配式建筑方面，偏重于强调预制装配式主体结构技术体系，2015 年底又提出了推行钢结构、木结构技术体系，但相对还是比较单一。其实大模板也是工业化的技术体系之一。我们在推行装配式建筑时，应借鉴德国的经验，综合考虑环境、性能、施工、成本、质量、安全、配套部品、部件等因素，选择合适的技术体系或通过技术体系组合，更好的发挥装配式建筑所带来的优势[5]。

3. 瑞典

瑞典是世界上装配式建筑发展最好的国家之一，建筑工业化程度达到 80% 以上。瑞典采用了大型混凝土预制板的装配式技术体系，装配式建筑部品部件的标准化已逐步纳入瑞典的工业标准。为推动装配式建筑产品建筑工业化通用体系和专用体系发展，政府规定只要使用按照国家标准协会的建筑标准制造的结构部件来建造建筑产品，就能获得政府资金支持。

（1）发展历程

第二次世界大战后，瑞典的住宅建设经历了大约 20 年的稳定发展时期，在 20 世纪 70 年代初达到高峰，住宅建设量从 1958 年的 5 套/千人·年，增加到 1973 年的 12.5 套/千人·年。以后逐渐有所下降，近年来一般保持在 4～6 套/千人·年之间。

瑞典从 20 世纪 50 年代开始在法国的影响下推行装配式建筑，并由民间企业开发了大型混凝土预制板的工业化体系，之后大力发展以通用部品为基础的通用体系。目前瑞典的新建住宅中，采用通用部品的住宅占 80% 以上。有人说："瑞典也许是世界上工业化住宅最发达的国家"。

瑞典是在 20 世纪 40 年代就着手建筑模数协调的研究，并在 60 年代大规模住宅建设时期，建筑部品的规格化逐步纳入瑞典工业标准（SIS）。1960 年颁布"浴室设备配管"标准，1967 年"主体结构平面尺寸"和"楼梯"标准，1968 年"公寓式住宅竖向尺寸"及"隔断墙"标准，1969 年"窗扇、窗框"标准，1970 年"模数协调基本原则"1971 年"厨房水槽"标准等，囊括了公寓式住宅的模数协调，各部品的规格、尺寸。部品的尺寸、连接等标准化、系列化为提高部品的互换性创造了条件，从而使通用体系得到较快的发展。

1973 年新建公寓式住宅所占比例较大，之后独立式住宅超过公寓式住宅，目前独立式住宅大约 80% 左右，而这些独立式住宅 90% 是以工业化装配方式建造的，在 50 几个工业化住宅公司中，有 12 家大型住宅公司。建筑体系有小型和大型木框架包括高效保温板材体系。工厂的生产技术较先进，同时考虑住宅套型的灵活性。瑞典的住宅商向西德、奥地利、瑞士、荷兰，以及中东、北非出口住房，同时还打入了美国市场。

（2）装配式建筑特点

1）较完善的标准体系基础上发展通用部件

瑞典早在 20 世纪 40 年代就着手建筑模数协调的研究，20 世纪 60 年代大规模住宅建设时期建筑部件的规格化，逐步纳入瑞典工业标准（SIS）。颁布了"浴室设备配管"标准、"门扇框"标准、"主体结构平面尺寸"和"楼梯"标准、"公寓式住宅竖向尺寸"及"楼梯"标准、"公寓式住宅竖向尺寸"及"隔断墙"标准、"窗扇、窗框"标准、"模数协调基本原则"、"厨房水槽"标准等，囊括了公寓式住宅的模数协调，各部件的规模、尺寸。部件的尺寸、连接等标准化、系列化为提高部件的互换性创造了条件，使通用体系得到较快的发展。

2）独户住宅建造工业十分发达

20 世纪 20 年代瑞典新建公寓式住宅所占比例较大，之后独立式住宅逐渐超过公寓式住宅，目前独立式住宅大约占 80% 左右，而这些独立式住宅 90% 以上是工业化方法建造的。在五十几个工业化住宅公司中，有 12 家大型住宅公司。建筑体系有小型和大型大框架包括高效保温板材体系。工厂的生产技术较先进，同时考虑住宅套型的灵活性。瑞典的住宅生产商向西德、奥地利、瑞士、荷兰，以及中东、北非出口住宅，同时还打入了美国市场，如图 2-17 所示。

图 2-17　瑞典建成后的独户住宅

3）政府重视标准化和贷款制度推动装配式建筑

政府一直重视标准化工作，早在 20 世纪 40 年代就委托建筑标准研究所研究模数协调，以后又由建筑标准协会（BSI）开展建筑化标准方面的工作。为了推动住宅建设工业化和通用体系的发展，瑞典 1967 年制定的《住宅标准法》规定，只要使用按照瑞典国家标准协会的建筑标准制造的建筑材料和部件来建造住宅，该住宅的建造就能获得政府的贷款。

4）住宅建设合作组织起着重要作用

居民储蓄建设合作社（HSB）是瑞典合作建房运动的主力。HSB 也开展材料和部件的标准化工作，它制定的"HSB 规格标准"更多地反映了设计人员和居民的意见，更能符合广大成员的要求。

（3）经验借鉴

1）要重视建筑的可持续发展，尽管瑞典是一个环境优美，水资源、能源和木材资源都较为丰富的国家，但在节能环保领域中所作的努力及其严谨的态度，更加反映其对于可持续发展的战略追求。可持续发展要抓住机遇，因地制宜地制定阶段性目标，依靠合理的规划、技术集成与产品创新来逐步实现。

2）在项目的组织协调方面，装配式住宅项目得顺利实施得益于强有力的生产组织、协调机制——以开发商为龙头和主导，以项目为平台，把住宅相关企业如规划设计、建筑、部品、材料、代理、工程监理等链接起来，在一个平台上完成住宅的产业化配套集成，形成了一个利益、责任、协作的共同体。通过产业链的链接，实现产业间、企业间有序配合的生产组织模式，最终形成了一个多赢的利益共同体。

3）在项目的实施上，瑞典装配式住宅小区在建造过程中并未采用特别先进、高造价的技术和产品，而是把重点放在对现有、成熟适用的住宅技术与产品的集成。瑞典装配式住宅的能源供给依靠当地可再生能源，把当地已经广泛应用的风能、太阳能、地缘热泵等技术加以集成而实现。

4）在推进机制上要有所创新，瑞典的做法有以下几点可值得借鉴：引进 LCA 全寿命周期造价评估，来体现装配式住宅合理的性价比；政府机构制定相应的配套措施和激励机制，如对于可再生能源的激励政策；通过现代的 IT 信息技术，辅以环境教育来强化使用者和最终客户的认知度、知情权和监督权。

二、美国

美国的装配式建筑起源于 20 世纪 30 年代，1976 年美国国会通过了国家工业化住宅建造及安全法案，并在同年开始出台一系列严格的行业规范标准。除了重视质量，更注重提升美观、舒适性及个性化。美国大城市住宅的结构类型以混凝土装配式和钢结构装配式住宅为主，小城镇多以轻钢结构、木结构住宅体系为主。美国住宅构件和部品的标准化、系列化、专业化、商品化、社会化程度很高，几乎达到 100%。用户可通过产品目录，买到所需的产品。这些构件结构性能好，有很大通用性，也易于机械化生产，同时采用 BL 质量认证制度，部品部件品质保证年限。

1. 发展历程

美国的装配式建筑起源于 20 世纪 30 年代的汽车房屋。汽车房屋是将汽车作为简易房屋的替代品，如图 2-18 所示。为那些选择迁移、移动生活方式的人们提供一个住所。但是在第二次世界大战期间，野营的人数开始减少，旅行车被固定下来，作为临时的住宅。第二次世界大战结束以后，政府担心拖车造成贫民窟，不允许再用其来作住宅[6]。

图 2-18　美国早年的汽车房屋

20 世纪的 50 年代后，由于美国出现"婴儿潮"，家庭平均人数增加；二战后的现役军人大规模复原，复员军人回归社会，产生住房需求；从世界各地涌入美国的移民，又增加了美国人口总数；诸多因素的推动下，导致美国住房供需缺口不断扩大。为了迅速解决住房短缺的矛盾，美国政府放松了政策限制，许可汽车作为简易房屋使用。许多房屋制造商受到启发，发明了可移动房屋。它们都被统一制作，外观与传统房屋类似，功能与传统房屋一致。但是房屋的重量较轻便于搬运。如客户有需求，房屋制造商可以使用运输设备，将其运输至指定地点简易安装即可。至此，装配式住宅的雏形出现了。

随着美国经济的发展和人民生活水平不断提高，原先的简易房屋已经不能满足美国国民的需求。更大居住面积、更全使用功能、更美观并突出个性的房屋，成为消费者的新诉求。1976 年，美国政府批准通过《国家工业化住宅建造及安全法案》并制定了HUD 国家标准以适应房地产市场发展的需要。HUD 国标对房屋设计、施工和建造的诸多指标进行了规范，并要求所有标准化工业化住宅必须遵守，一直沿用到今天。新的技术不断出台，节能方面也是新的关注点。美国的装配式建筑经历了从追求数量到追求质量的阶段性转变。

美国幅员辽阔，人口稀少，因此其装配式建筑发展的道路不同于欧洲。由于美国的传统居住习惯和丰富的土地原材料资源，政府在住宅建设方面，没有采用预制构件装配的住宅建造模式，而延用了传统的低层木结构建造模式，更注重住宅的舒适性、多样化、个性化。据美国工业化住宅协会统计，2001 年，美国已经建成使用约一千万套工业标准化住宅，供 2200 万人口居住，占美国住宅总量的 7%。2007 年，美国的工业化住宅国民生产总值总值达到 118 亿美元。由于美国装配式住宅的成本只有非装配式住宅成本的 50%，成本优势促进了装配式住宅的发展，很大程度上解决了低收入人群、无福利购房者住房问题。

2. 现状

美国建筑业越来越趋向于专业化，越来越多的工程不是直接由承包商施工，而是由总承包商中标后分包给分承包商施工。分承包商的专业化程度很高，只负责某个分部或者分项工程，别的一概不做。总承包商接到工程项目后要确定分承包商，列出这些公司的名单交给业主聘请的建筑师或土木工程师审查备案，并公布于众。

房屋建造商承包建造的房子，从土建结构到室内外装饰装修，乃至房前屋后花草树木的栽种一步到位，向用户交锁匙的一揽子工程。包括室内墙面壁纸的粘贴、涂料的喷涂、地面化纤地毯、塑料地板的铺设，灯饰、灯具的吊挂，卫生间几大件的安装，厨房灶具、冰箱、吊柜的安装等都一并在工程之内。这里没有土建工程和装饰工程分步实施的做法。

为了提高生产效率，降低制造成本，适应大规模装配式生产，住宅设计和建造出现了细化的社会分工。住宅部件和结构构件逐渐标准化和系列化，房屋制造商根据客户的功能需求，设计出不同样式和不同品类的产品，供客户自由挑选。获得订单后，拆分订单到不同的部件和工种。最终归类订购标准构件，委托专业承包商建设，形成一整套流水线作业方式。这样既保证了建造速度，又保证了工程质量。美国住宅用构件和部品的标准化、系列化、专业化、商品化、社会化程度很高，几乎达到100%。用户可通过产品目录，买到所需的产品。这些构件结构性能好，有很大通用性，也易于机械化生产。

在装配式住宅技术上，注重高新技术的研究与推广，注重可再生资源的积极开发，比如太阳能、风能、地热的研究开发及推广，注重开发研究资源的循环使用技术，比如污水处理和回收技术、生活垃圾处理和再利用技术等；在装配式住宅管理上，美国拥有较为先进的管理机制，从工程的设计、构件制作、部品配套，到施工安装一般有一家企业独立完成，减少了中间环节，节约了住宅建设成本，并提高了产品质量，这样的管理机制有利于最终产品的整体考虑和细部完善。

美国的装配式住宅形式有4种：一是独门独户式为主体（图2-19），约占半数以上，多为1~2层，室外有草坪花卉和游泳池。多为中等生活水平的自由住宅；二是小型公寓式（图2-20），所占比例较大，占30%~40%，多为三层建筑，每栋住两户或4户，最多20户左右，多为出租住宅；三是大型公寓式（图2-21），所占比例很小，多为5~6层建筑，供出租用；四是别墅式（图2-22），占地大，建筑面积大，为1~2层建筑，周边有树丛和草坪。

图2-19 独门独户式住宅　　　　　　　　图2-20 小型公寓式式住宅

图 2-21 大型公寓式住宅   图 2-22 别墅式住宅

美国的装配式建筑的主要结构有三种：木结构，美国西部地区的房子以木结构为主，以冷杉木为龙骨架，墙体配纸面石膏隔音板；混合结构，墙体多用混凝土砌块承重，屋顶、楼板采用轻型结构；轻钢结构，是以部分型钢和镀锌轻钢作为房屋的支承和围护，是在木结构的基础上的新发展，具有极强的坚实、防腐、抗震性以及更好的抗风、防火性。目前在美国民居建筑中所占的比重愈来愈大，如图 2-23 所示。

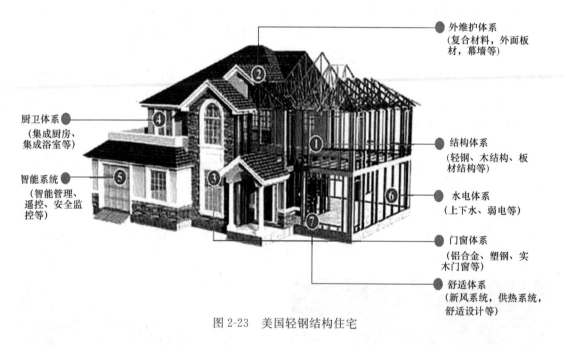

图 2-23 美国轻钢结构住宅

3. 施工与建材

（1）施工

美国装配式建筑施工中凡是需要笨重体力劳动，以及能够并适用机械来代替人力的作业，都采用机械。既有挖土机、推土机、自卸车、搅拌机等大型通用施工机械，也有各种轻便的、专用的手提式电动工具，机械作业与手工作业结合并配合得很协调，如图 2-24 所示[7]。

图 2-24　机械吊装过程

　　装配式建筑的施工自始至终都是采取流水作业方式，各工种（或工序）之间都不平行交叉作业。而且，这里施工的常规，每个工序完成全部作业后，都必须全面清理施工现场，为下道工序准备好条件，方可撤离。然后，下个工序才进现场。例如：基础及地下室土方开挖工程结束后，现场仅留下供回填用土，其余的挖土全部运离现场；当地面以上的木工工程完成后，工地上的剩余物，则按照原木料、边角料以及无用废物三类分别运离。

　　装配式建筑的工地每个工序通常只有 2～3 个工人在现场干活，看上去人员不足，其实施工效率相当高。如：地下室土方开挖工程，1 台挖土机，配 2 台运土用自卸车，几百个立方的土方，连挖带运，通常 1 天完成；地面以上的木结构工程，一般也是 2～3 个工人，每个工人配备了轻便高效的手提式电锯和电动钉枪，每人独当一面，紧凑有序地操作，通常 1 天可以完成一个楼层的结构构架，3～4 天即可完成一幢二层建筑的全部木构架。

　　装配式建筑施工地面以上工程基本上全部都是干作业。季节、气候对施工的影响相对地要小得多，只有遇到雨雪天气，室外作业要暂停；由于干作业，下道工序无须等上道工序材料的干燥、硬化、形成强度，工序衔接很紧凑。

　　（2）建筑材料

　　美国住宅以钢材为屋架，以木材或复合材料等轻型平板作墙板。先将钢梁安装焊接好，再把木板或复合板裁成一定的规格，再拼装起来。这种房屋不仅美观、重量轻，而且施工方便、省时、省工、经济。钢屋梁要以耐火纤维和胶凝材料组成的涂料喷涂。这种涂料由矿棉、陶瓷纤维、海泡石或玻璃纤维及熟石膏、水泥、膨润土等组成。对涂层有一定的厚度要求，技术设计的基本目标为：如果发生火灾，在消防人员到达前的 25min（有关法规对消防部门提出的最高时限）内，钢屋梁不至于受热变形。如果用木材作墙板，都预先进行特殊的内外喷涂处理，还可用这种木材做楼板、楼梯、门窗和阳台等，经过喷涂处理的木材性能大为改善，可防潮、耐腐蚀、不怕日晒、雨淋、不怕虫蛀、不易翘曲变形等，从而延长它的使用寿命。如果用复合材料作墙板，可供选择的有多种产品，如玻璃纤维水泥板、硅钙板、木（麻）纤维水泥板、聚丙烯水泥板、三氧化铝板、综合硬板、石膏板等，它们的容重小、强度高、不燃无毒、绝热保温、可锯、可钉，便于加工和安装，此外有些产品还具有其他特性，如硅钙板可被加工成复合板，石膏板可做成贴面板、三氧化铝板可耐大幅度的温度变化等。于是人们可根据不同的使用要求，选择自己需要的产品。复合墙板与钢屋梁装配的墙壁都带有夹层，在夹壁内装填保温材料，兼起隔音作用，如图 2-25～图 2-28 所示。

图 2-25　钢材屋架

图 2-26　木材做楼板、楼梯

图 2-27　木结构保温门窗

图 2-28　有夹层的墙板

美国住宅建筑所用建材制品及部件的生产和供应是紧紧围绕着住宅这一最终产品而进行的。美国建材产品有如下特点：一是产品质量好且有较长的产品质量保证年限。例如在建材超级市场，货架摆放着分别有 40 年、35 年、30 年、25 年、20 年等不同年限的沥青油毡瓦；化纤地毯有终生防静电的保证期，其他如门窗、炊具、卫生洁具等都有一定年限的质量保证期。用户使用这些制品和设备做到心中有数，一旦发现产品有质量问题，可直接向生产者联系，生产者按规定负责质量赔偿。二是建材制品和部件品种规格系列齐全，且配套性很强。例如卫生间中的浴缸、坐便器、洗脸盆及其五金件的配套；厨房中的炊具、洗碗机、抽油烟机、烤箱、吊柜及其配合件的配套；门窗及其配件的配套等等，在建材超级市场中，可任意选购和组合配套。其产品标准化、系列化、配套化、通用化程度很高，如图 2-29、图 2-30 所示。

图 2-29 标准化的厨房图   图 2-30 标准化的洗脸盆

美国大规模的经济建设已经完成，城市中没有看到大兴土木的现象，从建筑工地看到钢筋混凝土结构的建筑非常少，在施工的大多数建筑都采用钢结构，梁柱用电焊焊接或用螺栓铆接，连楼板也用凹形钢板铺装。梁、柱都覆于墙体内部。因此，在建筑内部看不到房屋四角和上面四边凸出的现象。建筑工地看不到使用黏土砖作墙体材料，特别是西部地区，由于受地震的影响，高层建筑很少。郊区居民住宅"别墅化"，一般都二到三层，用木结构建造。除城市中有少数公寓楼四到五层外，建四到五层以上的住宅几乎没有。

美国建筑的外围护墙和内隔墙一般都使用新型墙体材料，特别是西部地区使用承重混凝土小砌块非常普遍，到处能见到小砌块建筑。而且外墙都是清水墙，不粉刷。高层建筑都用混凝土小砌块建造，且用劈裂小砌块装饰砖饰面。从这些小砌块建筑的外表面看，外面都涂上一层树脂涂料，使墙体发出一种亚光的亮度。颜色一般为灰白色和淡黄色，且覆盖较厚，砂粒之间的凹陷都给垫满，手摸上去有光滑感。这些涂料的使用主要为了防止墙体渗水和微裂纹的产生，并且小砌块的砌筑，柱与墙之间不咬砌，留有 1.5cm 左右的伸缩缝，墙宽度约每 5m 为一单元，不与边墙咬砌，同时留有一条伸缩缝；伸缩缝内用嵌缝胶填实，缝面用橡胶、树脂胶填实，使一道墙与另一道墙粘连。此树脂胶不硬化，保持弹性以防墙体收缩和雨水渗入。

4. 经验借鉴

（1）模块化技术

模块化技术是美国装配式建筑的关键技术，在美国住宅建筑工业化过程中，模块化技术针对用户的不同要求，只需在结构上更换工业化产品中一个或几个模块，就可以组成不同的装配式住宅[8]。因此，模块化产品具有很大的通用性。模块化技术是工业化住宅设计的一个关键技术保障。

模块化技术是实现标准化与多样化的有机结合和多品种、小批量与高效率的有效统一的一种最有生命力的标准化方法，模块化的侧重点是在部件级的标准化，由此达到产品的多样化。模块化技术的实质就是运用标准化原理和科学方法，通过对某一类产品或系统的分析研究，把其中含有相同或相似的单元分离出来，进行统一、归并、简化，以通用单元的形式独立存在，这就是由分解得到的模块。各模块具有相对独立的完整功能，可按专业分工单独预制、调试、储备、运输。

（2）低成本优势

美国装配式住宅有着低成本的优势，其优势来自于加工过程中的成本优势。低成本使得装配式住宅有广泛的需求市场，低收入人群是工业化住宅的主要购买者。而我国装配式建筑一个很难推进的原因就是建造成本太高，使得装配式建筑没有吸引力开发商不愿去开发装配式住宅，应该学习美国的在装配式建筑成本控制方面的经验，努力降低装配式建筑的建造成本，推进装配式建筑在中国的发展。

（3）社会化分工与集团化发展并重

构件生产商的产品有 $15\%\sim25\%$ 的销售是直接针对建筑商。同时，大建筑商并购生产商或建立伙伴关系大量购买住宅组件，通过扩大规模，降低成本。在装配式住宅生产上，美国拥有较为先进的集团化企业，从工程的设计、构件制作、部品配套，到施工安装一般有一家企业独立完成，减少了中间环节，节约了住宅建设成本，并提高了产品质量，这样的管理机制有利于最终产品的整体考虑和细部完善。

（4）结构类型

现在美国预制业用得最多的是剪力墙—梁柱结构系统。基本上水平力（风力，地震力）完全由剪力墙来承受，梁柱只承受垂直力，而梁柱的接头在梁端不承受弯矩，简化了梁柱结点。经过 60 年实际工程的证明，这是一个安全且有效的结构体系，如图 2-31、图 2-32 所示。

图 2-31　内剪力墙—梁柱结构　　　　图 2-32　外剪力墙—梁柱结构

三、日本

20 世纪 50 年代以来，日本借助保障性住房大规模发展契机，长期坚持多途径、多方式、多措施推进建筑工业化，发展装配式建筑。2015 年日本国土交通省数据，在新建建筑中，按照结构类型划分，木结构建筑占比 41.4%，钢结构建筑占比 37.9%，钢筋混凝土结构建筑占比 20.1%。在新建住宅中，木结构住宅占比 55.5%，钢结构住宅占比 18.1%，钢筋混凝土结构住宅占比 26.3%。

1. 发展历程

第二次世界大战后日本[9]为给流离失所的人们提供住房，开始探索以工厂化生产方式低成本、高效率的制造房屋构件，装配式建筑由此开始。大量的农村人口快速流向城市，造成城市大量的住房需求，并相对集中在较为狭小的区域内，这些都为装配式住宅提供了很有利的发展环境。作为日本民间最早的装配式建筑公司——大和房屋工业株式会社于 1955 年率先研发出钢管房屋，这也是装配式住宅的原型它采用钢管和网架组合而成，外墙和屋顶分别使用波形钢板和波形彩钢板。当时主要的用途是仓库，如果加上木制门窗和简易的石膏板内装，就可作为临时屋舍，用作工地临时用房或临时校舍等用途。虽然这看似个简易的东西，但却完全颠覆了人们对房子应该在现场建造的传统观念[9]。

随后日本的经济进入高速成长期，装配式建筑的市场前景不断被看好，大量企业先后加入到装配式建筑的研发和生产行列中来，日本装配式建筑的发展经历了四个阶段。

（1）成长期（1965～1974 年）

1966 年日本政府公布了"第 1 期住宅五年计划"，计划在五年时间内，争取建设 670 万户住宅，实现一个家庭一户住宅的目标。政府将重点放在以工业化来实现住宅的大批量供应，制定了很多推进政策。

这个阶段政府为了引导装配式建筑的健康发展，做了大量的工作。当时的大环境是，装配式建筑的准入门槛不高，只要投资，谁都可以参与。即使对住宅没有很深的认识或者没有施工经验和品质管理能力的企业也加入到这个行业，这就造成了鱼龙混杂的状况。由此，当时对住宅品质的投诉相当多，通商产业省为了促进制造品质的提升，于 1972 年颁布了"工厂生产住宅等品质管理优良工厂认定制度"。建设省也于 1973 年颁布了"工业化住宅性能认定制度"，大幅提高了住宅性能方面的最低要求，极大地提升了装配式建筑的居住品质。

（2）转换期（1975～1984 年）

1973 年的第一次石油危机给住宅业带来了巨大的冲击，整个行业的开工件数急剧减少。1974 年的住宅开工数一下子减少了 30%，大量的相关企业开始从装配式住宅领域中撤离。

经过 40 年的高速发展，住宅供求关系趋于平稳。政府又通过调节住房公积金贷款的利率来推进装配式住宅的性能不断优化。具体措施就是对节能、隔音、耐久性等方面性能优良的住宅，住宅金融公库（公积金管理政府部门）为其提供相对优惠的融资条件，以鼓励民众选购性能更优良的住宅，以提高业界的整体水平。

这段时间内颇具特色的开发，表现为追求耐久性的新材料开发以及与节约能源相关的技术开发。现在的装配式住宅的大部分部件都是以该时期的新材料开发为契机而诞生的，随之而来的住宅质量的提高、新结构系统的开发也都是与新材料的开发息息相关。而石油危机引起的原油价格大幅上扬，不仅使住宅产业甚至是全社会的各行各业都开始将提倡"节能化"提到了重要的议事日程。

(3) 摸索期 (1985～1999 年)

1986 年以后，住宅商品变得更加豪华，住宅内使用的设备也步入高级化路线。各厂家对研究开发、设备投资不惜余力，纷纷开设新的研究所或试验所。不仅加强在设备等硬件方面的开发，而且在公司内部成立生活提案等研究部门的厂家也屡见不鲜。同时还与大学等外部研究机构共同研究开发，出现了扩大研究网络的动向。

政府为了拉动内需，在税收方而也进行了很多尝试。作为刺激消费的手段，国税部门推出了"住宅取得控除制度"、"房贷减税制度"等，大大促进了住宅消费。

(4) 创新期 (2000 年至今)

在工业化住宅生产品质等技术方而，各家公司已经不相上下，因此在全球节能环保、可持续发展的大背景下，各公司又把创新的重点更多地投入到住宅本身以外的部分。更多地开始关注使用者的居住舒适性、健康医疗、清洁能源利用等方面。

2. 政策与标准规范

政府在 1965 年制订的第一个住宅 5 年计划"新住宅建设 5 年计划"中指出，装配式住宅所占的比率要达到 15%。结果公共资金住宅的工业化达到了 8%，民间住宅率达到了 4%。1971 年再次制订的新住宅建设 5 年计划中规定，前者要达到 28%，后者 14%。

为了推动住宅产业的发展，政府建立了住宅产业的政府咨询机构审议会。为推动标准化的工作，审议会建立了优良住宅部品的审定制度、合理的流通机构和住宅产业综合信息中心，发挥了行业协会的作用。此外，政府实行住宅技术方案竞赛制度，直接效果是使松下和三泽后来将参赛获奖的成果商品化，成为企业的支柱产品。此外，该竞赛还从整体上推动了日本装配式住宅产业的发展，提高了住宅产品的质量。1975 年后，政府又出台了《工业化住宅性能认定规程》以及《工业化住宅性能认定技术基准》。工业化住宅性能认定制度的设立指导了在住宅工业化产业中起带头作用的预制住宅事业的发展，提高了日本住宅建设事业的整体水平。两项规范的出台，对整个日本装配式建筑水平的提高具有决定性的作用。日本在装配式建筑方面的标准规范主要集中在 PC 和外围护结构方面，包括日本建筑学会编制的 JASS10-《预制钢筋混凝土结构规范》与 JASS14-《预制钢筋混凝土外墙挂板》，同时还包含在日本得到广泛应用的蒸压加气混凝土板材（ALC）方面的技术规程（JASS21）。各本规范的主要技术内容包括：总则、性能要求、部品材料、加工制造、脱模、储运、堆放、连接节点、现场施工、防水构造、施工验收和质量控制等。除装配式建筑相关规范之外，日本预制建筑协会还出版了 PC 相关的设计手册，此手册近年经建筑工业出版社引进并在国内出版。相关技术手册包含内容：PC 建筑和各类 PC 技术体系介绍、设计方法、加工制造、施工安装、连接节点、质量控制与验收、展望等。日本的钢结构和木结构住宅由此可见，该行业的大规模发展有赖于政策和标准的完善与推行。

3. 参与主体[10]

第一类是住宅工团，它是一个半政府、半民间的机构。其发展主要有如下几个阶段：第一阶段完成了不同系列的 63 种类型的住宅标准化设计，其中 1973 年完成的公有住宅建设量高达 190 万户；第二阶段完成了木结构、钢结构和混凝土结构的住宅试制，在 1974 年公有住宅建设量为 130 万户；第三阶段所有公营住宅普及标准化系列部品，逐渐发展成住宅单元标准化，该阶段期间，平均每年公有住宅建设量达 110 万户；第四阶段开发出大型预制混凝土板、H 型钢和混凝土预制板组合施工法，该阶段内公有住宅的建设量占住宅总建设量的 80% 以上，如表 2-1 所示。

日本住宅公团的住宅研发及应用情况   表 2-1

日本住宅公团的研发情况		日本住宅公团的应用情况
标准化	完成不同系列的 63 种类型的住宅标准化设计	1973 年公有住宅建设量达 190 万户
试验楼	完成木结构、钢结构和混凝土结构的住宅试制	1974 年公有住宅建设量 130 万户
部品系列化	所有公营住宅普及标准化系列部品，逐渐发展成住宅单元标准化	该阶段期间，平均每年公有住宅建设量达 110 万户
机械化施工法	开发出大型预制混凝土板、H 型钢和混凝土预制板组合施工法	该阶段内公有住宅的建设量占住宅总建设量的 80% 以上

第二类是都市机构，这也是一个半政府性的机构。2004 年 7 月 1 日，旧都市基础整备团体和旧地域振兴整备团体的地方都市开发整备部门合二为一，成立了独立行政法人的都市再生机构（简称 UR 都市机构）。UR 都市机构以人们的居住、生活为本，致力于创造环境优美、安全舒适的城市。

都市住宅技术研究所通过建设城市的实践，获取丰富的经验和知识，并对现有城市的状况进行切实的调查、掌握，开展必要的调查研究、技术开发及试验。UR 都市机构对外公开其研究调查成果，回馈社会。

第三类是民间企业。战后的日本政府推进的住宅建设工作重点是通过"量"来解决住宅危机。这个阶段必须解决两个问题：一是依靠传统的手工劳动无法短时间内解决大量的住宅供应；二是当时没有足够的木材满足日本传统的木结构住宅建设，如表 2-2 所示。

部分日本民间企业在住宅产业化方面的业务发展   表 2-2

机构名称	研发情况	住宅建设量	企业背景
积水住宅 (Sekisui House)	着重研究建筑的热工性能、老年住宅、结构体系和内装部品	1989 年住宅建设量达 170 万户	1960 年成立，1961 年设立滋贺工厂，开始 B 型住宅的开发建设，1971 年上市
大和房屋 (Daiwa House)	着重研究与环境共生住宅、老年住宅、建筑热工以及建筑工程研究和实验	2000 年住宅建设总量为 132 万户	1955 年成立，1957 年建造日本首个工厂化住宅，1961 年开始涉足钢结构住宅和厂房、仓库、体育馆等公建

续表

机构名称	研发情况	住宅建设量	企业背景
三泽房屋 （Misawa House）	着重研究住宅耐久性、住区微气候环境、地球环境问题、老年住宅等	2001年住宅建设总量为122万户	1962年成立集团，1964年大板系统开发，1965年设立预制构件工厂，1967年三泽房屋成立
大成建设 （Taisei Corporation）	着重研究工厂化住宅施工工艺、工程管理、生态环保等	2002年住宅建设总量为115万户	1917年设立，1946年财阀解体，分离出大成建设，1960年开始建造大型酒店、大坝等公建，1969年进入住宅市场

在这种社会背景下，预制住宅企业尝试用新工法来改善这种局面。20世纪50年代后期开发了基础构造体系；20世纪70年代前期开发了大型板材构造法和住宅单位构造法；进入20世纪90年代，根据市场需要展开了各种技术开发活动，比如解决VOC问题的健康住宅、无台阶住宅技术开发。

目前各企业的技术开发和设计体制重点基本都转移到顺应市场变化的轨道上。参与工业化住宅的企业比较多，既有比较大型的房屋供应商，如积水、大和、松下、三泽、丰田等，也有大型的建造商，如大成建设、前田建设等。

4. 日本住宅工业化制法的分类

第一类是木造轴组工法，多被中小型建设企业所采用，是历史最悠久、应用最广泛的住宅施工方式。一般情况下，大工工务店的木制住宅现场由工务店的负责人统一指挥。住宅的木制主体结构多由本工务店的技术工人承担施工，屋顶、装饰等工程则由外部的工人承担。采用该工法的住宅数量难以统计，原因是按照日本的法律规定，较小的建设工程（工程造价低于1500万日元，约90万元人民币）无需取得建设业许可证，是可以不用办手续的[11]，如图2-33所示。

图2-33　日本的木造轴组工法住宅实例

第二类是2×4工法，它是日本传统工法和美国标准化的结合，以2in×4in的木材为骨材，结合墙面、地面、天井面等面形部件作为房屋的主体框架进行房屋建造。该工法较传统的轴线工法有更高的施工效率，且不需要技术较高的熟练工，适合中小企业进行房屋建造。该工法不同于当时盛行的美国式的标准化、规格化工法，房屋构造形式多样、较高的抗震与耐火性能、西洋式的外观设计等是其特色。1988年日本采用该工法的新建住宅户为42，000户，占全部新建住宅的2.5％。此后持续增长，2003年达到83000户，占全部住宅的7.2％，如图2-34所示。

图 2-34 日本的2×4工法住宅实例

第三类是预制构造工法，它是大型住宅建设企业的主要施工方法。该工法是将住宅的主要部位构件，如墙壁、柱、楼板、天井、楼梯等，在工厂成批生产，现场组装。从目前的日本住宅市场来看，预制构造住宅并没有真正发挥其标准化生产而降低造价的优势。其主要原因是大部分消费者仍倾向于日本传统的木质结构住宅。其次，标准部件以外的非标准设计、加工所需要的费用使该工法建造的住宅总体造价上升，价格优势无法发挥。2003年使用该工法的新建住宅户数为158000户，占当时新建住宅的13.5％。历史最高水平是1992年，采用该工法建造的住宅为253000户，占当时新建住宅的17.8％，如图2-35所示。

图 2-35 日本的预制构造工法住宅实例

5. 日本住宅工业化的特色

（1）建筑生产标准化，产品选择多样化

住宅建设标准化包括建筑设计标准化和施工管理标准化，设计标准化是建筑生产工业化的前提条件。包括建筑设计的标准化、建筑体系的定型化、建筑部品的通用化和系列化。建筑设计标准化是在设计中按照一定的模数标准规范构件和产品，形成标准化、系列化的部品，减少设计的随意性，并简化施工手段，以便于建筑产品能够进行成批生产。施工管理标准化是指标准化的施工计划表及施工安全管理。中间产品的工厂化生产，标准化的施工表格管理和工艺要求，确保了建筑产品能够以工业化的生产方式进行组织和制造。从样板房说明至施工现场挂墙到现场实施，工程管理标准一致和无差别。但标准化并不代表产品单一，为了适应不同经济条件、审美品位的顾客，日本建筑公司设置了不同面积段，从两百平方米到四五百平方米，从现代风格、英式、日式到美洲草原别墅风格，尽量将市场上的顾客一网打尽，如图 2-36～图 2-40 所示。

图 2-36 标准化的住宅

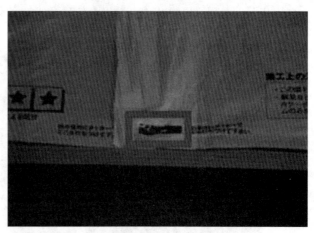

图 2-37 标准化的模块墙体和落钉位置

（2）产品注重抗震和保温，功能多样契合用户需求

日本是一个地震多发地区，国民特别关注建筑的安全和抗震性能。1995 年，阪神

图 2-38　模块化混凝土部件的使用

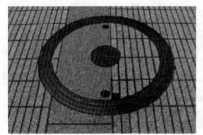

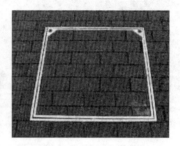

图 2-39　标准化井盖铺装设计广场地面高度吻合

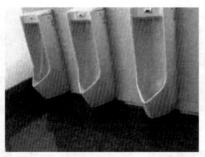
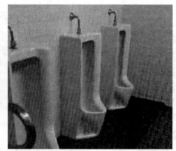

图 2-40　卫生间的配置标准是一致的

大地震之后，日本对建筑物的抗震性能有了更高的要求。法律上规定最低标准和最低要求是："保护人身安全"；第二水平要求是"保护财产"；第三水平要求是"维持功能"。最高水平的要求是"保护地域的安全"。在此背景下，隔震与减震结构得到很快普及，从单户住宅到超高层集合住宅都得到广泛应用，隔震与减震装置的种类也不断增加。日本工业化大量使用轻质材料，降低建筑物重量，增加装配式构件的柔性连接，外观不求奢华，但里面清晰而有特色，长期使用不开裂、不变形、不褪色，为厨房、厕所配备各种卫生设施提供有利条件，为改建、增加新的电气设备或通信设备创造可能性。另外，日本也是一个高纬度国家，保温节能也是购房者的现实需求，工业化建筑内墙和外墙都有保温层，最大限度地减少冬季采暖和夏季空调的能耗。日本工业化建筑的隔声和防火性能也十分出色，同时其工业化建筑处处可见一些巧妙的设计，比如在一些特殊的空间和位置，巧妙的设计很好地结合实际的产品使用特点，增加使用功能，契合用户需求，如图 2-41～图 2-44 所示。

图 2-41　日本工业化建筑柱的抗震节点

图 2-42　日本工业化建筑地面抗震节点

图 2-43　喷涂发泡胶内墙保温

图 2-44　外墙填充保温材料

（3）生产方式工业化，建造过程精细化

生产方式工业化是指将建筑产品形成过程中需要的中间产品（包括各种构配件等）生产由施工现场转入工厂化制造，用工业产品的方式控制建筑产品的建造，实现以最短的工期、最小的资源消耗，保证住宅最好的品质。

日本建筑工业化借助信息化手段，用整体集成的方法把工程建设组织起来，使得设计、采购、施工、机械设备和劳动力配置更加优化，提高了资源的利用效率。由于机械化程度高，我们现场看到的都是专业施工技术人员，而不是我们工地现场的建筑班组。

由于建筑构配件大部分在工厂制造，机械及技术施工受气象因素影响小，工人严格按照 8 小时工作，现场有条不紊，房屋建造业特别精细，如图 2-45 所示。

图 2-45　建筑构配件大部分在工厂制造

采取了标准化设计、精细化工厂生产、现场装配完成的六面墙面瓷砖铺贴和小空间瓷砖铺贴，减少了现场湿作业，且品质高、成本经济，如图 2-46 所示。

图 2-46　六面墙面瓷砖铺贴

6. 经验借鉴

从日本住宅产业化发展历程中，我们可以看出日本住宅产业化发展十分迅速，其成功经验总结如下[12]。

（1）建立健全相关组织机构

日本政府在战后复兴初期便首先建立健全了相关组织机构，如建设省、公团、住宅金融公库等机构的设立，均从不同层次不同方面引导和推进住宅产业化的实施。以成为装配式建筑能够顺利推行的重要保障。

（2）制定促进装配式建筑发展的相关法律和计划

从 1952 年起，日本先后制定了 5 期公营住宅建设三年计划，并于 1955 年制定并实行"住宅建设十年计划"，1966 年起连续实行"住宅建设五年计划"。此外，为保证一系列计划的顺利实施，日本制定并颁布了一系列法律，如《公营住宅法》、《住宅金融公库法》、《住宅建设计划法》等。

（3）制定促进住宅建设和消费经济政策

为了推动装配式建筑的发展，通产省和建设省相继设立了住宅体系生产技术开发补助金制度及住宅生产工业化促进补贴制度，通过一系列金融制度引导企业，使其经济活动与政府制定的计划目标一致；在鼓励住房消费方面，住宅金融公库以比商业贷款低 30% 的优惠利率向中等收入以下的工薪阶层提供购房长期贷款，贷款期限可以长达 35 年，大大促进了住房消费。

（4）制定促进装配式建筑发展的技术政策

第一，大力推进住宅标准化工作。日本政府制定一系列标准来推动装配式建筑工作，如"施工机具标准"、"设计方法标准"等。第二，建立一系列认定制度。日本建立了一系列认定制度，如实行优良住宅部品认定制度，认定综合部门审查部品的外观、质量、安全性、耐久性等性能，对合格的部品贴有为期五年的"BL 部品标签"；除此之外，日本还实行装配式住宅性能认定制度、CHS 认定制度等。第三，实行住宅技术方案竞赛及征集制度。日本多次开展住宅技术方案竞赛及征集制度，通过竞赛及征集的形式，不仅可以选出最符合标准的技术方案，更可以展示不同时期居民的不同需求。

本章小结

本章介绍了装配式建筑的起源——最早的装配式建筑应该追溯到 17 世纪向美洲移民时期所用的木构架拼装房屋，而最早的装配式公寓的想法和实现过程则由英国利物浦的工程师 John Alexander Brodie 在 20 世纪初提出。装配式建筑大规模发展是由于工业革命导致大量人口涌入城市、战争和灾难引发的需求、共产主义乌托邦思想的城市建设。同时还介绍了欧美、日本等国装配式建筑的发展现状，可以分析得到欧美等西方国家装配式建筑与日、韩等国存在很大差异，一个最直接的差别就是 PC 构件采取的拼接方式不同。西方国家一般采用干性连接，这种连接的抗震性较差，而日本作为地震频发地区，在推行装配式建筑的前期就充分考虑到建筑的抗震要求，日本在探索预制装配式建筑的标准化设计施工基础上，结合自身要求，在预制装配式结构体系整体抗震和隔震设计方面取得了突破性进展。日本的预制装配式混凝土建筑体系设计、制作和施工的标准也很完善。经过比较，从地理位置和地质条件来判断福建省装配式建筑和日本装配式建筑的类型及 PC 构件连接趋同，因此福建省所推行的装配式建筑应该学习借鉴日本的先进技术。

参考文献

［1］　贺灵童，陈艳．建筑工业化的现在与未来［J］．工程质量，2015(31)：1-8.

［2］　楚先锋．国内外工业化住宅的发展历程(3)欧美篇：法国［J］．居住，2008(05).

［3］　夏锋，樊骅，丁泓．德国建筑工业化发展方向与特征［J］．住宅产业，2015(09)：68-74.

［4］　卢求．德国装配式建筑发展研究［J］．住宅产业，2016(6)：25-35.

［5］　王俊，赵基达，胡宗羽．我国建筑工业化发展现状与思考［J］．土木工程学报，2016(05)：2-10.

［6］　宗德林，楚先锋，谷明旺．美国装配式建筑发展研究［J］．住宅产业，2016(6)：20-25.

［7］　李晓明．现代装配式混凝土结构发展简述［J］．住宅产业，2015(08)：46-50.

［8］　住房和城乡建设部住宅产业化促进中心．大力推广装配式建筑必读［M］．北京：中国建筑工业出版社，2016.

［9］　刘长发．日本建筑工业化考察报告［J］.21 世纪建筑材料，2011(01)：67-75.

［10］　楚先锋．日本工业化住宅的发展历程［J］．混凝土世界，2015(12).

［11］　肖明．日本装配式建筑发展研究［J］．住宅产业，2016(6)：10-19.

［12］　宫立鸣，袁扬．日本住宅产业化的发展历程与经验启示［J］．门窗，2016(03)：228-229.

第三章　我国装配式建筑发展历程

第一节　我国装配式建筑发展简况

一、我国装配式建筑的提出与演变

我国的建筑工业化是从新中国成立后开始逐步发展，20 世纪 50 年代，借鉴苏联经验，对建筑工业化进行了初步的探索；"文化大革命"时期，建筑工业发展停滞；20 世纪 80 年代，预制装配式建筑得到较快的发展，全国大中城市开始兴建大板建筑，北京、辽宁、江苏、天津等地区建起了墙板生产线，全国二十几个大中型城市的预制混凝土构件生产企业都在积极研究、开发新型墙板。此时，我国在大板建筑领域已有相当的水平，实现生产工艺的机械化，半自动化。到 20 世纪 80 年代后期，全国已竣工大板住宅 700 万 m²。1987 年，全国已形成每年 50 万 m²（约 3 万套住宅）大板构件生产能力，并形成一套自己的技术标准，1987 年批准了《厂房建筑模数协调标准》GBJ 6—86 和《建筑模数协调统一标准》GBJ 2—86 等。这些标准中规定了单层和多层工业厂房和民用建筑等各类建筑物的相关参数、外形尺寸和结构统一化的基本规定及模数化等问题，同时也编制了全国通用建筑结构构件标准图集及单层和多层钢筋混凝土结构厂房的全套标准图集，一定程度上提高了我国工业厂房统一化和定型化水平及装配程度。随着住房市场化发展，大板建筑的户型难以满足不同层次的需求。此外，研究开发工作存在不足，在引进的基础上，也缺乏消化吸收再创新。因此在实际工程中出现了一些问题，比如在一些接缝的地方出现渗漏问题。与此同时，八十年代中国改革开放以后，建筑行业的劳动力得到了充足的补充，现浇建造方式的成本明显下降，再加上劳动力供应充足，所以现浇建筑很快就代替了大板建筑。

进入 90 年代之后，我国建筑工业化的研究与发展几乎处于停滞甚至倒退状态，装配式建筑技术水平和建筑制品的质量没有得到提高。与现浇混凝土结构相比，装配式建筑受力性能和抗震性能较差；建筑部品及配套材料研发不够，使得建筑制品的隔热、保温隔声等使用性能较差；构配件生产工艺落后，施工管理及安装技术、检测手段不满足要求；形式单调，难以形成多样化的外观。全国很多地区都出台了限制、取消预制构件使用的文件与规定，这些都极大地限制了预制装配式建筑的发展。

2000 年之后，随着可持续发展理念的深化，国家开始推行低碳经济。针对建筑业现存高耗能、高污染、低效率的现状，建筑工业化与装配式建筑重新成为建筑领域的研究热点，与传统的现浇建筑体系相比，装配式建筑建造速度快；所有构件均为工厂制作，精度高且质量好；可以最大限度地满足节能、节地、节水、节材和保护环境的绿色建筑设计和施工要求。住房和城乡建设部 2010 年度的《中国建筑业改革与发展报告》中，强调转变发展方式与提高发展质量，在构建低碳竞争优势这部分内容中，着重提出装配式建筑安全耐久、施工快捷、低碳环保，是国家大力提倡的绿色环保节能建筑。

二、我国装配式建筑发展阶段划分

我国建筑业已经走过近 60 年曲折的发展历程，建筑工业化致力于生产过程的标准化，越来越多地把施工现场工作转移到工厂或车间；也致力于提高劳动生产率，改善建筑施工工作条件。伴随着建筑技术的不断发展，对建筑工业化定义的逐步明确，以及建筑工业化发展采取政策的不断演化，可以将我国建筑工业化的发展分为以下五个发展阶段：

第一阶段（1949～1957 年）：我国处在经济恢复和国民经济的第一个五年计划时期。在这个时期，计划经济、福利和公有住房体制逐步形成，城镇化水平健康、有序发展，城镇化率从 1949 年的 10.6% 提高到 1957 年的 15.39%，平均每年增加 0.63 个百分点。当时，在苏联工业化的影响下，我国的建筑工业化主要是借鉴苏联的经验。1955 年，面对国内工业建设任务越来越大、技术要求越来越高的情况，原建工部借鉴苏联经验，第一次提出要实行建筑工业化，在建筑科学研究、建筑施工技术装备及建筑工业生产布局等方面采取了一系列措施，有力地推动了建筑工业化的发展，经过努力，初步建立了工厂化和机械化的物质技术基础，为今后的建筑工业化的发展打下了坚实的基础。

第二阶段（1958～1965 年）：我国处于"大跃进"和国民经济调整时期，国家经济出现下滑，城镇化水平从 1958 年的 16.25% 提高到 1965 年的 17.98%，平均每年只增长 0.22 个百分点。随后我国进行经济调整，福利住房体制进一步加强，此时，建筑工业化住房设计开始重视人们的居住实情和居住需求，这种需求的变化也带来了建筑技术水平的发展。

当时的建筑技术水平处于孕育形成阶段。新中国成立后，国内受到苏联的影响，在大力发展砖混结构和混凝土结构的同时，在客观上由于经济、技术条件的限制，建筑技术手段单一，带来建筑技术处理的简单化和建筑形式的单一状况。随着技术水平的不断完善，我国的建筑工业化逐步实现从手工向机械的转变，初步形成了装配化和机械化施工的技术政策，即机械化、半机械化和改良工具相结合，逐步提高机械化水平，工厂化、半工厂化、现场预制和现场浇灌相结合，逐步提高预制装配程度。与此同时，对民用建筑如何实现建筑工业化进行了探索，我国建筑工业化得到了进一步的发展。

第三阶段（1966～1976 年）：我国处于"文化大革命"时期，经济发展停滞不前。城镇化水平从 1966 年的 17.86% 提高到 1978 年的 17.92%，12 年只增加了 0.06%。我国的住宅建设处于搁浅状态，住宅标准降低，居住区密度提高，建筑工业化发展出现"停滞"。

第四阶段（1977～1989 年）：我国处于改革开放初期，工作中心是经济恢复和发展，并开始住房投资、住房建设体制和住房分配制度的改革。城镇化进入快速发展阶段，住宅建设开始关注居住标准，改善住宅功能和住宅设计标准化和多样性，我国就建筑工业化开展成体系的、富有成效的探索。

1978 年，原国家建委先后召开了香河建筑工业化座谈会和新乡建筑工业化规划会议，明确指出"建筑工业化就是用大工业生产方式来建造工业民用建筑"，提出以"三化一改"（建筑设计标准化、构件生产工厂化、施工机械化和墙体改革）为重点发展建筑工业化，并且确定在常州、南宁试点，先在这两个城市推行建筑工业化，并准备将经验向全国推广。

1981 年，全国召开建筑工业化经验交流与学术讨论会，充分肯定了建筑工业化方向，全面总结了 20 世纪 70 年代下半期以来发展建筑工业化的成效和经验。20 世纪 80 年代初，全国大中城市开始兴建大板建筑，北京、辽宁、江苏、天津等地区建起了墙板生产线，全国二十几个大中型城市的预制混凝土构件生产企业都在积极研究、开发新型墙板。大板建筑的建造速度比较快，房型比较标准，比较规整。在我国已有了相当的水平，实现了生产工艺的机械化、半自动化。但由于大板建筑存在一定的不足，1985 年以后，随着房地产业的快速发展，现浇建筑逐渐代替了大板建筑。

第五阶段（1990 至今）：进入 20 世纪 90 年代以后，我国房地产业高速发展。商品住房开始走进人们的生活，国家开始逐步取消福利分房政策，人们对住宅的需求加大，对住宅设计要求多样化与个性化，并对建筑住宅的质量提出更高层次的要求，这些都是建筑工业化发展的机会，但是，此时我国建筑工业化的水平不是很高，技术条件没有达到那么高的要求，建筑施工手段仍是部分非工业化的人工作业，建筑材料的整体质量与设计水平也不是很高，使得我国建筑业的经济效益出现短时间的下降。

随着我国进入社会主义市场经济时期，城镇住宅制度改革进一步深化，多种形式推动住房改革，房地产业继续发展，并成为支柱产业。住宅建设从供给驱动转向需求驱动，住房和城乡建设部推行住宅产业现代化。同时，我国建筑业取得快速发展，1998 年，全年建筑业完成增加值 5609 亿元，比上年增长 12.0%；全国四级及四级以上建筑企业实现利润总额 113 亿元，比上年增长 2.9%；施工面积 131085 万 ㎡，比上年增加 2404 万 ㎡。房地产开发投资 3580 亿元，增长 12.6%。房地产投资结构有所调整，经济适用房建设进展较快。全年经济适用房投资 791 亿元，竣工面积 5506 万 ㎡，全国房屋竣工面积 58705 万 ㎡，占全国房屋竣工面积的 9.4%。

目前，我国现有建筑的总面积 400 亿㎡，预计到 2020 年还将新增建筑面积约 300 亿㎡。建筑需占用大量土地，在建造和使用过程中，直接消耗的能源占到全社会总能耗的近 30%，加之建材的生产能耗 16.7%，约占全社会总能耗的 46.7%。建筑用水占城市用水量的 47%，使用钢材占全国用钢量的 30%，水泥占 25%。在环境总体污染中，与建筑有关的空气污染、光污染、电磁污染等就占了 34%，建筑垃圾则占总垃圾总量的 40%。传统建筑业粗放式的生产现状，迫切需要对建筑行业进行转型升级。建筑工业化是建筑业转型升级，可持续发展的重要途径。生态建筑和绿色建筑成为建筑工业化发展的重点和热点。

在此背景下，2004年10月18日，建设部颁布施行《全国绿色建筑创新实施细则（试行）》；2005年6月，发布了《建设部关于推进节能省地型建筑发展的指导意见》；2005年修订了《民用建筑节能管理规定》，颁布实施了《公共建筑节能设计标准》GB 50189—2005；2005年12月建设部出台了《绿色建筑技术导则》；2006年3月，我国正式发布《绿色建筑评价标准》GB/T 50378—2006，使得绿色建筑的评价有了可供操作的标准。

2013年1月，国务院办公厅《关于转发国家发展和改革委员会、住房和城乡建设部绿色建筑行动方案的通知》（国办发〔2013〕1号文）中第（八）项提出推动建筑工业化发展。2013年10月，俞正声主席主持全国政协双周协商会，提出"发展建筑产业化"的建议，张高丽副总理作出重要批示。2013年12月，全国住房城乡建设工作会议提出"加快推进建筑节能工作，促进建筑产业现代化。"2014年5月，国务院印发《2014～2015年节能减排低碳发展行动方案》，明确提出"以住宅为重点，以建筑工业化为核心，加大对建筑部品生产的扶持力度，推进建筑产业现代化"。2014年7月，住房和城乡建设部出台《关于推进建筑业发展和改革的若干意见》，在发展目标中明确提出了"转变建筑业发展方式，推动建筑产业现代化"的要求。2014年9月，住房城乡建设部发布《工程质量治理两年行动方案》，明确提出"大力推动建筑产业现代化"。2016年2月，《中共中央国务院关于进一步加强城市规划建设管理工作的若干意见》明确提出。"发展新型建造方式。大力推广装配式建筑、力争用10年左右时间，使装配式建筑占新建建筑的比例达到30％。"2016年3月李克强总理在政府工作报告中，明确指出：增强城市规划的科学性、权威性、公开性，促进"多规合一"。要积极推广绿色建筑和建材，大力发展钢结构和装配式建筑，提高建筑工程标准和质量。2016年9月李克强总理在主持召开国务院常务会议，决定大力发展装配式建筑，推动产业结构调整升级。

如果说在20世纪50年代发展建筑工业化主要是苏联经验的借鉴，完成我国重点工业建设任务，那么在七八十年代发展建筑工业化，则是广泛借鉴了国外正反两个方面的经验，同时以民用、住宅建筑为主，从我国实际出发，沿着具有中国特色的建筑工业化发展道路，走出了富有成效的一步。进入20世纪90年代，由于经济适用住房的建设、房地产业的发展以及对建筑节能环保的重视，建筑工业化的发展有了新的发展契机。当前大力发展的装配式建筑，已经不是过去大板建筑的概念，两者之间有本质的不同。在不断的技术创新和管理创新中，装配式建筑发展面临巨大的机遇。

第二节　国家相关政策文件简介

（1）2006年6月21日，建设部印发《国家住宅产业化基地试行办法》。

该《办法》提出要研发、推广符合居住功能要求的标准化、系列化、配套化和通用化的新型工业化住宅建筑体系、部品体系与成套技术；选择有条件的城市开展产业化基地的综合试点，研究推进住宅产业现代化的经济政策与技术政策，探索住宅产业化工作的推进机制、政策措施，建立符合地方特色的住宅产业发展模式和因地制宜的住宅产业化体系。支持和引导产业化基地的先进技术、成果在住宅示范工程以及其他住宅建设项目中推广应用，形成研发、生产、推广、应用相互促进的市场推进机制。

（2）2013年1月1日，国家和发展改革委及住房和城乡建设部联合印发《绿色建筑行动方案》，提出推动建筑工业化。

要加快建立促进建筑工业化的设计、施工、部品生产等环节的标准体系，推动结构件、部品、部件的标准化，丰富标准件的种类，提高通用性和可置换性。推广适合工业化生产的预制装配式混凝土、钢结构等建筑体系，加快发展建设工程的预制和装配技术，提高建筑工业化技术集成水平。支持集设计、生产、施工于一体的工业化基地建设，开展工业化建筑示范试点。积极推行住宅全装修，鼓励新建住宅一次装修到位或菜单式装修，促进个性化装修和产业化装修相统一。

（3）2014年5月4日，住房和城乡建设部印发《关于开展建筑业改革发展试点工作的通知》，将建筑产业现代化列入建筑业改革发展试点工作。

通过推行建筑产业现代化工作，研究探讨企业设计、施工、生产等全过程技术、管理模式，完善政府在设计、施工阶段的质量安全监管制度，总结推广成熟的先进技术与管理经验，引导推动建筑产业现代化在全国范围内的发展。

（4）2014年7月1日，住房和城乡建设部印发《关于推进建筑业发展和改革的若干意见》，提出要促进建筑业发展方式转变，推动建筑产业现代化。

《意见》要求统筹规划建筑产业现代化发展目标和路径。推动建筑产业现代化结构体系、建筑设计、部品构件配件生产、施工、主体装修集成等方面的关键技术研究与应用。制定完善有关设计、施工和验收标准，组织编制相应标准设计图集，指导建立标准化部品构件体系。建立适应建筑产业现代化发展的工程质量安全监管制度。鼓励各地制定建筑产业现代化发展规划以及财政、金融、税收、土地等方面激励政策，培育建筑产业现代化龙头企业，鼓励建设、勘察、设计、施工、构件生产和科研等单位建立产业联盟。进一步发挥政府投资项目的试点示范引导作用并适时扩大试点范围，积极稳妥推进建筑产业现代化。

（5）2016年2月6日，中共中央、国务院下发《关于进一步加强城市规划建设管理工作的若干意见》，提出发展新型建造方式。

要求大力推广装配式建筑，减少建筑垃圾和扬尘污染，缩短建造工期，提升工程质量；制定装配式建筑设计、施工和验收规范；完善部品部件标准，实现建筑部品部件工厂化生产；鼓励建筑企业装配式施工，现场装配；建设国家级装配式建筑生产基地；加大政策支持力度，力争用10年左右时间，使装配式建筑占新建建筑的比例达到30%；积极稳妥推广钢结构建筑；在具备条件的地方，倡导发展现代木结构建筑。

（6）2016年3月5日，李克强总理在第十二届全国人大上做2016年政府工作报告要求加强城市规划建设管理。

提出要积极推广绿色建筑和建材，大力发展钢结构和装配式建筑，提高建筑工程标准和质量。打造智慧城市，改善人居环境，使人民群众生活得更安心，更省心，更舒心。

（7）2016年9月14日，李克强总理主持召开国务院常务会议，决定大力发展装配式建筑，推动产业结构调整升级。

会议决定，以京津冀、长三角、珠三角城市群和常住人口超过300万的其他城市为重点，加快提高装配式建筑占新建建筑面积的比例。一要适应市场需求，完善装配式建筑标准规范，推进集成化设计、工业化生产、装配化施工、一体化装修，支持部品部件生产企业完善品种和规格，引导企业研发适用技术、设备和机具，提高装配式建材应用比例，促进建造方式现代化。二要健全与装配式建筑相适应的发包承包、施工许可、工程造价、竣工验收等制度，实现工程设计、部品部件生产、施工及采购统一管理和深度融合；强化全过程监管，确保工程质量安全。三要加大人才培养力度，将发展装配式建筑列入城市规划建设考核指标，鼓励各地结合实际出台规划审批、基础设施配套、财政税收等支持政策，在供地方案中明确发展装配式建筑的比例要求。用适用、经济、安全、绿色、美观的装配式建筑服务发展方式转变、提升群众生活品质。

（8）2016年9月27日，国务院常务会议审议通过《关于大力发展装配式建筑的指导意见（国办发〔2016〕71号）》。

《指导意见》规定了八项任务：

一是健全标准规范体系。加快编制装配式建筑国家标准、行业标准和地方标准。逐步建立完善覆盖设计、生产、施工和使用维护全过程的装配式建筑标准规范体系。

二是创新装配式建筑设计。统筹建筑结构、机电设备、部品部件、装配施工、装饰装修，推行装配式建筑一体化集成设计。积极应用建筑信息模型技术，提高建筑领域各专业协同设计能力。

三是优化部品部件生产。引导建筑行业部品部件生产企业合理布局，提高产业聚集度，培育一批技术先进、专业配套、管理规范的骨干企业和生产基地。强调部品部件生产要解决的两个问题。要引导部品部件生产企业合理布局，包括生产规模、合理的供应半径问题，这对于降低成本、提高生产效率都有好处。

四是提升装配式施工水平。引导企业研发应用与装配式施工相适应的技术、设备和机具，提高部品部件的装配式施工连接质量和建筑整体安全性能。

五是推进建筑全装修。实行装配式建筑装饰装修与主体结构、机电设备协同施工。积极推广标准化、集成化、模块化的装修模式，提高装配化装修水平。

六是推广绿色建材。提高绿色建材在装配式建筑中的应用比例。推广应用高性能节能门窗。强制淘汰不符合节能环保要求及质量性能差的建筑材料。

七是推行工程总承包。装配式建筑原则上应采用工程总承包模式。支持大型设计、施工和部品部件生产企业向工程总承包企业转型。

八是确保工程质量安全。完善装配式建筑工程质量安全管理制度，健全质量安全责任体系，落实各方主体质量安全责任。建立全过程质量追溯制度。

总的来说，八项任务明确了标准体系、设计、施工、部品部件生产、装修、工程总承包、推广绿色建材、确保工程质量等八方面的要求。

第三节　装配式建筑发展推进机制

发展装配式建筑是建筑业生产方式转型升级的重大变革，涉及众多的参与方，包括多个政府部门、企业、消费者等，是一项复杂的系统性工作，只有全面系统地研究和建立健全发展推进机制，才能保证推进工作的顺利实施。针对装配式建筑的发展现状，构建包含组织机制、政策机制、市场机制和保障机制四位一体的装配式建筑发展推进机制系统，如图 3-1 所示。

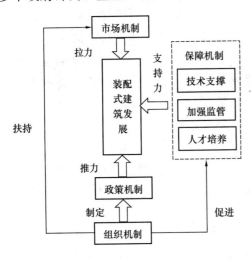

图 3-1　装配式建筑发展推进机制系统

在推进机制系统中，组织机制是推进装配式建筑发展的领导核心，负责统筹规划、指导协调装配式建筑发展工作，其中包括直接制定政策措施，扶持装配式建筑市场的形成，促进保障机制的构建；政策机制是推动力，当前装配式建筑发展正处在起步阶段，需要有效的政策调动行业的积极性，引导企业从事装配式建筑的研究和开发，同时为保障体系的建立提供必要的政策支撑；市场机制是产业化发展的根本拉动力，在市场经济条件下，建筑市场的消费需求导向决定了今后装配式建筑的发展，只有需求才能真正刺激企业的积极性，建立和完善市场机制才能从根本上拉动装配式建筑的发展；技术支撑、监督管理、人才培养是支持力，组成了装配式建筑发展不可或缺的保障机制[11]。

一、组织机制

组织机制的建立对装配式建筑推进工作的运行和管理起到至关重要的作用，要求各机构、部门之间加强联系和互动。只有相互之间的高效配合、团结协作才能有效地推进装配式建筑的发展。构建各区域装配式建筑发展推进组织组织管理体系，如图 3-2 所示。

（1）装配式建筑领导小组，成员单位包括众多单位，如建筑业处、产业办、工程处、房管处、设计处、科技处、保障处、质安总站等。领导推进小组负责统筹规划、指导协调推进各区域装配式建筑发展工作，制定推进装配式建筑的政策措施、发展目标和任务，建立联动机制。各成员单位在各自的职责范围内负责装配式建筑推进工作。

（2）产业化领导小组办公室，是推进装配式建筑发展的重要行动力量，其职责包括：贯彻落实装配式建筑领导小组推进装配式建筑的各项决策部署；编制各区域装配式建筑发展规划并组织实施；协调、督促落实发展装配式建筑的具体事项；指导检查

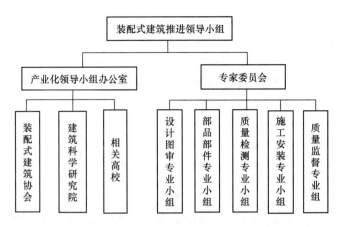

图 3-2 装配式建筑发展推进组织管理体系

各地装配式建筑发展工作；收集装配式建筑发展情况信息，做好宣传工作；完成领导小组交办的其他有关工作。在领导小组办公室组织下成立了装配式建筑发展协会，协会与各科研院所和相关高校一起协助领导小组办公室推进装配式建筑发展。

（3）专家委员会，充分发挥行业专家在装配式建筑试点中的技术指导作用，其职责包括：审定各专业委员会组成人员；参与各区域有关装配式建筑政策的制定工作；参与工业化建筑认定、部品部件认证等工作；参与各区域有关装配式建筑地方标准立项工作；研究解决装配式建筑试点项目建设过程中出现的各类技术问题。专家委员会下设设计图审、部品部件、质量检测、施工安装及质量监督等专业小组，接受专家委员会的领导。

二、政策机制

在发展初期，装配式建筑的推进与政策的激励息息相关。需要出台推进装配式建筑发展的规划和配套的实施细则，明确装配式建筑发展目标和主要任务，制定系统、详细的保障措施和责任考核机制，确保政策真正落地。应该根据现阶段的发展状况，推出相关政策措施，主要从行政强制、行政引导、行政激励三个维度构建装配式建筑政策机制。

（1）行政强制。在各类保障房项目、政府出资的公建项目、农房改造项目和新型城镇化建设等领域，强制推广使用装配式建筑；设置一定比例的装配式建筑示范项目用地指标，在其建设用地出让时，将装配式建筑建造方式列为土地出让条件；在城市划分特定区域，将在此区域内新建建筑的预制装配率列入土地出让和施工招标条件。通过这些行政措施和政策，强制推广装配式建筑，促进建筑产业转型升级。

（2）行政引导。开通装配式建筑试点示范项目行政审批的"绿色通道"；将采用装配式建筑纳入《绿色建筑评价标准》，装配式建筑应用情况将作为绿色建筑评定的重要指标，采用装配式建筑的项目将优先评定为绿色建筑；明确在现有各类经济（高新）开发区优先安排装配式建筑产业园区建设。通过这些政策和措施引导行业采用装配式建筑，推动装配式建筑发展。

（3）行政激励。加大对装配式建筑的扶持力度，设立装配式建筑发展专项资金，扶持试点示范项目建设；制定财务税收减免、容积率奖励、信贷支持等激励政策；积极利用现有的建筑节能、墙改等专项资金和高新技术及"营改增"等优惠政策支持装配式建筑的发展，通过行政激励刺激企业从事装配式建筑研究和建设。

三、市场机制

当前，较多建设项目施工仍采用传统的现浇方式，构件生产基地少，尚未形成规模生产，而且构件生产成本较高，导致工程建设成本提高，同时消费者对装配式建筑不了解、不关注，开发商不愿意采用装配式建筑。市场需求才是装配式建筑发展的根本拉动力，只有巨大市场需求才能充分调动企业的积极性和自主性，这就需要通过提供充分的市场需求、整合装配式建筑产业化基地资源、加大招商引资力度等措施建立和完善装配式建筑市场机制。

（1）提供充分的市场需求，对保障房项目、政府投资公建项目以及满足装配式建筑技术条件的项目必须采用装配式方式建设；对装配式建筑重点发展城市的重点区域的房地产开发项目，必须采用装配式建筑方式进行开发建设，为装配式建筑市场提供充裕的项目来源。

（2）整合装配式建筑产业化基地资源，通过引导产业园区和装配式建筑相关企业发展，对产业园区企业进行资源配置，推动全产业链发展，围绕设计、部品生产、施工全链条塑造生产基地企业的上下游延展能力，注重产业布局均衡，扩大装配式建筑构配件生产规模，加强产业化产品部品生产供给能力，降低其建设成本。

（3）加大招商引资力度，实施"引进来"战略，围绕装配式建筑产业上下游产业链招大引强，引进国内先进企业；同时支持本土企业与先进企业合作开展装配式建筑相关技术的研发、推广和应用；鼓励企业在建设项目中采用全装修、整体式厨房和卫生间；推行设计、施工、装修一体化，实现装配整体式建筑与产业化装修一体化。

四、保障机制

保障机制是装配式建筑发展的前提，这就要求完善装配式建筑技术支撑体系，开展装配式建筑全过程监督管理，加强装配式建筑人才培养等。各有关部门应当形成合力，创新工作方式，构建一个完善的保障体系，切实保障各地区装配式建筑的健康发展。

（1）加强技术支撑。加大资金投入用于装配式建筑设计、生产、运输、施工等过程的新技术的研发；重点开展结构构件节点连接、抗震、耐久等关键技术的试验研究，发展具有自主知识产权的核心技术；论证筛选一批先进成熟技术，编制装配式技术推广目录，推进相关规范、规程和技术标准体系的编制及检测检验等技术实施；积极实施装配式建筑全过程科学化、精细化管理，引进推广新的管理技术和管理模式；加强智能、节能、绿色产品研发，促进装配式建筑与绿色建筑评价标准的结合；研发创新BIM、物联网技术和互联网＋等信息技术，服务于装配式建筑的生产管理过程。

（2）加强监督管理。装配式建筑生产方式与传统建设模式不同，给监督管理工作带来新的挑战。探索建立部品部件准用证制度和质量认证制度，逐步建立企业自控、行业管理、政府监督相结合的三级建筑质量监督管理机制。实行建筑产品全生命期追踪管理，完善质量追溯机制，采用部品部件质量终身负责制。研究制定适合装配式建筑建设项目的招投标、施工图审查、建设监理、质量安全监督、工程验收等管理办法，加强对装配式建设项目实施全过程的控制和监管。

（3）加强人才培养。完善多层次装配式建筑企业和管理部门相关人员的分类培训机制，积极培养装配式建筑技术人员与管理人员，提升装配式建筑从业人员整体素质；将相关政策、技术、标准等纳入建设工程注册执业人员继续教育内容；举办装配式建筑专题培训，对装配式建筑涉及的评标专家、设计、图审、生产、施工、质监、监理等方面的专业技术人员以及产业工人进行培训；发挥企业作为培训主体的作用，选派优秀骨干员工到装配式建筑发展先进的地区学习深造，以点带面，整体提升企业技术管理水平。

 **本章小结**

本章介绍了我国装配式建筑的提出和发展，中国的装配式建筑是从新中国成立后逐步发展起来的，20世纪50年代，借鉴苏联经验，开始对建筑工业化进行了初步的探索；"文革"时期，装配式建筑发展停滞；80年代，预制装配式建筑得到较快的发展，大板建筑取得快速发展，但是在实际工程中出现了一些问题，与此同时，建筑行业劳动力得到补充，现浇建造方式成本明显下降，且其具有施工快捷的特点，现浇建筑很快替代了大板建筑。近年来，随着可持续发展理念的深化，国家开始推行低碳经济，装配式建筑逐渐成为研究和实践的热点。本章还对国家推进发展装配式建筑的相关文件进行简介，并提出了包含组织机制、政策机制、市场机制和保障机制四位一体的装配式建筑发展的推进机制系统。

参考文献

［1］　住房和城乡建设部住宅产业化促进中心．大力推广装配式建筑必读［M］．北京：中国建筑工业出版社，2016.

［2］　胡云辉．江苏省住宅产业现代化发展对策研究［J］．建筑经济，2015（04）：11-15.

［3］　王俊，赵基达，胡宗羽．我国建筑工业化发展现状与思考［J］．土木工程学报，2016（05）：2-10.

［4］　李晓明．现代装配式混凝土结构发展简述［J］．住宅产业，2015（08）：46-50.

［5］　贺灵童，陈艳．建筑工业化的现在与未来［J］．工程质量，2015（31）：1-8.

［6］　赵惠珍，程飞，王要武．2014年全国建筑业发展统计分析［J］．建筑，2015（11）：8-22.

［7］　陈耀钢．工业化全预制装配整体式剪力墙结构体系节点研究［J］．建筑技术，2010，41（2）：153-156.

［8］　杨嗣信，侯君伟．实现住宅产业化要"四化"并举［J］．建筑技术，2013，44（2）：102-104.

［9］　Ian Flood. Towards the next generation of artificial neural networks for civil engineering［J］. Advanced Engineering Informatics，2008，22（1）：4-14.

［10］　纪颖波．建筑工业化发展研究［M］．北京：中国建筑工业出版社，2011.31-38.

［11］　赵惠珍，程飞，王要武．2014年全国建筑业发展统计分析［J］．建筑，2015（11）：8-22.

第四章 装配式建筑结构体系与技术

第一节 装配式建筑常见结构介绍

装配式建筑是将组成建筑的部分构件或全部构件在工厂内加工完成，然后运输到施工现场将预制构件通过可靠的连接方式拼装就位而建成的建筑形式，简单的说就是"像造汽车一样地建房子"。这种建筑的优点是建造速度快，受气候条件制约小，既可节约劳动力又可提高建筑质量，是工业化建筑的重要组成部分。装配式建筑根据材料划分，主要可分为装配式混凝土结构、钢结构、木结构三种。

一、装配式混凝土结构

我国预制混凝土结构研究和应用始于 20 世纪 50 年代，直到 20 世纪 80 年代，在工业与民用建筑中一直有着比较广泛的应用。在 20 世纪 90 年代以后，由于种种原因，预制混凝土结构的应用尤其是在民用建筑中的应用逐渐减少，迎来了一个相对低潮的阶段。随着国民经济的持续快速发展、节能环保要求的提高、劳动力成本的不断增长，近十年来我国在预制装配式混凝土结构的研究逐渐升温，国内预制装配式混凝土结构体系也有一定的应用，相应的标准体系在设计、构配件生产制作、施工安装、质量检测及验收等方面各有侧重，从事预制装配式混凝土结构体系的生产和施工企业的产品和服务各有侧重，预制装配化的发展程度各不相同。《装配式混凝土结构技术规程》JGJ 1—2014 于 2014 年 10 月 1 日开始执行。

装配式混凝土结构是采用了先进的工业化机械化生产技术的建筑形式，它利用起重机械和运输工具等现代化的生产工具将工厂机械化生产的预制构件组装而成，其施工可以按照制造地点的不同分为两个阶段，在工厂中预制构件的第一阶段和在施工现场安装的第二阶段，与传统的现浇混凝土结构相比，有以下特点：

1. 提升建筑质量

装配式混凝土结构建筑并不是单纯地将工艺从现浇变为预制，而是对建筑体系和运作方式的变革，有利于建筑质量的提升。

（1）设计质量的提升。装配式混凝土结构要求设计必须精细化、协同化，如果设计不精细，构件制作好了才发现问题，就会造成很大的损失。装配式混凝土结构建筑倒逼设计必须深入、细化和协同，由此会提高设计质量和建筑品质，如图 4-1 所示。

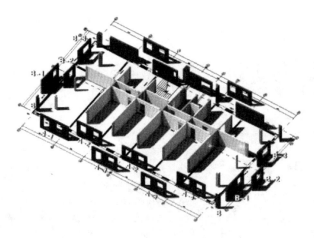

图 4-1 三维拆分，提升设计质量

（2）预制构件生产质量的提升

预制混凝土构件在工厂模台上和精致的模具中生产，模具组对严丝合缝，混凝土不会漏浆；墙、柱等立式构件大都"躺着"浇筑，振捣方便，板式构件在振捣台上振捣，效果更好；预制工厂一般采用蒸汽养护方式，养护的升温速度、恒温保持和降温速度用计算机控制，养护湿度也能够得到充分保证，大大提高了混凝土浇筑、振捣和养护环节的质量。现浇混凝土结构的施工误差往往以厘米计，而预制构件的误差以毫米计，误差大了就无法装配，预制构件的高精度会带动现场后浇混凝土部分精度的提高。同时，外饰面与结构和保温层在工厂一次性成型，经久耐用，抗渗防漏，保温隔热，降噪效果更好，质量更有保障，如图 4-2 所示。

图 4-2 工厂精细化生产，保障构件质量

（3）有利于质量管理

装配式建筑实行建筑、结构、装饰的集成化、一体化，会大量减少质量隐患，而工厂作业环境比工地现场更适合全面细致地进行质量检查和控制。从生产组织体系上，装配式将建筑业传统的层层竖向转包变为扁平化分包。层层转包最终将建筑质量的责

任系于流动性非常强的农民工身上；而扁平化分包，建筑质量的责任由专业化制造工厂分担，工厂有厂房、设备，质量责任容易追溯，如图 4-3 所示。

图 4-3　有利于质量溯源

2. 节省劳动力、改善劳动条件，提高作业效率

装配式混凝土结构建筑节省劳动力主要取决于预制率大小、生产工艺自动化程度和连接节点设计。预制率高、自动化程度高和安装节点简单的工程，可节省劳动力 50% 以上。但如果 PC 建筑预制率不高，生产工艺自动化程度不高，结构连接又比较麻烦或有比较多的后浇区，节省劳动力就比较难。总的趋势看，随着预制率的提高、构件的模数化和标准化提升，生产工艺自动化程度会越来越高，节省人工的比率也会越来越大，如图 4-4 所示。

图 4-4　装配式建筑施工现场作业人数少，实际效率高

装配式建筑把很多现场作业转移到工厂进行，高处或高空作业转移到平地进行，风吹日晒雨淋的室外作业转移到车间里进行，工作环境大大改善。

装配式结构建筑是一种集约生产方式，构件制作可以实现机械化、自动化和智能化，大幅度提高生产效率。欧洲生产叠合楼板的专业工厂，年产 120 万平方米楼板，生产线上只有 6 个工人。而手工作业方式生产这么多的楼板大约需要近 200 个工人。工厂作业环境比现场优越，工厂化生产不受气候条件的制约，刮风下雨不影响构件制作，同时工厂比工地调配平衡劳动力资源也更为方便。

3. 节能减排环保

装配式混凝土结构建筑能有效地节约材料，减少模具材料消耗，材料利用率高，特别是减少木材消耗；预制构件表面光洁平整，可以取消找平层和抹灰层；工地不用满搭脚手架，减少脚手架材料消耗；装配式建筑精细化和集成化会降低各个环节如围护、保温、装饰等环节的材料与能源消耗，集约化装饰会大量节约材料，材料的节约自然会降低能源消耗，减少碳排放量，并且工厂化生产使得废水、废料的控制和再生利用容易实现。

装配式建筑会大幅度减少工地建筑垃圾及混凝土现浇量，从而减少工地养护用水和冲洗混凝土罐车的污水排放量。预制工厂养护用水可以循环使用，节约用水。装配式建筑会减少工地浇筑混凝土振捣作业，减少模板和砌块和钢筋切割作业，减少现场支拆模板，由此会减轻施工噪声污染。装配式建筑的工地会减少粉尘。内外墙无需抹灰，会减少灰尘及落地灰等，如图 4-5 所示。

图 4-5　施工现场干净整洁，减少建筑垃圾

4. 缩短工期

装配式建筑缩短工期与预制率有关，预制率高，缩短工期就多些；预制率低，现浇量大，缩短工期就少些。北方地区利用冬季生产构件，可以大幅度缩短总工期。

就整体工期而言，装配式建筑减少了现场湿作业，外墙围护结构与主体结构一体化完成，其他环节的施工也不必等主体结构完工后才进行，可以紧随主体结构的进度，当主体结构结束时，其他环节的施工也接近结束。对于精装修房屋，装配式建筑缩短工期更显著。

5. 发展初期成本偏高

目前，大部分装配式混凝土结构建筑的成本高于现浇混凝土结构，许多建设单位不愿接受的最主要原因在于成本高。装配式混凝土结构建筑必须有一定的建设规模才能降低建设成本，一座城市或一个地区建设规模过小，厂房设备摊销成本过高，很难维持运营。装配式初期工厂未形成规模化、均衡化生产；专用材料和配件因稀缺而价格高；设计、制作和安装环节人才匮乏导致错误、浪费和低效，这些因素都会增加成本。

6. 人才队伍的素质急需提升

传统的建筑行业是劳动密集型产业，现场操作工人的技能和素质普遍低下。随着装配式建筑的发展，繁重的体力劳动将逐步减少，复杂的技能型操作工序大幅度增加，对操作工人的技术能力提出了更高的要求，急需有一定专业技能的农民工向高素质的新型产业工人转变。

二、木结构

我国木结构建筑历史可以追溯到 3500 年前。1949 年新中国成立后，砖木结构凭借就地取材、易于加工的突出优势在当时的建筑中占有相当大的比重。20 世纪七八十年代由于森林资源的急剧下降、快速工业化背景下钢铁、水泥产业的大发展，我国传统木结构建筑应用逐渐减少，各大院校陆续停开木结构课程，对于木结构的研究与应用陷入停滞状态。加入 WTO 后，与国外木结构建筑领域的技术交流和商贸活动迅速增加。1999 年，我国成立木结构规范专家组，开始全面修订《木结构设计规范》50005—2003。从 2001 年起，我国木材进口实行零关税政策，越来越多的国外企业开始进入中国市场，并将现代木结构建筑技术引进中国，木结构建筑进入新一轮的发展。

同时，木结构建筑发展的政策环境不断优化，在最新发布的几个国家政策文件中分别提出在地震多发地区和政府投资的学校、幼托、敬老院、园林景观等新建低层公共建筑中采用木结构。低层木结构建筑相关标准规范不断更新和完善，逐渐形成了较为完整的技术标准体系。国内科研所与国际有关科研机构，积极开展木结构建筑耐久性等相关研究，取得了较为丰富的研究成果。全国也建设了一批木结构建筑技术项目试点工程，上海、南京、青岛、绵阳等地的木结构项目实践为技术、标准的完善积累了宝贵经验，也为木结构建筑在我国的推广奠定了基础，全国也培育了一批木结构建筑企业，图 4-6 为木结构装配式住宅实景图。

1. 木结构建筑的优点

（1）建造过程由木工（干作业）完成，施工误差小、精度高，施工现场污染小。

（2）木结构采用六面体"箱式"结构设计原理，在抗击外力时具有超强的稳定性，所以，其具有突出的抗地震性能。

（3）由于木材自身重量轻的特点，设计基本为大梁与楼面混为一体，能提供住宅

图 4-6　木结构装配式住宅

使用的方便性最大化，得房率高，空间布局灵活，适合定制式住宅。

（4）结构用材为木材，具有配套材料和部件的技术合理性强、产业化程度高及施工工艺先进等特点，因而在透气性、无线信号及磁场穿透性、翻新、置换和改造等优越性。

（5）碳排放量最低，最具节能环保性。

（6）由于木材具有极大的热阻，抗击热冲击的性能很好，不会出现冷热桥现象，隔热效果好，运营能耗低。

（7）内墙采用的石膏板，石膏板具有储水、释水特性，室内空气潮湿时以结晶水的形式吸收空气中的水分，当室内空气干燥时就释放一些结晶水湿润空气。材料天然地起到调节湿度的效果，加之门窗良好的密闭性，以起到极好的防潮和隔声效果，舒适度高。

（8）产业化生产最大限度地减少在工地的操作和施工，现场工作量少，主要是组装，施工简单，除基础外，基本避免湿作业。施工周期大大缩短，一幢 $300m^2$ 的建筑，8～12 个专业工人 70 个工作日即可完成连装修在内的所有工程，达到入住条件。

（9）木材产自天然，对环境没有二次污染，有利于保护环境，对居住者来说是一种健康和舒适的绿色建筑。

（10）将有利于速生丰产用材林的快速发展，"有利于建材企业原料的供应"，又有益于生态建设的发展。

2. 木结构建筑存在的问题

（1）木材是非匀质材料，不可避免地含有木节、斜纹、裂纹、腐朽及眼等缺陷，加之木材的徐变特性，使木材的实际强度比标准强度低，修建的房屋高度有限。一般不超过三层。

（2）在长期潮湿的环境里，木构件易受木腐菌侵害，维护费用较高。

（3）木材易燃，防火要求更高，不适合高密度的建筑。

（4）木材易被虫蛀，尤其是四川地区白蚁严重，处理不当损失惨重（图4-7）。

（5）森林覆盖率低，国内材料匮乏，导致成本下降困难。

图 4-7　木结构房屋易被虫蛀

三、钢结构

我国钢结构建筑发展起步于 20 世纪五六十年代，60 年代后期至 70 年代钢结构建筑发展一度出现短暂滞留，80 年代初开始，国家经济发展进入快车道，政策导向由"节约用钢"向"合理用钢"转变。进入 21 世纪以来，《国家建筑钢结构产业"十三五"规划和 2015 年发展规划纲要》《国务院关于钢铁行业化解过剩产能实现脱困发展的意见》《中共中央国务院关于进一步加强城市规划建设管理工作的若干意见》等政策文件相继出台，"合理用钢"转型为"鼓励用钢"，钢结构建筑进入快速发展时期。发展钢结构建筑是建筑行业推进"供给侧改革"的重要途径，是推进建筑业转型升级发展的有效路径。钢结构建筑具有安全、高效、绿色、可重复利用的优势，是当前装配式建筑发展的重要支撑，如图 4-8 所示。

图 4-8　钢结构装配式住宅

1. 钢结构建筑的优点

钢结构住宅与传统的建筑形式相比，具有以下优点：

（1）重量轻、强度高。由于应用钢材作承重结构，用新型建筑材料作围护结构，一般用钢结构建造的住宅重量是钢筋混凝土住宅的二分之一左右，减小了房屋自重，从而降低了基础工程造价。由于竖向受力构件所占的建筑面积相对较小，因而可以增加住宅的使用面积。同时由于钢结构住宅采用了大开间、大进深的柱网，为住户提供了可以灵活分隔的大空间，能满足用户的不同需求。

（2）工业化程度高，符合产业化要求。钢结构住宅的结构构件大多在工厂制作，安装方便，适宜大批量生产，这改变了传统的住宅建造方式，实现了从"建造房屋"到"制造房屋"的转变。促进了住宅产业从粗放型到集约型的转变，同时促进了生产力的发展。

（3）施工周期短。一般三、四天就可以建一层，快的只需一两天。钢结构住宅体系大多在工厂制作，在现场安装，现场作业量大为减少，因此施工周期可以大大缩短，施工中产生的噪声和扬尘以及现场资源消耗和各项现场费用都相应减少。与钢筋混凝土结构相比，一般可缩短工期二分之一，提前发挥投资效益，加快了资金周转，降低建设成本3%～5%。

（4）抗震性能好。由于钢材是弹性变形材料，因此能大大提高住宅的安全可靠性。钢结构强度高、延性好、自重轻，可以大大改善结构的受力性能，尤其是抗震性能。从国内外震后情况来看，钢结构住宅建筑倒塌数量很少。

（5）符合建筑节能发展方向。用钢材作框架，保温墙板作围护结构，可替代黏土砖，减少了水泥、砂、石、石灰的用量，减轻了对不可再生资源的破坏。现场湿法施工减少，施工环境较好。同时，钢材可以回收再利用，建造和拆除时对环境污染小，其节能指标可达50%以上，属于绿色环保建筑体系。

（6）钢结构在住宅中的应用，为我国钢铁工业打开了新的应用市场。还可以带动相关新型建筑材料的研究和应用。

2. 钢结构建筑的缺点

（1）钢结构耐热不耐火

当钢材表面温度在150℃以内时，钢材的强度变化很小。但钢结构最致命的弱点是钢的耐火性能非常差，钢的内部晶体组织对温度非常敏感，温度升高或者降低都会使钢材性能发生变化，钢结构通常在450℃～650℃时就会失去承载能力，发生火灾时，钢结构的耐火时间较短，会发生突然的坍塌。对有特殊要求的钢结构，要采取隔热和耐火措施。

（2）钢结构易锈蚀、耐腐蚀性差

钢材在潮湿环境中，特别是处于有腐蚀性介质的环境中容易锈蚀，需要定期维护，增加了维护费用。

3. 超轻钢建筑

目前还有一种超轻钢结构，除了具备装配式混凝土结构绿色环保的特点外，由于其材质的特殊性，超轻钢结构还有以下特点：

（1）智能高精度

超轻钢结构采用国际最为先进的全智能化数控制造设备加工制造，生产制作全过程由以电脑软件控制的专业设备完成。保证构件制造的精确度误差在人工难以达到的半毫米以内。

（2）高强、轻便、更节材

超轻钢结构所选用的钢材强度为 550MPa 的额高强度钢材（是传统钢材强度的一倍以上），所以其结构满足安全稳定性的情况下用料更为轻薄，用钢量更为节约（结构用料最薄可以达到 0.55mm）。

（3）防腐蚀

超轻钢结构所采用的钢带为 AZ150 的镀铝涂层，该涂层具有切口自愈功能，经测试镀铝涂层的钢材防腐蚀性是同样克重热镀锌涂层钢材的四倍以上，其结构体系使用了终身防腐的不锈钢铆钉及达克罗涂覆的螺钉紧固，所以其结构寿命可达百年以上。

（4）工期短

超轻钢结构采用智能化预加工，工业化程度更高，所以现场的作业大大减少，200m² 的结构在施工现场的装配工期可以控制在 3 个工作日内完成，节约大量的结构拼装人工费用以及物流费用。

（5）薄墙体，大空间

超轻钢结构建筑套内使用面积高出传统结构约 8%～13%，使用率高。墙体厚度为 160mm 以内，约为传统结构的 1/2～1/3；内隔墙厚度为 120mm 之内，约为传统结构分室墙的 1/2；楼面采用桁架式楼面，可方便隐蔽敷设空调及水电管路，楼面板无主梁，净空高度可提高约 100～200mm。

（6）抗震、抗风性能卓越

超轻钢结构自重轻（约为传统砖混结构的 20%），可大幅度减少基础造价，尤其适用于地质条件较差的地区，地震反应小，用于结构抗震措施的费用少，适用于地震多发区；抗震性能达到九度，抗风荷载可达 13 级。

（7）防火性能

防火墙体、楼板具有 0.5h 耐火能力，特殊要求可满足 2h 二级耐火要求。

（8）隔声性能优良

超轻钢体系具有非常良好的隔声品质。多层复合的外墙、层间结构计权隔声量大于 45 dB，相当于四级酒店标准；厚度 300mm 以上的隔声楼面系统计权标准撞击声压小于 65dB，相当于五级酒店的标准。

（9）保温隔热性能卓越

超轻钢结构采用整体六面（四面墙、天花、地面）外保温，有效防止了冷、热桥效应，避免了墙体结露现象，保温性能好。

（10）高舒适度

超轻钢结构房屋除隔声、保温隔热性能作为基本保障性能外，与木结构同样具有恒温、恒湿、舒适性能。因为其工法均为干式作业，墙体及屋顶采用了纸面石膏板作为内围护基层墙板，因纸面石膏板可以储存超过它体积九倍分子大小，在梅雨季节储存水分，在干燥季节释放水分，材料天然地起到调节湿度的效果；整个外墙敷设单向防风透气膜，达到防风防水的效果，还可以有效地将墙体内部的湿气有效排出，图4-9为超轻钢结构别墅图。

图 4-9　超轻钢结构别墅

第二节　装配式混凝土结构建筑主要技术体系

装配式混凝土结构技术体系从结构形式角度，主要可以分为剪力墙结构、框架结构、框架—剪力墙结构、框架—核心筒结构等[1]。

按照结构中预制混凝土的应用部位可分为三种类型：（1）竖向承重构件采用现浇结构，外围护墙、内隔墙、楼板、楼梯等采用预制构件；（2）部分竖向承重结构构件以及外围护墙、内隔墙、楼板、楼梯等采用预制构件；（3）全部竖向承重结构、水平构件和非结构构件均采用预制构件。以上三种装配混凝土建筑结构的预制率由低到高，施工安装的难度也逐渐增加，是循序渐进的发展过程。目前三种方式均有应用。其中，第一种从结构设计、受力和施工的角度，与现浇结构更接近。

按照结构中主要预制承重构件连接方式的整体性能，可区分为装配整体式混凝土结构和全装配式混凝土结构。前者以钢筋和后浇混凝土为连接方式，性能等同或者接近于现浇结构，参照现浇结构进行设计；后者预制构件间可采用干式连接方法，安装简单方便，但设计方法与通常的现浇混凝土结构有较大区别，研究工作尚不充分。

一、装配式剪力墙结构技术体系

装配整体剪力墙结构适用于高度较大的建筑，全国有大批高层住宅项目采用该结构体系，主要位于北京、上海、深圳、合肥、沈阳、哈尔滨、济南、长沙、南通等城市。国家和各地政府相继出台政策大力支持发展装配式建筑，装配式混凝土结构建筑典型的项目主要有：远大住工株洲云龙项目（图4-10），远大住工开发的西雅韵，洋湖蓝天项目（图4-11），万科与远大住工合作的万科魅力之城项目（图4-12）。

图 4-10　远大住工株洲云龙项目（清水造价不到 2000 元/m²）

图 4-11　远大住工开发的西雅韵、洋湖蓝天项目

图 4-12　万科与远大住工合作的万科魅力之城项目

按照主要受力构件的预制及连接方式，国内的装配式剪力墙结构可以分为：装配整体式剪力墙结构、叠合剪力墙结构、多层剪力墙结构。装配整体式剪力墙结构适用的建筑高度大；叠合板剪力墙目前主要应用于多层建筑或者低烈度区高层建筑中；多层剪力墙结构目前应用较少，但基于其高效、简便的特点，在新型城镇化的推进过程中前景广阔。此外，还有一种应用较多的剪力墙结构工业建筑形式，即结构主体采用现浇剪力墙结构，外墙、楼梯、楼板、隔墙等采用预制构件。这种方式在我国南方部分省市应用较多，结构设计方法与现浇结构基本相同，装配率、工业化程度较低。

1. 装配整体式剪力墙结构体系

装配整体式剪力墙结构中，全部或者部分剪力墙（一般多为外墙）采用预制构件，构件之间拼缝采用湿式连接，结构性能和现浇结构基本一致，主要按照现浇结构的设计方法进行设计。结构一般采用预制叠合板，预制楼梯，各层楼面和屋面设置水平现浇带或者圈梁。由于预制墙中竖向接缝对剪力墙刚度有一定影响，为了安全起见，适用高度较现浇结构有所降低。在 8 度（0.3g）及以下抗震设防烈度地区，对比同级别抗震设防烈度的现浇剪力墙结构最大适用高度通常降低 10m，当预制剪力墙底部承担总剪力超过 80% 时，建筑适用高度降低 20m。

目前，国内的装配整体式剪力墙结构体系中，关键技术在于剪力墙构件之间的接缝连接形式。预制墙体竖向接缝基本采用后浇混凝土区段连接，墙板水平钢筋在后浇段内锚固或者搭接，预制剪力墙水平接缝处及竖向钢筋的连接划分为以下几种：

（1）竖向钢筋采用套筒灌浆连接、拼缝采用灌浆料填实；

（2）竖向钢筋采用螺旋箍筋约束浆锚搭接连接、拼缝采用灌浆料填实；

（3）竖向钢筋采用金属波纹管浆锚搭接连接、拼缝采用灌浆料填实；

（4）竖向钢筋采用套筒灌浆连接结合预留后浇区搭接连接；

（5）竖向钢筋其他方式，包括竖向钢筋在水平后浇带内采用环套钢筋搭接连接；竖向钢筋采用挤压套筒、锥套锁紧等机械连接方式并预留混凝土后浇段；竖向钢筋采用型钢辅助连接或者预埋件螺栓连接等。

以上五种连接方式，前三种相对成熟，应用较为广泛。其中，钢筋套筒灌浆连接技术，已有相关行业和地方标准，但由于套筒成本相对较高并且对施工要求也较高，因此竖向钢筋通常采用其他等效连接形式；螺旋箍筋约束钢筋浆锚搭接和金属波纹管钢筋浆锚搭接连接技术是目前应用较多的钢筋间搭接连接两种主要形式，已有相关地方标准；底部预留后浇区钢筋搭接连接剪力墙技术体系尚处于深入研发阶段，该技术由于其剪力墙竖向钢筋采用搭接、套筒灌浆连接技术进行逐根连接，技术简便，成本较低，但增加了模板和后浇混凝土工作量，还要采取措施保证后浇混凝土的质量，暂未纳入现行行业标准。

2. 叠合板混凝土剪力墙结构体系

叠合板混凝土剪力墙将剪力墙从厚度方向划分为三层，内外两层预制，通过桁架钢筋连接，中间现浇混凝土；墙板竖向分布钢筋和水平分布钢筋通过附加钢筋实现间接搭接。该种做法目前已纳入安徽省地方标准《叠合板式混凝土剪力墙结构技术规程》DB 34/T 810—2008，适用于抗震设防烈度为 7 度及以下地区和非抗震区，房屋高度不超过 60m、层数在 18 层以内的混凝土建筑结构。

叠合板混凝土剪力墙结构是典型的引进技术，为了适用于我国的要求，尚在进行进一步的研发与改良中。抗震区结构设计应注重边缘构件的设计和构造。目前，叠合板式剪力墙结构应用于多层建筑结构，其边缘构件的设计可以适当简化，使传统的叠合板式剪力墙结构在多层建筑中广泛应用，并且能够充分体现其工业化程度高、施工便捷、质量好的特点。

3. 低层，多层装配式剪力墙结构技术体系

3 层及 3 层以下的建筑结构可采用多样化的全装配式剪力墙结构技术体系，6 层及 6 层以下的丙类建筑可以采用多层装配式剪力墙结构技术。随着我国城镇化的稳步推进，多样化的低层、多层装配式剪力墙结构技术体系今后将在我国乡镇及小城市得到大量应用，其有良好的研发和应用前景。

4. 内浇外挂剪力墙结构体系

内浇外挂剪力墙结构体系是现浇剪力墙结构配外挂墙板的技术体系，主体结构为现浇，其适用高度、结构计算和设计构造完全可以遵循与现浇剪力墙相同的原则。该体系的预制率较低，是预制混凝土建筑的初级应用形式。

二、装配式混凝土框架结构体系

装配式框架结构的适用高度较低，适用于低层、多层建筑，其最大适用高度低于剪力墙结构及框架—剪力墙结构。因此，装配式混凝土框架结构在我国大陆地区较少应用于居住建筑主要应用于厂房、仓库、商场、停车场、办公楼、教学楼、医务楼、商务楼以及居住等建筑，这些结构要求具有开敞的大空间和相对灵活的室内布局，同时建筑总高度不高；目前装配式框架结构。相反，在日本及我国台湾等地区，框架结构则大量应用于包括居住建筑在内的高层、超高层民用建筑。全国已有多个项目采用该结构，典型项目有：福建建超集团建超服务中心 1 号楼工程、中国第一汽车集团装配式停车楼、南京万科上坊保障房 6-05 栋楼等。

装配式混凝土框架结构体系主要参考了日本和我国台湾的技术，柱竖向受力钢筋采用套筒灌浆技术进行连接，主要做法分为两种：一是节点区域预制（或梁柱节点区域和周边部分构件一并预制），这种做法将框架结构施工中最为复杂的节点部分在工厂进行预制，避免节点区各个方向钢筋交叉避让的问题，但要求预制构件精度较高，且预制构件尺寸比较大，运输比较困难；二是梁、柱分别预制为线性构件，节点区域现浇，这种做法预制构件非常规整，但节点区域钢筋相互交叉现象比价严重，这种也是该种做法需要考虑的最为关键的环节，考虑目前我国构件厂和施工单位的工艺水平，《装配

式混凝土结构技术规程》JGJ 1—2014 中推荐了这种做法。

装配式混凝土框架结构连接节点单一、简单，结构构件的连接可靠并容易得到保证，方便采用等同现浇的设计概念。框架结构布置灵活，容易满足不同的建筑功能需求，同时结合外墙板、内墙板及预制楼板或预制叠合楼板应用，预制率可以达到很高的水平，适合建筑工业化发展。

装配式混凝土框架结构，根据构件形式及连接形式，可大致分为以下几种：

（1）框架柱现浇，梁、楼板、楼梯等采用预制叠合构件或预制构件，是装配式混凝土框架结构的初级技术体系。

（2）在上述体系中采用预制框架柱，节点刚性连接，性能接近于现浇框架结构。根据连接形式，可细分为：

1）框架梁、柱预制，通过梁柱后浇节点区进行整体连接，是《装配式混凝土结构技术规程》JGJ 1—2014 中纳入的结构体系。

2）梁柱节点与构件一同预制，在梁、柱构件上设置后浇段连接。

3）采用现浇或多段预制混凝土柱，预制预应力混凝土叠合梁、板，通过钢筋混凝土后浇部分将梁、板、柱及节点连成整体的框架结构体系。

4）采用预埋型钢等进行辅助连接的框架体系。通常采用预制框架柱、叠合梁、叠合板或预制楼板，通过梁、柱内预埋形钢螺栓连接或焊接，并结合节点区后浇混凝土，形成整体结构。

5）框架梁、柱均为预制，采用后张预应力筋自复位连接，或者采用预埋件和螺栓连接等形式，节点性能介于刚性连接和铰链连接之间。

6）装配式混凝土框架结构结合应用钢支撑或者消能减震装置。这种体系可提高结构抗震性能，扩大其适用范围。南京万科江宁上坊保障房项目是这种体系的工程实例之一。

7）各种装配式框架结构的外围护结构通常采用预制混凝土外挂墙板，楼面主要采用预制叠合楼板，楼梯为预制楼梯。

三、装配式框架—剪力墙结构体系

装配式框架—剪力墙结构体系兼有框架结构和剪力墙结构的特点，体系中剪力墙和框架布置灵活，易实现大空间，适用高度较高，可以满足不同建筑功能的要求，可广泛应用于居住建筑、商业建筑、办公建筑、工业厂房等，利于用户个性化室内空间的改造。典型项目有上海城建浦江 PC 保障房项目、龙信集团龙馨家园老年公寓、"第十二届全运会安保指挥中心"安保指挥中心和南科大厦项目等。

预制框架—现浇剪力墙结构中，预制框架结构部分的技术体系同上文；剪力墙部分为现浇结构，与普通现浇剪力墙结构要求相同。这种体系的优点是适用高度大，抗震性能好，框架部分的装配化程度较高。主要缺点是现场同时存在预制和现浇两种作业方式，施工组织和管理复杂，效率不高。

预制框架—现浇核心筒结构具有很好的抗震性能。预制框架与现浇核心筒同步施工时，两种工艺施工造成交叉影响，难度较大；简体结构先施工、框架结构跟进的施工顺序可大大提高施工速度，但这种施工顺序需要研究采用预制框架构件与混凝土简体结构的连接技术和后浇连接区段的支模、养护等，增加了施工难度，降低了效率。

以上三种主要的结构体系都是基于基本等同现浇混凝土结构的设计概念，其设计方法和现浇混凝土结构基本相同。

第三节　建筑设计技术要点[①]

一、一般规定

装配式建筑设计除应符合建筑功能的要求外，还应符合建筑防火、安全、保温、隔热、隔声、防水、采光等建筑物理性能要求。

目前的建筑设计，尤其是住宅建筑设计，一般将设备管线埋在现浇混凝土楼板或墙体中，使得使用年限不同的主体结构和管线设备难以分离。若干年后，虽然建筑主体结构性能尚可，但设备管线老化却无法进行改造更新，导致建筑物不得不拆除重建，缩短了建筑使用寿命。

提倡采用主体结构构件、内装修部品和管线设备的三部分装配化集成技术系统，实现室内装修、管道设备与主体结构的分离，从而使住宅兼具结构耐久性、使用空间灵活性以及良好的可维护性等特点，同时兼备低能耗、高品质和长寿命的优势。

> 5.1.1　装配式建筑设计应符合建筑功能和性能要求，宜采用结构主体部件、内装修部品和管线设备的装配化集成技术系统。
>
> 5.1.2　装配式建筑的围护结构、楼梯、阳台、隔墙、空调板以及管道井等配套构件宜采用工业化、标准化产品。
>
> 5.1.3　装配式建筑的外围护结构应按建筑围护结构热工设计要求确定保温隔热措施。屋面、外墙、楼板、门窗等围护结构传热系数、遮阳系数、窗墙面积比等要求应符合国家现行有关标准的要求。
>
> 5.1.4　装配式建筑防火设计应符合国家标准《建筑设计防火规范》GB 50016—2014 的有关规定。

---

①　2015 年 2 月 12 日，由福建省建筑设计研究院、润铸建筑工程（上海）有限公司、厦门合道工程设计集团有限公司共同编制的《福建省预制装配式混凝土结构技术规程》DBJ 13—216—2015 通过审查，被批准为福建省工程建设地方标准，自 2015 年 4 月 1 日起实施。《规程》共 16 章和 2 个附录，主要技术内容包括：总则、术语和符号、基本规定、材料、建筑设计、结构设计基本规定、框架结构设计、剪力墙结构设计、预制外挂墙板设计、预制混凝土构件深化设计、BIM 技术应用、构件制作与运输、施工、安全技术措施、检测检验、工程验收。涵盖了装配式结构的设计、施工、安装以及验收的全过程。该《规程》填补了福建省装配式结构技术领域的空白，整体水平达到国内领先。本书本章中第三节至第六节结合此《规程》进行相关介绍。

二、平面设计

装配式建筑的设计与建造是一个系统工程，需要整体设计的思想。平面设计应考虑建筑各功能空间的使用尺寸，并应结合结构构件受力特点，合理地拆分预制构配件。在满足平面功能需要的同时，预制构配件的定位尺寸还应符合模数协调和标准化的要求。

装配式建筑平面设计应充分考虑设备管线与结构体系之间的协调关系。例如：住宅卫生间涉及建筑、结构、给水排水、暖通、电气等各专业，需要多工种协作完成；平面设计时应考虑卫生间平面位置与竖向管线的关系、卫生间降板范围等问题。同时还应充分考虑预制构件生产的工艺需求。

> 5.2.1　装配式建筑平面布置宜简单、规则，长宽比及高宽比宜满足结构设计要求，结构竖向构件布置宜上下连续。
>
> 5.2.2　门窗洞口宜上下对齐，其平面位置和尺寸应满足结构受力和构件预制的要求。装配式剪力墙建筑不宜设置转角窗。
>
> 5.2.3　装配式建筑宜采用标准化的整体卫浴；厨卫间的水电设备管线宜采用管井集中布置。

三、立面设计

（1）预制混凝土具有可塑性，便于实现不同形状的外挂墙板。同时，建筑物的外表面可以通过饰面层的凹凸、虚实、纹理、色彩、质感等手段，实现多样化的外装饰需求；结合外挂墙板的工艺特点，建筑面层还可方便地处理为露骨料混凝土、清水混凝土，从而实现建筑立面标准化与多样化的结合。在生产预制外挂墙板的过程中可将外墙饰面材料与预制外墙板同时制作成型。带有门窗的预制外墙板，其门窗洞口与门窗框间的密闭性不应低于门窗的密闭性。

> 5.3.1　装配式建筑外墙的设计应结合装配式混凝土建筑的特点，通过基本单元组合满足建筑外立面多样化和经济美观的要求，宜优先选用预制外墙板。
>
> 5.3.2　建筑外墙饰面材料宜结合当地条件，采用耐久、不易污染的材料。外墙装饰宜采用反打一次成型的饰面混凝土外墙板，确保建筑外墙的装饰性和耐久性要求。

（2）预制外墙板的各类接缝设计应构造合理、施工方便、坚固耐久，并结合本地材料、制作及施工条件进行综合考虑。

外挂墙板的板缝处，应保持墙体保温性能的连续性。对于夹心外墙板，当内叶墙体为承重墙板，相邻夹心外墙板间浇筑有后浇混凝土时，在夹心层中保温材料的接缝处，应选用 A 级不燃材料保温材料，如岩棉等填充。

材料防水是靠防水材料阻断水的通路，以达到防水的目的。用于防水的密封材料应选用耐候性密封胶；接缝处的背衬材料宜采用发泡氯丁橡胶或发泡聚乙烯塑料棒；外墙板接缝中于第二道防水的密封胶条，宜采用三元乙丙橡胶、氯丁橡胶或硅橡胶。

构造防水是采取合适的构造形式阻断水的通路，以达到防水的目的。如在外墙板接缝外口设置适当的线型构造（立缝的沟槽，平缝的挡水台、披水等）形成空腔，截断毛细管通路，利用排水构造将渗入接缝的雨水排出墙外，防止向室内渗漏。

> 5.3.3 预制外墙板及其接缝应能满足水密性能、气密性能、耐火性能、隔音性能、保温隔热性能要求。
>
> 5.3.4 预制外墙板的接缝及门窗洞口等防水薄弱部位宜采用材料防水和构造防水相结合的做法，并应符合下列规定：
>
> 1 墙板水平接缝宜采用高低缝或企口缝构造；
>
> 2 墙板竖向接缝宜采用平口缝或企口缝构造；
>
> 3 当板缝空腔需设置导水管排水时，板缝室内一侧应设置气密条密封构造。

四、内装修设计

室内装修所采用的构配件、饰面材料，应结合本地气候条件及房间使用功能要求采用耐久、防水、防火、防腐及不易污染的材料与做法。

> 5.4.1 装配式建筑采用的室内装修材料应符合现行国家标准《民用建筑工程室内环境污染控制规范》GB 50325 和《建筑内部装修设计防火规范》GB 50222 的有关规定。
>
> 5.4.2 装配整体式建筑室内装修宜采用工厂化加工的标准构配件与部品现场组装，尽量减少施工现场的湿作业。
>
> 5.4.3 装配式建筑的厨卫间楼板及墙体潮湿部位应采取可靠防水措施。

五、设备管线设计

（1）住宅建筑设备管线的综合设计应特别注意住宅套内管线的综合设计。每套住宅单元的管线应户界分明。装配式建筑不应在预制构件安装完毕后剔凿孔洞、沟槽等。

> 5.5.1 装配式建筑的设备管线应进行综合设计，减少平面交叉。竖向管线宜集中布置，并满足维修更换的要求。
>
> 5.5.2 装配式建筑应根据装修和设备要求预先在预制板中预留孔洞、沟槽，预留埋设必要的电器接口及吊挂配件。
>
> 5.5.3 房间竖向电气管线宜统一设置在预制板内或装饰墙面内。墙板内竖向电气管线布置应保持安全间距。
>
> 5.5.4 设备管线穿过楼板的部位，应采取防水、防火、隔声等措施。
>
> 5.5.5 设备管线宜与预制构件上的预埋件可靠连接。

（2）一般建筑的排水横管布置在本层的称为同层排水；排水横管设置在楼板下的

称为异层排水。住宅建筑卫生间、经济型旅馆宜优先采用同层排水方式。

> 5.5.6　装配式建筑宜采用同层排水设计，并应结合房间净高、楼板跨度、设备管线等因素综合考虑降板方案。

第四节　结构设计技术要点

一、结构设计基本规定

1. 一般规定

（1）装配式结构设计的主要技术路线，是在可靠的受力钢筋连接技术的基础上，采用预制构件与后浇混凝土相结合的方法，通过连接节点合理的构造措施，将装配式结构连接成整体，保证其结构性能具有与现浇混凝土结构等同的延性、承载力和耐久性能，达到与现浇混凝土结构等同的效果。因此，装配整体式结构可以按照现浇结构进行整体计算。当同一结构层内既有预制又有现浇抗侧力构件时，在地震设计状况下，宜对现浇抗侧力构件在地震作用下的弯矩和剪力进行适当的放大。

> 6.1.1　符合本规程规定的装配整体式混凝土结构可采用与现浇混凝土结构相同的方法进行结构整体分析。

（2）装配整体式结构的适用高度参照现行行业标准《高层建筑混凝土结构技术规程》JGJ 3—2010 中的规定并适当调整。根据国内外多年的研究成果，位于地震区的装配整体式框架结构，当采取了可靠的节点连接方式和合理的构造措施后，装配整体式框架的结构性能可以等同现浇混凝土框架结构。因此，对于装配整体式框架结构，当节点及接缝处采用了适当的构造并满足构造要求时，可认为其性能与现浇结构基本一致，其最大适用高度与现浇结构相同。如果装配式框架结构中节点及接缝构造措施的性能达不到等同现浇结构的要求，则其最大适用高度应适当降低。

装配整体式剪力墙结构中，墙体间的接缝数量多且构造复杂，接缝的构造措施及施工质量对结构整体的抗震性能影响较大，使得装配整体式剪力墙结构抗震性能很难完全等同于现浇结构。世界各地对装配式剪力墙结构的研究相对较少。我国近年来，对装配式剪力墙结构进行了大量的研究工作，但由于福建省内装配整体式剪力墙结构尚缺少实践经验，对于该结构体系适用高度适当从严。

框架—剪力墙结构是当前得到广泛应用的结构体系。考虑到当前的研究水平，为了保证结构整体的抗震性能，装配整体式框架—剪力墙结构的剪力墙构件宜采用现浇。装配整体式框架—现浇剪力墙结构中，装配式框架的性能与现浇框架等同，因此整体结构的适用高度与现浇的框架—剪力墙结构相同。

6.1.2 装配式结构的房屋最大适用高度应符合表 6.1.2 的规定。

表 6.1.2 装配式结构房屋的最大适用高度（m）

结构类型	非抗震设计	抗震设防烈度		
		6 度	7 度	8 度（0.2g）
装配整体式框架结构	70	60	50	40
装配整体式框架—现浇剪力墙结构	150	130	120	100
装配整体式剪力墙结构	120（110）	110（100）	100（90）	90（80）

注：1 房屋高度指室外地面到主要屋面的高度，不包括局部突出屋顶的部分；

2 当结构中仅水平构件采用叠合梁、板，而竖向构件全部为现浇时，其最大适用高度同现浇结构；

3 框架结构加设钢支撑或消能减震装置时，最大适用高度可以按照现行国家标准《建筑抗震设计规范》GB 50011 附录 G 有关规定计算；

4 内、外墙均预制的装配整体式剪力墙结构的最大适用高度应取表 6.1.2 中括号内的数值；当不规则建筑采用装配整体式剪力墙结构时，其最大适用高度宜适当降低。

（3）本条为强制性条文。本条引自现行行业标准《装配式混凝土结构技术规程》JGJ 1—2014 第 6.1.3 条强制性条文。丙类装配整体式结构的抗震等级参照现行国家标准《建筑抗震设计规范》GB 50011—2010 和现行行业标准《高层建筑混凝土结构技术规程》JGJ 3—2010 中的规定制定并适当调整。装配整体式框架结构及装配整体式框架—现浇剪力墙结构的抗震等级与现浇结构相同；由于装配整体式剪力墙结构在国内外的工程实践的数量还不够多，也未经历实际地震的考验，因此对其抗震等级的划分高度从严要求，比现浇结构适当降低。

6.1.3 装配整体式结构构件的抗震设计，应根据设防类别、烈度、结构类型和房屋高度采用不同的抗震等级，并应符合相应的计算和构造措施要求。丙类装配整体式结构的抗震等级应按表 6.1.3 确定。

表 6.1.3 丙类装配整体式结构的抗震等级

结构类型		抗震设防烈度					
		6 度		7 度		8 度	
装配整体式框架结构	高度（m）	≤24	>24	≤24	>24	≤24	>24
	框架	四	三	三	二	二	一
	大跨度框架	三		二		一	

续表6.1.3

结构类型		抗震设防烈度							
		6度		7度			8度		
装配整体式框架—现浇剪力墙结构	高度(m)	≤60	>60	≤24	>24且≤60	>60	≤24	>24且≤60	>60
	框架	四	三	四	三	二	三	二	一
	剪力墙	三	三	三	二	二	二	一	一
装配整体式剪力墙结构	高度(m)	≤70	>70	≤24	>24且≤70	>70	≤24	>24且≤70	>70
	剪力墙	四	三	四	三	二	三	二	一

注：大跨度框架指跨度不小于18m的框架。

（4）乙类装配整体式结构的抗震设计要求参照现行国家标准《建筑抗震设计规范》GB 50011—2010 和现行行业标准《高层建筑混凝土结构技术规程》JGJ 3—2010 中的规定。

6.1.4 乙类装配整体式结构应按本地区抗震设防烈度提高一度的要求加强其抗震措施；当本地区抗震设防烈度为8度且抗震等级为一级时，应采取比一级更高的抗震措施；当建筑场地为一类时，仍可按本地区抗震设防烈度的要求采取抗震构造措施。

（5）装配式结构的平面及竖向布置要求，应严于现浇混凝土结构。特别不规则的建筑在地震作用下受力复杂，且会出现较多的非标准构件，不适宜采用装配式结构。

6.1.5 装配整体式结构平面布置宜符合下列要求：
　　1 平面形状宜简单、规则、对称，质量、刚度分布宜均匀，不应采用严重不规则的平面布置；
　　2 平面尺寸及突出部位尺寸的比值限值按现行行业标准《高层建筑混凝土结构设计规程》JGJ 3—2010 有关规定执行；
　　3 建筑平面不宜采用角部重叠或细腰形平面布置。
6.1.6 装配整体式混凝土结构竖向体型应规则、均匀，并应避免抗侧力结构的侧向刚度和承载力竖向突变。

（6）预制装配式结构需要进行预制构件的运输和吊装，过大的结构自重将对工程的造价和进度产生不利的影响。因此，在确保结构安全的前提下，应结合装配式结构的技术特点，利用现代的隔震和消能减震技术，达到节材、减重、提高大震安全性的效果。采用隔震和消能减震技术的高层装配式结构在发达国家，特别是日本，获得了广泛的应用，并经受了高烈度地震的考验。相对于单纯增加竖向构件面积，通过增大结构刚度来抵抗水平作用的方法，隔震和消能减震技术显然更符合可持续发展的需要。

6.1.7 抗震设计的装配式混凝土结构，宜根据结构的特点，选择适宜的隔震、消能减震措施。

（7）装配式结构目前在我国方兴未艾，大量的新型体系和节点不断出现。规程是当前成熟经验的总结，但不能成为新技术发展的障碍。因此，对于规程未涉及的新型结构体系可以使用抗震性能化设计的方法，对结构的抗震安全性进行评价。结构抗震性能设计应根据结构方案的特殊性、选用适宜的结构抗震性能目标，并应论证结构方案能否满足预期的抗震性能目标要求。

6.1.8 抗震设计的高层装配式结构，当其房屋高度、规则性、结构类型等超过本规程的规定或者抗震设防标准有特殊要求时，可按现行行业标准《高层建筑混凝土结构设计规程》JGJ 3—2010 的有关规定进行结构抗震性能设计。

（8）考虑到福建地区地下水位较高，为确保地下室的功能性要求，在没有可靠实践经验和成熟构造做法的情况下，装配式结构暂时不用于地下室范围。结构转换层、平面复杂或开洞较大的楼层、作为上部结构嵌固部位的地下室楼层对整体性和传递水平力的要求较高，宜采用现浇楼盖。

6.1.9 高层装配整体式混凝土结构应符合下列规定：
  1 宜设置地下室，地下室应采用现浇混凝土结构；
  2 剪力墙结构底部加强部位的剪力墙宜采用现浇混凝土；
  3 框架结构的首层柱宜采用现浇混凝土，顶层宜采用现浇楼盖结构。

（9）转换构件受力较大且在地震作用下容易破坏。为加强结构的整体性，建议转换层及相邻上一层采用现浇混凝土结构。转换梁、转换柱是保证结构抗震性能的关键部位。这些构件往往截面大、配筋多，节点构造复杂，不适合采用预制构件。

6.1.10 转换梁以及与转换梁相连接的竖向构件不应采用预制构件。

（10）在装配式结构构件及节点的设计中，除对使用阶段进行验算外，还应重视施工阶段的验算，即短暂设计状况的验算。

6.1.11 装配式结构的构件节点应进行承载能力极限状态及正常使用极限状态设计，并应符合现行国家标准《混凝土结构设计规范》GB 50010—2010、《建筑抗震设计规范》GB 50011—2010 和《混凝土结构工程施工规范》GB 50666—2011 等的有关规定。

（11）装配式结构构件的承载力抗震调整系数与现浇混凝土结构相同。

6.1.12　抗震设计时，构件及节点的承载力抗震调整系数 γ_{RE} 应按表 6.1.12 采用。当仅考虑竖向地震作用组合时，承载力抗震调整系数 γ_{RE} 应取为 1.0。预埋件锚筋截面计算的承载力调整系数 γ_{RE} 应取为 1.0。

表 6.1.12　构件及节点承载力抗震调整系数 γ_{RE}

构件及接缝类型及受力性质		γ_{RE}
梁、外挂墙板	受弯	0.75
轴压比小于 0.15 的柱	偏压	0.75
轴压比不小于 0.15 的柱	偏压	0.80
剪力墙	偏压	0.85
各类构件及框架节点	受剪、偏拉	0.85
接缝	受弯、偏拉、受剪	0.85

（12）装配整体式结构的层间位移角限值均与现浇结构相同。

6.1.13　按弹性方法计算的风荷载或多遇地震标准值作用下，装配整体式混凝土结构的层间位移角限值按表 6.1.13 采用

表 6.1.13　楼层层间最大位移与层高之比的限值

结构类型	$\Delta u/h$ 限值
装配整体式框架结构	1/550
装配整体式框架—现浇剪力墙结构	1/800
装配整体式剪力墙结构	1/1000

（13）叠合楼盖和现浇楼盖对梁刚度均有增大作用，装配式楼盖中的预制部分由于连接构造的原因对梁刚度增大作用难以定量测算，建议在结构设计中忽略该区域对梁刚度的影响。

6.1.14　进行结构整体计算时，叠合楼盖在其自身平面内可视为无限刚性。楼面梁的刚度可计入翼缘的作用予以增大。

2. 作用及作用组合

（1）对装配式结构进行承载能力极限状态和正常使用极限状态验算时，荷载和地震作用的取值及其组合均应按现行国家相关标准执行。

6.2.1　装配式结构的作用及作用组合应根据国家现行标准《建筑结构荷载规范》GB 50009、《建筑抗震设计规范》GB 50011、《高层建筑混凝土结构设计规程》JGJ 3 和《混凝土结构工程施工规范》GB 50666 等确定。

（2）规程条文的规定与现行国家标准《混凝土结构工程施工规范》GB 50666—2011 相同。

> 6.2.2 预制构件在脱模、翻转、运输、吊运、安装等短暂设计状况下的施工验算，应将构件自重标准值乘以脱模吸附系数或动力系数后作为等效静力荷载标准值。构件运输、吊运时，动力系数宜取 1.5；构件翻转及安装过程中就位、临时固定时，动力系数可取 1.2。

（3）脱模验算往往是预制构件的控制工况。预制构件进行脱模时受到的荷载包括：自重，脱模起吊瞬间的动力效应，脱模时模板与构件表面的吸附力。其中，动力效应采用构件自重标准值乘以动力系数计算；脱模吸附力是作用在构件表面的均布力，与构件表面和模具表面状况有关，根据经验其一般不小于 1.5kN/m^2。等效静力荷载标准值取构件自重标准值乘以动力系数后与脱模吸附力叠加。本条文对于脱模验算要求双控；平面型构件通常是由吸附力控制，线型构件通常是由动力效应控制。

> 6.2.3 预制构件进行脱模验算时，等效静力荷载标准值应取构件自重标准值乘以动力系数后与脱模吸附力之和，且不宜小于构件自重标准值的 1.5 倍。动力系数与脱模吸附力应符合下规定：
> 1 动力系数不宜小于 1.2；
> 2 脱模吸附力应根据构件和模具的实际状况取用，且不宜小于 1.5kN/m^2。
>
> 6.2.4 进行后浇叠层混凝土施工阶段验算时，叠合楼盖的施工活荷载取值可按实际情况计算，且不宜小于 1.5kN/m^2。

3. 预制构件设计

（1）设计中应特别注意预制构件在短暂设计状况下的承载能力验算。在制作、施工、安装阶段，预制构件的荷载条件、受力状态和计算模式通常与使用阶段不同；同时预制构件的混凝土强度在此阶段往往尚未达到设计强度。因此，需要对预制构件在脱模、翻转、起吊、运输、堆放、安装等生产和施工过程中的安全性进行验算。预制构件的截面及配筋往往不是使用阶段的计算起控制作用，而是制作、施工安装阶段的计算起控制作用。

> 6.3.1 预制构件的设计应符合下列规定：
> 1 对持久设计状况，应对预制构件进行承载力、变形、裂缝控制验算；
> 2 对地震设计状况，应对预制构件进行承载力验算；
> 3 对制作、运输和堆放、安装等短暂设计状况下的预制构件验算，应符合现行国家标准《混凝土结构工程施工规范》GB 50666 的有关规定。

（2）预制梁、柱构件由于节点区钢筋布置的空间需要，混凝土保护层往往较大。当保护层厚度大于 50mm 时，宜采取增设钢筋网片等措施，以控制混凝土构件的裂缝，避免保护层在施工过程中由于受力而剥离脱落。

> 6.3.3 预制构件的混凝土保护层厚度大于 50mm 时，宜对保护层采取有效的防裂构造措施。

（3）预制板式楼梯在生产、运输、吊装过程中，受力状况比较复杂。因此，梯板板面宜配置通长钢筋，配筋数量可根据相应阶段的抗弯承载力及裂缝控制验算结果确定，最小配筋率可参照楼板的相关规定。当楼梯两端均不能滑动时，在侧向力作用下楼梯梯板中会产生轴向力，因此规定其板面和板底均应配通长钢筋。

> 6.3.5 预制板式楼梯板底、板面均应配置通长的纵向钢筋。

4. 连接设计

（1）装配整体式结构中的接缝主要指预制构件之间的接缝、预制构件与现浇和后浇混凝土之间的结合面。它主要包括梁端接缝、柱顶底接缝、墙体的竖向接缝和水平接缝等。在装配整体式结构中，接缝是影响结构受力性能的关键部位。

接缝处的压力通过后浇混凝土、灌浆料或坐浆材料直接传递；接缝处的拉力主要通过钢筋、预埋件传递；接缝处的剪力由结合面的混凝土黏结强度、键槽、粗糙面、钢筋的摩擦抗剪作用、钢筋的销栓抗剪作用承担；接缝处于受压、受弯状态时，静摩擦可承担部分剪力。预制构件连接接缝一般采用强度等级高于预制构件的后浇混凝土、灌浆料或坐浆材料。当穿过接缝的钢筋不少于构件内钢筋并且符合本规程的构造规定时，节点及接缝的正截面受压、受拉及受弯承载力不会低于构件，可不必进行承载力验算。需要进行验算时，可按照混凝土构件正截面的计算方法进行，设计混凝土强度取接缝及构件混凝土材料强度的低值，钢筋只考虑穿过接缝且有可靠锚固的部分。

接缝处的抗剪强度往往低于预制构件抗剪强度。因此，接缝需要进行受剪承载力的计算。本条对各种接缝的受剪承载力提出了总的要求。

对于装配整体式结构的控制区域，即梁、柱的箍筋加密区及剪力墙底部加强部位，接缝要求实现强连接，确保不在接缝处发生破坏。即要求接缝的承载力设计值大于被连接构件的承载力设计值乘以强连接系数。强连接系数应根据抗震等级、连接的重要性以及连接类型，参照行业标准《装配式混凝土结构技术规程》JGJ 1—2014 的规定确定。对于其他区域的接缝，可采用延性连接，允许连接部位产生塑性变形，但要求接缝的承载力设计值大于设计内力，以保证接缝的安全。

> 6.4.1 装配式整体结构中，接缝的正截面承载力应符合现行国家标准《混凝土结构设计规范》GB 50010—2010 的规定。接缝的受剪承载力应符合下列规定：
>
> 1 持久设计状况：
>
> $$\gamma_0 V_{jd} \leqslant V_u \qquad (6.4.1\text{-}1)$$
>
> 2 地震设计状况：

$$V_{jdE} \leqslant V_{uE}/\gamma_{RE} \qquad (6.4.1-2)$$

在梁、柱端部箍筋加密区尚应符合下式要求：

$$\eta_j V_{mua} \leqslant V_{uE} \qquad (6.4.1-3)$$

式中　γ_0——结构重要性系数，按国家现行相关标准规定取用；

　　　　V_{jd}——持久设计状况下接缝处剪力设计值；

　　　　V_{jdE}——地震设计状况下接缝处剪力设计值；

　　　　V_u——持久设计状况下接缝处受剪承载力设计值；

　　　　V_{uE}——地震设计状况下接缝处受剪承载力设计值；

　　　　V_{mua}——预制构件端部按照实配钢筋计算的斜截面受剪承载力设计值；

　　　　η_j——接缝受剪承载力增大系数，抗震等级为一、二级取 1.2，抗震等级为
　　　　　　　　三、四级取 1.1。

（2）装配整体式框架结构中，框架柱的纵筋连接宜采用套筒灌浆连接，梁的水平钢筋连接可根据实际情况选用机械连接、焊接连接或者套筒灌浆连接。装配式剪力墙结构中，预制剪力墙竖向钢筋宜采用套筒灌浆连接，水平分布筋的连接可采用焊接、搭接等形式。

> 6.4.2　装配整体式结构中，节点及接缝处的纵向钢筋连接宜根据受力、施工工艺等要求选用机械连接、套筒灌浆连接、焊接连接、绑扎搭接连接等连接方式，并应符合国家现行相关标准的规定。
>
> 6.4.3　纵向钢筋采用套筒灌浆连接时，应符合下列规定：
>
> 　　1　接头应满足现行行业标准《钢筋机械连接技术规程》JGJ 107 中 I 级接头的性能要求，并应满足相关行业标准的要求；
>
> 　　2　预制剪力墙中钢筋接头处套筒外侧钢筋的混凝土保护层厚度不应小于 15mm，预制柱中钢筋接头处套筒外侧箍筋的混凝土保护层厚度不应小于 20mm；
>
> 　　3　套筒之间的净距不应小于 25mm。

（3）试验表明，预制梁端采用键槽构造时，其接缝受剪承载力通常大于粗糙面处理的接缝。键槽构造易于控制生产质量并方便检验。当键槽深度太小时，易发生承压破坏；如不会发生承压破坏，则增加键槽深度对增加受剪承载力没有明显帮助。因此，键槽深度一般控制在 30mm 左右。梁端键槽数量通常较少，一般为 1~3 个，其试验结果与计算公式吻合较好。预制墙板侧面的键槽数量相对较多，连接面的工作机理与粗糙面类似，键槽深度及尺寸可适当减小。

> 6.4.4　预制构件与现浇混凝土的结合面宜设置粗糙面或键槽，并满足下列要求：
>
> 　　1　预制梁、板与现浇混凝土之间的水平结合面应设置粗糙面；
>
> 　　2　预制梁端面应设置键槽；预制柱底部端面应设置键槽，顶部应设置粗糙面；

预制剪力墙的顶部和底部与后浇混凝土的结合面应设置粗糙面；侧面与后浇混凝土的结合面应设置粗糙面，也可设置键槽；

　　3 构件端面设置键槽时，键槽的尺寸和数量应按照本规程相关条文规定计算确定；键槽的深度不宜小于30mm，键槽宽度不宜小于深度的3倍且不宜大于深度的10倍。槽口距离截面边缘宜大于50mm，键槽端部斜面倾角不宜大于30°；

　　4 预制板的粗糙面凹凸深度不应小于4mm，其余构件的粗糙面凹凸深度不应小于6mm。

　　（4）预制构件纵向钢筋的锚固多采用锚固板的机械锚固方式，使得伸出构件的钢筋长度较短且不需弯折，便于构件加工及安装。

6.4.5　预制构件纵向受力钢筋在节点区宜直线锚固，当直线锚固长度不足时可采用弯折、机械锚固方式，并应符合现行国家标准《混凝土结构设计规范》GB 50010和《钢筋锚固板应用技术规程》JGJ 256的规定。

5. 楼盖设计

　　（1）压型钢板组合楼板是指在压型钢板上浇筑混凝土形成的组合楼板；根据是否考虑压型钢板与混凝土的共同工作可分为组合板和非组合板。压型钢板的运输、储存、堆放和装卸都极为方便，可大大加快工程进度。压型钢板组合楼板在美、日等发达国家得到广泛的应用，是一种适合装配式结构的楼盖形式。

6.5.1　装配整体式混凝土结构的楼盖可采用混凝土叠合楼板、压型钢板组合楼板和桁架钢筋组合楼板等形式。

　　（2）叠合板后浇层最小厚度的规定考虑了楼板整体性要求以及管线预埋、面筋铺设、施工误差等方面的因素。预制板最小厚度的规定考虑了脱模、吊装、运输、施工等因素。当采用可靠的构造措施（如设置桁架钢筋或增设板肋）的情况下，可以考虑将预制板厚度适当减少如图4-13为叠合楼盖的预制板桁架钢筋构造示意图。

　　当板跨度较大时，为了增加预制板的整体刚度和水平叠合面抗剪性能，可在预制板内设置桁架钢筋，见图4-13；钢筋桁架的下弦钢筋可作为楼板下部受力钢筋使用。施工阶段验算预制板的承载力及变形时，可考虑桁架钢筋的作用，以减少预制板下的临时支撑数量。

　　当板跨度超过6m时，采用预应力混凝土预制板可取得较好的经济性；板厚大于180mm时，为了减轻楼板自重，推荐采用空心楼板，可在钢模板中设置各种轻质模具，浇筑混凝土后形成空心。

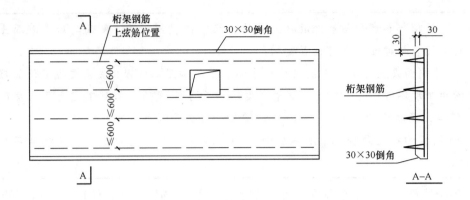

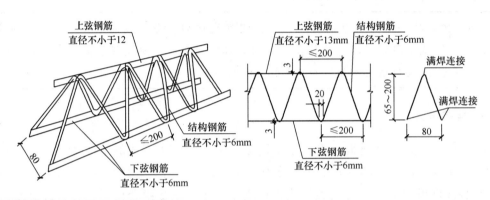

图 4-13　叠合楼盖的预制板桁架钢筋构造示意

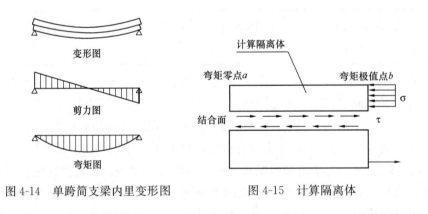

图 4-14　单跨简支梁内里变形图　　　图 4-15　计算隔离体

6.5.2　混凝土叠合板应按照现行国家标准《混凝土结构设计规范》GB 50010—2010 进行设计，并应符合下列规定：

　　1　叠合板的预制板厚度不宜小于 60mm，现浇层厚度不应小于 60mm；

　　2　板跨大于 3m 的叠合板宜采用桁架钢筋混凝土叠合楼板；

　　3　预制板块的短边边长不宜大于 3500mm。

（3）进行受弯构件的水平叠合面抗剪验算首先要明确验算的对象。受弯构件叠合面抗剪失效的后果必然是新旧混凝土界面间发生了相对水平错动。因此，取叠合面以上的现浇区域作为计算隔离体显然是合适的。问题在于该隔离体在纵向上的长度应如何取值。

以承受均布荷载的单跨简支梁为例，图 4-14 给出了叠合面失效时叠合梁的变形以及相应的内力图。我们不难发现在弯矩极值点两侧的剪力反号，说明弯矩极值点两侧的错动变形趋势的方向相反，两侧结合面的抗剪验算并无关联。因此，对于简支梁应该以弯矩极值点为界，对两侧分别进行叠合面抗剪验算。对于多跨连续叠合梁，水平叠合面的抗剪承载力验算应以支座点、弯矩绝对值最大点和零弯矩点为界限，划分为若干剪跨区段分别进行验算。各剪跨区段内，叠合面上的剪应力均同向。弯矩为零的截面处，混凝土受压区压应力为零。如果隔离体在长度方向上取 $|M_{\max}|$ 点至弯矩零点（图 4-15），可以利用水平方向力的平衡条件建立如下公式

$$\int_a^b \tau \cdot dA_{\mathrm{ch}} = \sigma A_{\mathrm{c}} \qquad \text{（式 4-1）}$$

式中　τ——水平叠合面剪应力；

A_{c}——叠合面以上混凝土等效截面的受压区面积；

A_{ch}——叠合面面积；

σ——混凝土压应力。

公式（式 4-1）等号左侧即为减跨内水平叠合面处的总剪力 V。

由公式（式 4-1）可知，可以通过剪跨区内 $|M_{\max}|$ 处，叠合面以上的混凝土受压区总压力来求得水平叠合面的总剪力。叠合面抗剪承载力的设计目标应该是：该破坏模式不应先于其他破坏模式出现。所以，（式 4-1）式等号右侧的 σ 可用混凝土抗压强度设计值 f_{c} 替代。水平叠合面抗剪验算中，剪跨单元的水平总剪力 V 可按下式计算：

$$V = f_{\mathrm{c}} A_{\mathrm{c}} \qquad \text{（式 4-2）}$$

利用（式 4-2）式可以避免对剪应力进行复杂的积分运算。现行《钢结构设计规范》GB 50017—2003 第 11.3.4 条的正文及条文解释中指出："栓钉等柔性抗剪连接件具有很好的剪力重分布能力，可按剪跨区段均匀布置连接件"。叠合梁中的箍筋显然属于柔性抗剪连接件，因此以剪跨划分计算隔离体，对各隔离体分别进行叠合面抗剪验算是可行的。

对于叠合面抗剪承载力的计算，Birkeland 最早提出的摩擦抗剪模型。该模型认为：沿着剪切平面的裂缝先于剪力作用形成；当剪力作用时，由于裂缝处凹凸不平，裂缝两侧在发生滑移的同时也产生分离，使得穿过剪切平面的钢筋产生拉力，从而在钢筋附近的混凝土中产生压力，沿着剪切平面就产生了摩擦抗剪强度。在抗剪钢筋适当锚固且配筋率适当的条件下，当钢筋中的拉应力达到屈服强度时，认为抗剪承载力失效。

部分学者对摩擦抗剪模型提出了修正：穿过剪切平面的钢筋中产生的拉力的水平分量即为钢筋的销栓作用，可直接抵抗剪力；拉力的垂直分量在钢筋附近的混凝土中产生压力，通过摩擦作用抗剪；裂缝处突出物咬合点的直接承压也是剪力传递的重要途径。当以上三者的抗剪能力之和小于作用剪力时，即认为抗剪承载力失效。

根据修正剪切摩擦理论，并考虑摩擦抗剪钢筋与叠合面斜交的情形，可以获得摩擦抗剪验算的通式：$V \leqslant cf_tA_{ch} + A_{sd}f_{yd}\mu\sin\alpha + A_{sd}f_{yd}\cos\alpha$，式中第 1 项体现咬合点的直接承压；第 2 项体现摩擦剪切效应；第 3 项体现钢筋的销栓作用。

规程编制组查阅了《混凝土结构设计规范》GB 50010—2010 公式 H.0.4-1 $V \leqslant 1.2f_tbh_0 + 0.85f_{yv}\dfrac{A_{sw}}{s}h_0$ 的原始试验数据，并参考 ACI 规范，欧洲规范的相关公式中计算系数的取值，通过大量的试算对比，同时考虑到与规程公式 6.5.5（该公式直接引用《混凝土结构设计规范》GB 50010—2010 公式 H.0.4-2 $\dfrac{V}{bh_0} \leqslant 0.4(\text{N/mm}^2)$）的衔接，最终确定推荐的计算系数取值。

6.5.3　叠合梁水平叠合面受剪承载力验算应符合下列规定：

1　叠合面的受剪承载力验算应以支座点、弯矩绝对值最大点和零弯矩点为界限，划分为若干剪跨区分别进行（图 6.5.3）

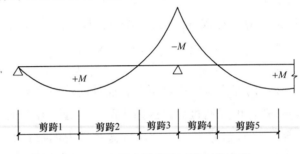

图 6.5.3　叠合梁剪跨区的划分示意

2　每个剪跨区段内，叠合面上的纵向剪力 V_h 可按下式计算

当叠合面在混凝土受压区范围之外时：

$$V = A_sf_y$$

式中　A_s——每个剪跨区段内，梁纵向受力钢筋配筋面积；

　　　f_y——纵向受力钢筋抗拉强度设计值。

当叠合面在混凝土受压区范围之内时：

$$V = A_cf_c$$

式中　A_c——叠合面以上混凝土受压区面积（需考虑楼板作为梁翼缘的影响）；

　　　f_c——混凝土轴心抗压强度设计值。

3　各剪跨区段内的水平叠合面受剪承载力按以下规定验算：

$$V \leqslant cf_tA_{ch} + A_{sd}f_{yd}(\mu\sin\alpha + \cos\alpha) < 0.25f_cA_{ch}$$

式中　c, μ——与叠合面粗糙度相关的系数，对于粗糙面 $c=0.45$，$\mu=0.7$；

　　　f_t——混凝土轴心抗拉强度设计值；

　　　A_{ch}——各剪跨区段的叠合面面积；

　　　　A_{sd}——各剪跨区段抗剪钢筋截面面积；

　　　　f_{yd}——抗剪钢筋抗拉强度设计值，且不大于 $360N/mm^2$；

　　　　α——抗剪钢筋与叠合面的夹角 $0°\leqslant\alpha\leqslant90°$。

　　4　抗剪钢筋的配筋率不得低于 0.2%，配筋率按下式计算；

$$\rho_{sd}=\frac{A_{sd}}{A_{ch}}$$

　　5　抗剪钢筋在叠合面两侧均应有可靠锚固且锚固长度不应小于 $15d$；d 为抗剪钢筋直径。

6.5.4　未配置抗剪钢筋的叠合板，当水平叠合面符合本规程第 6.4.4 条关于粗糙度的构造规定时，可按下列公式进行水平叠合面的抗剪验算：

$$\frac{V}{bh_0}\leqslant0.4（N/mm^2）$$

式中　V——叠合板支座处剪力；

　　　　b——叠合板宽度；

　　　　h_0——叠合板有效高度。

　　（4）目前已有的叠合板整体式接缝构造存在传力机制不明确、接缝对极限承载力存在不利影响、施工效率低、施工质量不易保证等问题。建议预制叠合板采用单向板计算模式，并对板缝进行构造处理，以保证使用阶段的观感。

6.5.5　叠合板可根据预制板接缝构造、支座构造、长宽比按单向板或双向板设计。当预制板之间采用分离式接缝（图 6.5.5a）时，宜按单向板设计。对长宽比不大于 3 的四边支承叠合板，当其预制板之间采用整体式接缝（图 6.5.5b）或无接缝（图 6.5.5c）时，可按双向板设计。整体式接缝宜设置在叠合板的次要受力方向上且宜避开最大弯矩截面。

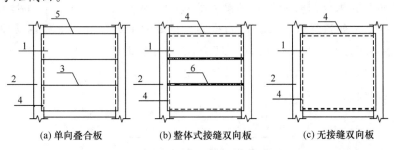

(a) 单向叠合板　　　(b) 整体式接缝双向板　　　(c) 无接缝双向板

1—预制叠合板；2—梁或墙；3—板侧分离式接缝；4—板端；5—板侧；6—板侧整体式接缝

图 6.5.5　叠合板单向板，双向板设计示意

　　（5）为保证楼板的整体性及传递楼层面内水平力的需要，预制板内的纵向受力钢筋在板端宜伸入支座，并应符合现浇楼板下部纵向钢筋的构造要求。在预制板侧面，为了生产及安装的方便，可不伸出构造钢筋，但应设置附加钢筋以保证楼面的整体性。

6.5.6　叠合板支座处的纵向钢筋应符合下列规定：

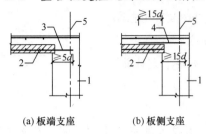

(a) 板端支座　　(b) 板侧支座

1—支承梁或墙；2—预制板；3—纵向受力钢筋；
4—附加钢筋；5—支座中心线

图 6.5.6　叠合板支座构造示意

1　板端支座处，预制板端部纵向受力钢筋宜伸出并锚入支承梁或墙的后浇混凝土中，锚固长度不应小于 $5d$（d 为纵向受力钢筋直径），且宜伸至支座中心线（图 6.5.6a）；

2　单向叠合板的板侧支座处，当预制板的板底分布钢筋伸入支承梁或墙时，宜在紧邻预制板顶面的后浇混凝土中设置附加钢筋；附加钢筋截面面积不宜小于预制板内同向板底分布钢筋面积，附加钢筋在预制板后浇叠合层内锚固长度不应小于 $15d$，在支座内的锚固长度不应小于 $15d$（d 为附加钢筋直径），且宜伸过支座中心线（图 6.5.6b）。

6.5.7　桁采用压型钢板组合楼板时，压型钢板与预制梁的连接处应设置构造纵筋，规格混凝土压型钢板组合楼板的板底钢筋，间隔 300mm 与压型钢板点焊。当压型钢板伸入梁内的长度少于 30mm 时，可不设构造纵筋，在预制梁侧边预埋槽钢，压型钢板直接与槽钢间隔 300mm 点焊（图 6.5.7）。

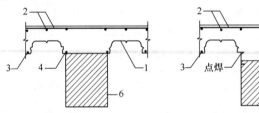

1—压型钢板；2—板面钢筋；3—板底钢筋；4—构造纵筋；5—预埋槽钢；6—预制梁

图 6.5.7　压型钢板与预制梁的连接示意

6.5.8　单向叠合板板侧的分离式接缝宜配置附加钢筋，并应符合下列规定：

1　接缝处紧邻预制板顶面宜设置垂直于板缝的附加钢筋，附加钢筋伸入两侧后浇混凝土叠合层的锚固长度不应小于 $15d$（d 为附加钢筋直径）；

2　附加钢筋截面面积不宜小于预制板中该方向钢筋面积，且钢筋直径不宜小于 6mm，间距不宜大于 250mm。

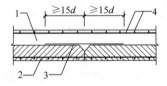

1—后浇混凝土叠合层；2—预制板；3—附加钢筋；4—后浇层内钢筋

图 6.5.8　单向叠合板板侧分离式拼缝构造示意

（6）在叠合板跨度较大、有相邻悬挑板的上部钢筋锚入等情况下，叠合面内会产生较大的水平剪力，需配置界面抗剪钢筋来保证水平界面的抗剪能力。当有桁架钢筋时，可不单独配置抗剪钢筋；当没有桁架钢筋时，配置的抗剪钢筋可采用马镫形状，钢筋直径、间距及锚固长度应满足叠合面抗剪的需求。阳台板、空调板等采用悬臂预制构件或叠合构件时，负弯矩钢筋应可靠锚固在相邻叠合板的后浇层中。

6.5.9　桁架钢筋混凝土叠合板应符合以下规定：

1　桁架钢筋应沿主要受力方向布置；

2　桁架钢筋距板边不应大于300mm，间距不宜大于600mm；

3　桁架钢筋的上弦杆直径不宜小于8mm，腹杆钢筋直径不应小于15mm。

6.5.10　当未设置桁架钢筋时，在下列情况下，叠合楼板的预制板和现浇混凝土间应设置抗剪构造钢筋：

1　单向叠合板跨度大于4.0m时，在距支座1/4跨范围内；

2　双向叠合板短向跨度大于4.0m时，在距四边支座1/4跨范围内；

3　悬挑叠合板及悬挑板上部纵向受力钢筋在相邻叠合板的后浇混凝土锚固范围内。

6.5.11　叠合楼板的预制板和现浇混凝土之间设置的抗剪构造钢筋应符合下列规定：

1　抗剪构造钢筋宜采用马镫形状，间距不宜大于400mm，钢筋直径 d 不应小于6mm；

2　马镫筋宜伸至叠合板上、下部纵向钢筋处，预埋在预制板内的总长度不应小于15d，水平段长度不应小于50mm。

6.5.12　阳台板、空调板宜采用预制构件或预制叠合构件。预制构件应与主体结构可靠连接；叠合构件的板面钢筋应在相邻叠合板的后浇混凝土中可靠锚固，叠合构件中预制板板底钢筋的锚固应符合下列规定：

1　当板底为构造配筋时，其钢筋锚固应符合本规程第6.5.6条第1款的规定；

2　当板底为计算要求配筋时，钢筋应满足受拉钢筋的锚固要求。

6. 消能减震和隔震

（1）建筑产业现代化的目标包括：提升建筑品质、减少施工现场湿作业量、减少材料消耗、减少工地扬尘和建筑垃圾等内容，以落实"节能、降耗、减排、环保"的基本国策，实现资源、能源的可持续发展。

中国城市的人口密度大，需要高层集合式住宅。在现浇结构中，剪力墙体系可以较为经济合理地满足高层集合式住宅的需求。但是对于装配式结构而言，剪力墙体系具有竖向构件多、结构自重大的缺点，既不利于构件的吊运、安装，也不利于抗震。同时，剪力墙墙体之间的接缝数量众多且构造复杂，接缝的构造措施及施工质量对结构整体的抗震性能影响较大。如何可靠、经济地处理好装配式剪力墙的接缝，仍是一个需要继续研究的课题。就可持续发展的要求来说，装配式剪力墙结构与现浇结构并没有显著的改善。因此，我国装配式结构的结构选型必须考虑到社会的实际需求和装配式结构自身的特点，探索适合装配式结构的高层体系。

对于一般的抗震结构，为保证在遭受不可预见的强烈地震时，结构不至于产生严重的破坏和倒塌，其抗震设计原则是允许结构中部分次要构件产生一定的塑性变形，利用主体结构的延性和塑性变形来耗散地震输入能量，防止结构倒塌。这种结构抗震理念和设计方法完全依靠结构构件自身的强度和塑性变形能力来抵抗地震作用，是所谓的"硬抗"地震的方法。

对于消能减震结构，采用的是减震控制的设计思想。通过附加的消能减震装置使得主结构承受的地震作用显著减小，从而达到控制结构抗震反应，降低主结构损伤程度的目的。减震控制技术主要包括消能减震、隔震减震、质量调谐减震和主动控制减震。消能减震结构具有以下的特点和优势：①消能减震结构更为安全。②消能减震在某些情况下可能更经济且性能更优越。

消能减震结构在美国、日本等发达国家得到广泛的应用，并经受了高烈度地震的考验。大量的工程实践证明了消能减震技术路线的可靠性和先进性。消能构件均采用工厂化生产、现场安装的形式，与装配式结构在建造模式上完全契合；装配式结构在安装精度上的控制要求，使得消能构件的安装难度必然低于现浇结构。消能减震技术与混凝土预制装配式技术相结合的高层建筑体系，可以较好地满足我国当前的社会需求，有助于实现建筑产业现代化的目标。

隔震技术可应用于各种类型的装配整体式混凝土结构，但用于高宽比较大的装配整体式结构时，应进行专门研究，控制隔震支座中的拉力。防屈曲支撑、黏滞阻尼器、阻尼墙等耗能构件更适应框架结构，可增大框架结构的适用高度，减小地震力，且安装方便。

消能减震结构最基本的特点是：①消能装置可同时减少结构的水平和竖向的地震作用，适用范围较广，结构类型和高度均不受限制；②消能装置使结构具有足够的附加阻尼，可满足罕遇地震下预期的结构位移要求；③由于消能装置不改变结构的基本形式，除消能部件和相关部件外的结构设计仍可按本规程各章对相应结构类型的要求执行。消能减震房屋的抗震构造与普通房屋相比不降低，其抗震安全性可有明显的提高。

消能减震设计需解决的主要问题是：消能器和消能部件的选型；消能部件在结构中的分布和数量；消能器附加给结构的阻尼比估算；消能减震体系在罕遇地震下的位移计算以及消能部件与主体结构的连接构造和其附加的作用等。

消能减震结构的计算方法，与消能部件的类型、数量、布置及所提供的阻尼大小有关。理论上，大阻尼比的阻尼矩阵不满足振型分解的正交性条件，需直接采用恢复力模型进行非线性静力分析或非线性时程分析计算。从实用的角度，美国《建筑物地震修复指南》（ATC33：Caidelines for the seismic rehabilitation of buildings）建议适当简化；特别是主体结构基本控制在弹性工作范围内时，可采用线性计算方法估计。

消能器的类型甚多，按 ATC 33 的划分，主要分为位移相关型、速度相关型和其他类型。金属屈服型和摩擦型消能器属于位移相关型，当位移达到预定的启动限才能发挥消能作用，摩擦型消能器的性能有时不够稳定。黏滞型和黏弹型消能器属于速度相关型。消能器的性能主要用恢复力模型表示，应通过试验确定，并需根据结构预期位移控制等因素合理选用。位移要求越严，附加阻尼越大，对消能部件的要求也就越高。

6.6.1　本节适用于设置隔震层以隔离水平地震动的装配整体式结构隔震设计，以及设置消能部件吸收与消耗地震能量的装配整体式结构消能减震设计。

6.6.2　装配整体式结构的隔震及消能减震设计应符合现行国家标准《建筑抗震设计规范》GB 50011—2010 的相关规定。

6.6.3　消能减震设计时，应根据多遇地震下的预期减震要求及罕遇地震下的预期结构位移控制要求，适当设置消能部件。消能部件可由消能器及斜撑、墙体、梁等支承构件组成。消能器可采用速度相关型、位移相关型或其他类型。

6.6.4　消能减震设计的计算分析，应符合下列规定：

1　当主体结构基本处于弹性工作阶段时，可采用线性分析方法作简化估算。消能减震结构的自振周期应考虑消能部件有效刚度的影响。消能减震结构的总阻尼比应为结构阻尼比和消能部件附加给结构的有效阻尼比的总和；多遇地震和罕遇地震下的总阻尼比应分别计算。

2　对主体结构进入弹塑性阶段的计算，可采用静力非线性分析方法或非线性时程分析方法。在非线性分析中，消能减震结构的恢复力模型应包括结构恢复力模型和消能部件的恢复力模型。

3　消能减震结构的层间弹塑性位移角限值，应符合预期的变形控制要求，宜比非消能减震结构适当减小。

6.6.5　采用消能减震设计的主体结构的楼、屋盖宜满足平面内无限刚的计算假定；当不满足该要求时，应考虑楼、屋盖平面内的弹性变形。

6.6.6　消能部件的布置应符合下列规定：

1　消能部件的布置宜使结构在两个主轴方向的动力特性相近；

2　消能部件的竖向布置宜使结构沿高度方向刚度均匀；

3　消能部件宜布置在层间相对位移或相对速度较大的楼层，同时可采用合理形式增加消能器两端的相对变形或相对速度的技术措施，提高消能器的减震效率；

4　消能部件的布置不宜使结构出现薄弱构件或薄弱层。

6.6.7　消能部件的布置宜使消能减震结构的设计参数符合下列规定：

1　各楼层的消能部件有效刚度与主体结构层间刚度比宜接近；

2　各楼层的消能部件的最大阻尼力与主体结构的层间剪力和层间位移的乘积之比的比值宜接近；

3　消能减震结构布置消能部件的楼层中，消能器的最大阻尼力在水平方向上分量之和不宜大于楼层层间屈服剪力的 60%。

6.6.8　结构采用消能减震设计时，消能部件的相关部位应符合下列要求：

1　在消能器施加给主结构的最大阻尼力作用下，消能器与主结构之间的连接部

件应保持在弹性范围内工作;

    2   与消能部件相连的主体构件设计时应计入由消能部件传递的附加内力。

6.6.9   与位移相关型或速度相关型消能器相连的预埋件、支撑和支墩、剪力墙及节点板的作用力取值应为消能器在设计位移或设计速度下对应阻尼力的 1.2 倍。

6.6.10   消能器应符合下列要求:

    1   消能器的性能参数应符合现行行业标准《建筑消能减震技术规程》JGJ 297—2013 的相关规定,并应经试验确定;

    2   消能器的设置部位,应采取便于检查和替换的措施;

(2) 国外强震记录已证实,隔震体系通过延长结构的自振周期能够减少结构的水平地震反应。国内外的大量试验和工程经验表明:隔震一般可使结构的水平地震加速度反应降低 60% 左右,从而消除或有效地减轻了结构构件和非结构的地震损坏,提高建筑物及其内部设施和人员的地震安全性,增加了震后建筑物继续使用的功能。

隔震技术对低层和多层建筑比较合适。日本和美国的经验表明,不隔震时基本周期小于 1.0s 的建筑结构效果最佳。根据橡胶隔震支座抗拉屈服强度低的特点,需限制非地震作用的水平荷载,结构的变形特点需符合剪切变形为主且房屋高宽比应受一定的限制。对高宽比大的结构,需进行整体倾覆验算,防止支座受压或出现超过 1MPa 的拉应力。

国外对隔震工程的考察发现:硬土场地较适合于隔震房屋;软弱场地滤掉了地震波的中高频分量,延长结构的周期将增大而不是减小其地震反应,墨西哥地震就是一个典型的例子。隔震层防火措施和穿越隔震层的配管、配线,应符合隔震的变形的要求。

目前,设置隔震层的装配式结构在日本和我国台湾有一定数量的应用。润泰集团在台大 8 层教学楼(2008 年)、2013 年汐止 29 层住宅(2013 年)等项目中均成功建造了设置隔震层的装配式结构。

6.6.11   装配整体式混凝结构采用的隔震系统可由隔震支座及阻尼装置组成,以延长整个结构体系的自振周期,减少上部结构的地震响应。隔震系统需满足以下要求:

    1   隔震支座应进行竖向承载力验算和罕遇地震下水平位移验算;

    2   宜设置消能器以控制结构因周期延长可能导致的位移增加;

    3   隔震支座应具有足够的水平抗风刚度;

    4   隔震支座应具有足够的回复刚度,使得结构在地震后能回复到原位;

    5   隔震系统应考虑老化、蠕变、疲劳、温度及潮湿等因素的影响;

    6   隔震系统应采取防火保护措施,耐火极限不应低于 3h;

    7   隔震层结构设计应考虑隔震系统的检测、检查、维护及更换。

6.6.12   隔震系统所采用的隔震支座及消能器性能参数经试验确定。

二、框架结构设计

1. 一般规定

（1）根据国内外的研究成果，在采取了可靠的节点连接方式和合理的构造措施后，装配整体式框架结构的抗震性能可等同于现浇混凝土框架结构。因此，可采用和现浇结构相同的方法进行装配式框架的结构分析和设计。

> 7.1.1　除本规程另有规定外，装配整体式框架结构可按现浇混凝土框架结构进行设计。

（2）钢筋套筒灌浆连接接头技术是本规程所推荐主要连接技术，也是形成各种装配整体式混凝土结构的重要技术基础。

> 7.1.2　装配整体式框架结构中的预制柱的纵向钢筋连接宜采用套筒灌浆连接。

（3）试验研究表明，预制柱的水平接缝处，受剪承载力受轴力影响较大。当柱受拉时，水平接缝的抗剪能力较差，易发生接缝的滑移错动。因此，应通过合理的结构布置，避免柱的水平接缝处出现拉力。

> 7.1.3　装配整体式框架结构中，预制柱水平接缝处不宜出现拉力。

2. 承载力计算

（1）根据规程推荐的节点做法，装配式结构节点核心区的抗震要求与现浇结构完全相同。

> 7.2.1　对一、二、三级抗震等级的装配整体式框架，应进行梁柱节点核心区抗震验算；对四级抗震等级的装配整体式框架可不进行验算。梁柱节点核心区的验算方法和构造要求应符合现行国家标准《混凝土结构设计规范》GB 50010、《建筑抗震设计规范》GB 50011 中的相关规定。

（2）叠合梁端结合面主要包括框架梁与节点区的结合面、梁自身连接的结合面以及次梁与主梁的结合面等几种类型。结合面的受剪承载力的组成主要包括：新旧混凝土结合面的黏结力、键槽的抗剪承载力、后浇混凝土叠合层的抗剪承载力、梁纵向钢筋的销栓抗剪作用。

本规程不考虑新旧混凝土黏结作用，是偏于安全的。取抗剪键槽的受剪承载力、后浇区域混凝土的受剪承载力、穿过结合面的钢筋的销栓抗剪作用之和作为结合面的受剪承载力。在地震往复作用下，需对混凝土部分的受剪承载力进行折减，参照混凝土斜截面受剪承载力设计方法，折减系数取 0.6。

研究表明，混凝土抗剪键槽的受剪承载力一般为 $(0.15 \sim 0.2)$ $f_c A_k$。由于混凝土抗剪键槽的受剪承载力和钢筋的销栓抗剪作用难以同时达到最大值，因此需对混凝土抗剪键槽的受剪承载力进行折减，取 $0.1f_cA_k$。抗剪键槽的受剪承载力取各抗剪键槽根部受剪承载力之和；梁端抗剪键槽数量一般不会超过 3 个，可不考虑群键作用。抗剪键槽破坏时，可能沿现浇键槽或预制键槽的根部破坏。因此，计算抗剪键槽受剪承载力时应按现浇键槽和预制键槽根部剪切面分别计算，并取二者的较小值。设计中，应尽量使现浇键槽和预制键槽根部剪切面面积相等。

钢筋销栓作用的受剪承载力计算公式主要参照日本的装配式框架设计规程中的规定，以及中国建筑科学研究院的试验研究结果，同时考虑混凝土强度及钢筋强度的影响。

7.2.2 叠合梁竖向接缝的受剪承载力设计值应按照下列公式计算：

1 持久设计状况

$$V_u = 0.07f_cA_{cl} + 0.1f_cA_k + 1.65A_{sd}\sqrt{f_cf_y} \qquad (7.2.2\text{-}1)$$

2 地震设计状况

$$V_{uE} = 0.04f_cA_{cl} + 0.06f_cA_k + 1.65A_{sd}\sqrt{f_cf_y} \qquad (7.2.2\text{-}2)$$

式中　A_{cl} ——叠合梁梁端后浇层截面面积；

　　　f_c ——叠合梁现浇层混凝土轴心抗压强度设计值；

　　　f_y ——穿过竖向结合面的钢筋抗拉强度设计值；

　　　A_{sd} ——穿过竖向结合面的钢筋在结合面上投影面积之和；

　　　A_k ——后浇键槽根部面积与预制键槽根部面积的较小值。

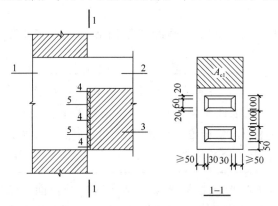

1—后浇节点区；2—后浇混凝土叠合层；3—预制梁；

4—预制键槽根部截面；5—后浇键槽根部截面。

图 7.2.2　叠合梁端竖向结合面受剪承载力计算参数示意

（3）预制柱底结合面的受剪承载力主要包括：新旧混凝土结合面的黏结力、粗糙面或键槽的抗剪承载力、静摩擦力、纵向钢筋的销栓抗剪、摩擦抗剪作用，其中后两者为结合面受剪承载力的主要组成部分。

在地震往复作用下，新旧混凝土黏结力及粗糙面的受剪承载力丧失较快，计算中不予考虑。由于柱底接缝灌浆层上下混凝土表面均有粗糙面或键槽构造，因此摩擦系数可取 0.8。钢筋销栓作用的受剪承载力计算公式与第 7.2.2 条相同。当框架柱受拉时，由于接触面存在脱离的趋势，不产生静摩擦力；同时，由于钢筋受拉，在计算钢筋销栓作用时，需要根据钢筋中的拉应力大小对销栓受剪承载力进行折减。

7.2.3　在水平力作用工况下，预制柱底水平接缝的受剪承载力设计值应按下列公式计算：

当预制柱底水平接缝为承压状态时：

$$V_u = 0.8N + 1.65A_{sd}\sqrt{f_c f_y} \tag{7.2.3-1}$$

当预制柱底水平接缝为受拉状态时：

$$V_u = 1.65A_{sd}\sqrt{f_c f_y \left[1 - \left(\frac{N}{A_{sd}f_y}\right)^2\right]} \tag{7.2.3-2}$$

式中　f_c——预制柱混凝土轴心抗压强度设计值；

f_y——穿过水平接缝的钢筋抗拉强度设计值；

N——水平接缝处的轴向力设计值，取绝对值进行计算；

A_{sd}——穿过水平接缝的钢筋在结合面上投影面积之和；

V_u——预制柱底水平接缝的受剪承载力设计值。

---

3. 构造设计

（1）考虑到预制装配式框架安装的需要，在结构设计中应注意协调框架节点处梁柱的尺寸。同时在梁柱钢筋的配筋方案的选择上，需考虑框架柱纵筋采用套筒灌浆连接所需的构造空间。选用较大直径钢筋，可减少钢筋根数，增大钢筋间距，便于钢筋连接及节点区钢筋的空间避让。套筒连接区域柱截面刚度及承载力较大，框架柱的塑性铰区可能会上移到套筒连接区域以上，因此至少应将套筒连接区域以上 500mm 高度区域内需将柱箍筋加密。

7.3.1　预制框架柱构件及节点核心区的钢筋配置、构造要求应符合现行国家标准《建筑抗震设计规范》GB 50011、《混凝土结构设计规范》GB 50010 的有关规定，并满足以下构造要求：

1　预制柱边长不宜小于 400mm，且不宜小于同方向梁宽的 1.5 倍；

2　柱的纵向受力钢筋可集中于四角对称配置。当纵向受力钢筋的间距不满足最大间距要求时，可设置辅助纵向钢筋；辅助纵向钢筋的直径不宜小于 10mm 及纵向受力钢筋直径的 1/2。正截面承载力计算时，辅助纵向钢筋可不伸入框架节点；

3　预制柱箍筋可采用连续复合箍筋或多螺箍筋，当采用多螺箍筋时，应符合本规程附录 B 的规定；

4 柱纵向受力钢筋在柱底采用套筒灌浆连接时，柱箍筋加密区长度不应小于纵向受力钢筋连接区域长度与500mm之和；套筒上端第一道箍筋距离套筒顶部不应大于50mm（图7.3.1）。

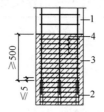

1—预制柱；2—套筒灌浆连接接头；3—箍筋加密区（阴影区域）；4—加密区箍筋

图7.3.1 钢筋采用套筒灌浆连接时柱底与箍筋加密区域构造示意

（2）规程条文给出的框架柱的接续构造、框架节点构造经过足尺节点试验的验证，试验结果证实这些装配式节点具有和现浇结构相当的抗震性能。采用这些节点构造的装配式建筑经受了台湾9·21大地震的检验，证实了这些节点构造达到了预期的性能。

7.3.2 底层预制柱与现浇基础连接时，基础内的框架柱插筋下端宜做成直钩，并伸至基础底部钢筋网上，同时应满足锚固长度的要求，宜设置主筋定位架钢筋并与上层预制柱内纵筋采用套筒灌浆连接，预制柱底宜设置抗剪凹槽，柱底接缝厚度宜为15mm，并应采用灌浆料填实（图7.3.2）。

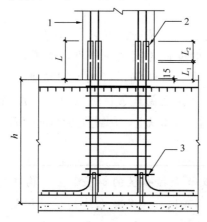

1—预制柱；2—灌浆套筒；3—主筋定位架

图7.3.2 预制柱与基础连接示意

7.3.3 预制柱与下层现浇结构连接时，下层柱应在节点顶面处伸出钢筋并与上层预制柱内纵筋采用套筒灌浆连接，预制柱底宜设置抗剪凹槽，柱底接缝厚度宜为15mm，并应采用灌浆料填实（图7.3.3a）。当上下层柱变截面时，柱纵筋可在节点区内弯折（图7.3.3b）。

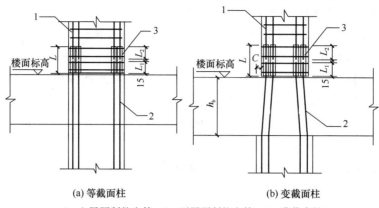

(a) 等截面柱　　　　　　　　(b) 变截面柱

1—上层预制柱主筋；2—下层预制柱主筋；3—灌浆套筒

图 7.3.3　预制柱连接示意

7.3.4　装配整体式框架结构中，当采用叠合梁时，框架梁的后浇混凝土叠合层厚度不宜小于 150mm（图 7.3.4），次梁的后浇混凝土叠合层厚度不宜小于 120mm；当采用凹口截面预制梁时（图 7.3.4b），凹口深度不宜小于 50mm，凹口边厚度不宜小于 60mm。

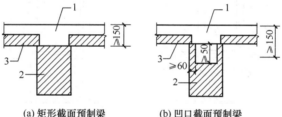

(a) 矩形截面预制梁　　　　(b) 凹口截面预制梁

1—后浇混凝土叠合层；2—预制梁；3—预制板

图 7.3.4　叠合框架梁截面示意

7.3.5　预制梁的钢筋配置应符合现行国家标准《建筑抗震设计规范》GB 50011、《混凝土结构设计规范》GB 50010 的有关规定，并满足以下要求：

1　抗震等级为一、二级的框架梁端部加密区宜采用整体封闭箍筋（图 7.3.5a）；

2　承受扭矩的叠合梁应采用整体封闭箍筋；

3　采用组合封闭箍筋的形式时，梁箍筋可采用焊接钢筋网弯折成 U 形，端部应采用 135°弯钩，帽盖可采用焊接钢筋网弯折，端部应采用 135°弯钩。非抗震设计时，弯钩端头平直段长度不应小于 5d（d 为箍筋直径）；抗震设计

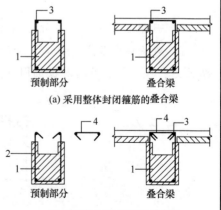

(a) 采用整体封闭箍筋的叠合梁

(b) 采用组合封闭箍筋的叠合梁

1—预制梁；2—开口箍筋；3—上部纵向钢筋；4—箍筋帽

图 7.3.5　叠合梁箍筋构造示意

时，弯钩端头平直段长度不应小于 $10d$（图 7.3.5b）；

　　4　叠合梁预制部分的腰筋不承受扭矩时，可不伸入梁柱节点。

7.3.6　采用预制柱及叠合梁的装配整体式框架梁柱节点宜现浇。对于中间层节点，梁纵向受力钢筋应伸入后浇节点区内锚固。钢筋可采用直线锚固、弯折锚固或机械锚固的方式，其锚固长度应符合现行国家标准《混凝土结构设计规范》GB 50010—2010 中的有关规定；当采用锚固板时，应符合现行行业标准《钢筋锚固板应用技术规程》JGJ 256—2011 中的有关规定。

7.3.7　中间层梁柱节点梁下部纵筋可在节点区内交错式锚固（图 7.3.7），并应符合下列规定：

　　1　节点两侧梁的纵筋宜反对称布置，相邻钢筋的净间距不应小于 10mm；

　　2　没有纵向受力钢筋的梁箍筋角部应设置辅助纵向钢筋，辅助纵向钢筋直径不宜小于 10mm，可不伸入梁柱节点；

　　3　边节点处，梁上部纵筋可采用锚固板锚固。

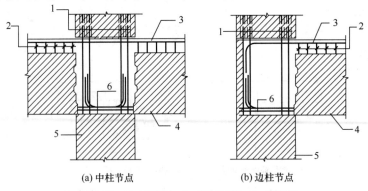

(a) 中柱节点　　　　　(b) 边柱节点

1—柱主筋；2—梁箍筋；3—梁面钢筋；4—预制梁；

5—预制柱；6—梁底钢筋

图 7.3.7　中间层框架节点构造示意

7.3.8　预制框架梁与顶层柱连接宜满足下列要求：

　　1　对顶层中节点，柱纵向受力钢筋宜采用直线锚固；当梁截面尺寸不满足直线锚固要求时，宜采用锚固板锚固（图 7.3.8-1）；

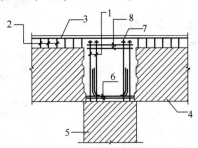

1—柱主筋；2—梁箍筋；3—梁面钢筋；4—预制梁；5—预制柱；

6—梁底钢筋；7—钢筋端锚固板；8—加强箍筋

图 7.3.8-1　顶层中柱节点构造示意

2 钢筋端锚固板中钢筋混凝土保护层厚度小于 $3d$（d 为锚固钢筋直径）时，在其埋入长度范围内应配置横向箍筋，其直径不小于 $1/4d$，且不小于 10mm；横向箍筋间距不大于 $5d$，且不大于 100mm；第一根横向箍筋应配置在离端锚固板承压面 $1d$ 的范围内；离柱筋端锚固板最近的水平箍筋应采用并列的双层箍筋；

3 对顶层端节点，梁下部纵筋应锚固在后浇节点区内；其他受力钢筋的锚固应符合下列规定：

1）柱宜伸出屋面并将纵向受力钢筋锚固在伸出段内（图 7.3.8-2a），伸出段长度不宜小于 500mm，伸出段内箍筋间距不应大于 $5d$（d 为柱纵向受力钢筋直径），且不应大于 100mm；柱纵向钢筋宜采用锚固板锚固，锚固长度不应小于 $40d$；

2）柱外侧纵向受力钢筋也可与梁上部纵向受力钢筋在后浇节点区搭接（图 7.3.7-2b），其构造要求应符合现行国家标准《混凝土结构设计规范》GB 50010—2010 中的规定；柱内侧纵向受力钢筋宜采用锚固板锚固。

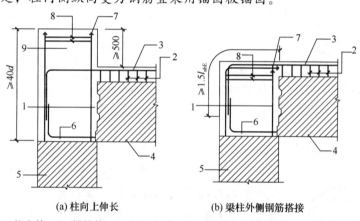

(a) 柱向上伸长　　　　(b) 梁柱外侧钢筋搭接

1—柱主筋；2—梁箍筋；3—梁面钢筋；4—预制梁；5—预制柱；6—梁底钢筋；
7—钢筋端锚固板；8—加强箍筋；9—柱延伸段

图 7.3.8-2 顶层边柱节点构造示意

（3）梁箍筋形式可以采用单根钢筋弯折，也可以采用钢筋焊接网弯折的形式，钢筋焊接网的材料和弯折的形式参照现行国家标准《钢筋焊接网混凝土结构技术规程》JGJ 114—2014。参照《美国混凝土结构设计规范》ACI 318-08 第 21.5.3 条规定，本规程提出了"组合式封闭箍"概念。组合式封闭箍便于提升现场钢筋安装效率与质量，但使用范围需加以限制。

（4）次梁与主梁简支的连接方式可以采用一般企口梁的方式，也可以采用本规程规定的牛担板接头或搁置于主梁挑耳的方式。牛担板的连接方式是采用整片钢板为主要连接件，通过栓钉与混凝土的连接构造来传递剪力。主梁挑耳、次梁企口的设计，可参照现行国家标准《混凝土结构设计规范》GB 50010—2010 中牛腿的有关规定进行。

7.3.9 叠合次梁与叠合主梁的铰接连接应符合下列规定：

1 当采用牛担板企口梁连接时（图 7.3.9-1）

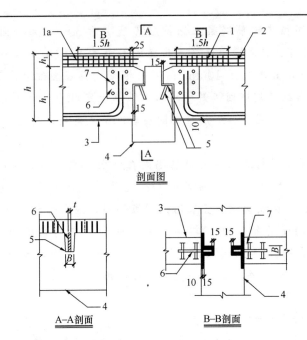

剖面图

A—A剖面   B—B剖面

1—预制次梁；2—预制主梁；3—次梁端部加密箍筋；4—牛担板；

5—栓钉；6—预埋件；7—灌浆料

图 7.3.9-1　牛担板企口接头示意

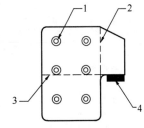

1—栓钉；2—验算截面 A；3—
验算截面 B；4—预埋件

图 7.3.9-2　牛担板计算简图

牛担板宜选用 Q235B 钢；次梁端部应伸出牛担板且伸出长部不小于 30mm；牛担板在次梁内埋置长度不小于 100mm，在次梁内埋置部分两侧应对称布置抗剪栓钉，栓钉直径及数量应根据计算确定；牛担板厚度不应小于栓钉直径的 0.6 倍；次梁端部 1.5 倍梁高范围内，箍筋间距不应大于 100mm。预制主梁与牛担板连接处应企口，企口下方应设置预埋件。安装完成后，企口内采用灌浆料填实；

牛担板企口接头的承载力验算应符合下列规定（图 7.3.9-2）：

1）牛担板企口接头应能够承受施工及使用阶段的荷载；

2）应验算截面 A 的施工及使用阶段的抗弯、抗剪强度；

3）应验算截面 B 的施工及使用阶段的抗弯强度；

4）应验算牛担板凹槽混凝土未达到设计强度等级前，牛担板外挑部分的稳定承载力；

5）各栓钉承受的剪力参照高强螺栓群剪力计算公式计算，根据计算剪力确定栓钉的规格；

6）应验算牛担板搁置于主梁位置的局部受压承载力。

2　当采用次梁端部设置企口、主梁侧面设置挑耳的连接方式时（图7.3.9-3）：

主梁挑耳应能承受施工阶段及使用阶段由次梁传来的荷载；预制次梁搁置于主梁挑耳上的长度不应小于50mm，其端面与主梁的净距不宜小于10mm。主梁挑耳、次梁企口等部位应根据计算配置钢筋，并采用可靠的补强措施。

3　施工图中应明确预制次梁与预制主梁的连接形式并提供使用阶段的节点力设计值，具体构造可在深化设计时结合生产、安装方案计算确定。

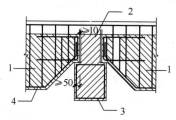

1—预制次梁；2—预制主梁；3—主梁挑耳附加箍筋；4—企口补强筋

图7.3.9-3　挑耳企口接头示意

三、剪力墙结构设计

1. 一般规定

（1）高层建筑的建筑规则性与结构抗震性能、经济性关系密切。不规则的建筑方案会导致结构的应力集中，传力途径复杂，扭转效应增大等问题。这些问题对装配式剪力墙结构是十分不利的，应尽量避免。目前，装配式剪力墙结构还处于发展阶段，设计、施工单位的实践经验尚不丰富；为了使装配式剪力墙体系的推广应用更加顺利，适度控制其适用范围是必要的。

> 8.1.1　装配整体式混凝土剪力墙结构宜选择规则、均匀的建筑体型，不应采用特别不规则的建筑体型。剪力墙的布置尚需符合下列规定：
>
> 　　1　剪力墙应双向布置，且两个主轴方向的侧向刚度不宜相差过大；
>
> 　　2　剪力墙自下而上宜连续布置，避免层间抗侧刚度突变，不应采用框支剪力墙结构；
>
> 　　3　门窗洞口宜上下对齐、成列布置，形成明确的墙肢和连梁；抗震设计时剪力墙底部加强部位不应采用错洞墙，结构全高范围内均不应采用叠合错洞墙；
>
> 　　4　剪力墙墙肢长度不宜大于8m，各墙肢高度与长度的比值不宜小于3；
>
> 　　5　当同一层既有预制墙肢又有现浇墙肢时，宜在电梯筒、楼梯间处布置现浇剪力墙。

（2）预制剪力墙的接缝会造成墙肢抗侧刚度的削弱；应考虑对弹性计算的内力进行调整，适当放大现浇墙肢在水平地震作用下的剪力和弯矩；同时，预制装配墙肢的剪力及弯矩不减小。这样处理偏于安全。

> 8.1.2 抗震设计时，当同一层剪力墙采用部分装配、部分现浇的结构形式时，现浇墙肢的水平地震作用弯矩、剪力宜乘以不小于 1.1 的增大系数。

（3）短肢墙的轴压比通常较大，延性相对较差；装配式剪力墙结构对连接、延性、计算和构造等方面的要求均高于现浇结构，因此在高层装配式剪力墙结构中应避免过多采用短肢墙。此外，短肢墙的预制墙板拆分较为困难，生产和运输效率相对较低，对经济性、制作和安装施工的便捷性影响较大。

> 8.1.3 抗震设计时，内、外墙均预制的装配整体式剪力墙结构不应采用短肢剪力墙；对于外墙预制、内墙现浇的装配式剪力墙结构，在规定的水平地震作用下，短肢剪力墙承担的底部倾覆力矩不应大于结构底部总地震倾覆力矩的 30%。

（4）预制剪力墙墙肢出现全截面受拉时，易出现墙身水平通缝，从而严重削弱水平接缝处的抗剪承载力，同时接缝处的抗剪刚度也会严重退化。因此，应避免出现预制剪力墙墙肢全截面受拉。编制组根据福建地区的抗震设防情况、风荷载天剑进行了大量的测试。试算结果表明，当设防烈度为 7 度和 8 度时，若建筑物高宽比大于 5 和 4 时，建筑外围的剪力墙容易在加强区出现墙肢全截面受拉，不宜采用预制装配式剪力墙结构。

福建地区为台风高发区域，当采用预制装配式剪力墙结构时，应对预制剪力墙接缝在风荷载作用下的受力情况进行慎重的验算，确保不出现墙肢全截面受拉的情况。风荷载效应起控制作用的持久设计状况或多遇地震设计状况的荷载组合应按现行行业标准《高层建筑混凝土结构技术规程》JGJ 3—2010 的相关规定执行。

> 8.1.4 在风荷载效应起控制作用的持久设计状况或多遇地震设计状况下，装配整体式剪力墙结构中预制墙肢接缝处应避免出现全墙肢受拉。

2. 预制剪力墙构造

（1）可结合建筑功能和结构平立面布置的要求，根据构件的生产、运输和安装能力，确定预制构件的形状和大小。

> 8.2.1 预制剪力墙墙板宜采用一字形，也可采用 L 形、T 形或 U 形。预制剪力墙墙板尚应符合下列规定：
> 　1　预制墙板的划分应考虑制作、运输、吊运、安装的条件；
> 　2　预制墙板厚度不宜小于 200mm；
> 　3　开洞预制剪力墙洞口宜在宽度方向居中布置，洞口两侧的墙肢宽度不应小于 200mm，洞口上方的连梁高度不应小于 250mm。

（2）墙板开洞的规定参照现行行业标准《高层建筑混凝土结构技术规程》JGJ 3—

2010 的要求确定，预制墙板的开洞应在工厂完成。

> 8.2.2　预制剪力墙的连梁不宜开洞；当需开洞时，洞口宜预埋套管，洞口上下截面的有效高度不宜小于梁高的 1/3，且不宜小于 200mm；被洞口削弱的连梁截面应进行承载力验算，洞口处应配置补强纵向钢筋和箍筋，补强纵向钢筋的直径不应小于 12mm。
>
> 8.2.3　预制剪力墙开有边长小于 800mm 的洞口且在结构整体计算中不考虑其影响时，应沿洞口周边配置补强钢筋；补强钢筋的直径不应小于 12mm，截面面积不应小于同方向被洞口截断的钢筋面积；该钢筋自洞边角算起伸入墙内的长度非抗震设计时不应小于 l_a，抗震设计时不应小于 l_{aE}（图 8.2.3）。
>
>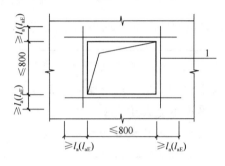
>
> 1—洞口补强钢筋
>
> 图 8.2.3　预制剪力墙洞口补强钢筋配置示意

（3）万科企业股份有限公司及清华大学的实验研究结果表明，剪力墙底部竖向钢筋连接区域的裂缝较多且较为集中，因此，对该区域的水平分布筋应予以加强，以提高墙肢的抗剪能力和变形能力，并使该区域的塑性铰可以充分发展，提高结构的抗震性能。

> 8.2.4　当采用套筒灌浆连接时，自套筒底部至套筒顶部并向上延伸 300mm 范围内，预制剪力墙的水平分布筋应加密（图 8.2.4），加密区水平分布筋的最大间距不应大于 100mm，最小直径不应小于 8mm。套筒上端第一道水平分布钢筋距离套筒顶部不应大于 50mm。
>
>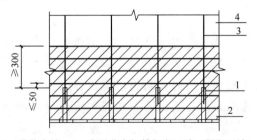
>
> 1—灌浆套筒；2—水平分布钢筋加密区域（阴影区域）；
>
> 3—竖向钢筋；4—水平分布钢筋
>
> 图 8.2.4　钢筋套筒灌浆连接部位水平分布钢筋的加密构造示意

（4）对预制墙板边缘配筋应适当加强，以形成边框，保证预制墙板在形成整体结构之前具有必要的刚度和承载力。

> 8.2.5 端部无边缘构件的预制剪力墙，宜在端部配置 2 根直径不小于 12mm 的竖向构造钢筋；沿该钢筋竖向应配置拉筋，拉筋直径不宜小于 6mm、间距不宜大于 250mm。

（5）预制加心外板墙根据其在结构中的作用，可以分为承重墙板和非承重墙板两类。当其作为承重墙板时，与其他结构构件共同承担垂直力和水平力；当其作为非承重墙板时，仅作为外围护墙体使用。鉴于我国目前对于预制夹心外墙板的科研成果和工程实践经验较少的实践情况，当作为承重墙时，本规程仅涉及内叶墙体承重的非组合夹心外墙板，同时，内叶墙板的要求和普通剪力墙板的要求完全相同。

> 8.2.6 当预制外墙采用夹心墙板时，应满足下列要求：
> 1 外叶墙板厚度不应小于 50mm，且外叶墙板应与内叶墙板可靠连接；
> 2 夹心外墙板的夹层厚度不宜大于 120mm；
> 3 当作为承重墙时，内叶墙板应按剪力墙进行设计。

3. 连接设计

（1）确定剪力墙竖向接缝位置的主要原则是便于标准化生产，方便吊装、运输和就位，并应尽量避免接缝对结构整体性能产生不良影响。

边缘构件是保证剪力墙抗震性能的重要部位，通常具有较高的配筋率和配箍率，在该区域采用套筒灌浆连接往往遇到空间不足的困难。为确保装配式剪力墙结构的整体性，提高结构的整体延性，本规程推荐边缘构件区域全部采用现浇混凝土。非边缘构件区域的剪力墙拼接位置，墙身水平钢筋在后浇段内可采用锚环的形式锚固，两侧伸出的锚环宜相互搭接。

> 8.3.1 同一楼层内相邻预制剪力墙间应采用整体式接缝连接，且应符合下列规定：
> 1 当接缝位于纵横墙交接处的边缘构件区域时，约束边缘构件的阴影区域（图 8.3.1）宜全部采用后浇混凝土，并应在后浇段内设置封闭箍筋；
> 2 当接缝位于边缘构件区域时，构造边缘构件宜全部采用后浇混凝土；
> 3 当接缝位于非边缘构件位置时，相邻预制剪力墙之间应设置后浇段，后浇段的宽度不应小于墙厚且不宜小于 200mm；后浇段内应设置不少于 4 根竖向钢筋，钢筋直径不应小于墙体竖向分布筋直径且不应小于 8mm；
> 4 预制剪力墙的水平分布钢筋在后浇段内的锚固、连接应符合现行国家标准《混凝土结构设计规范》GB 50010—2010 的有关规定。

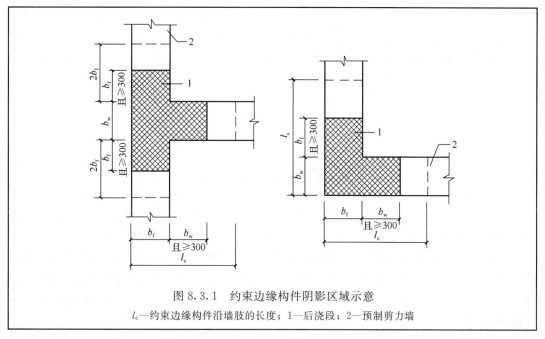

图 8.3.1 约束边缘构件阴影区域示意

l_c—约束边缘构件沿墙肢的长度；1—后浇段；2—预制剪力墙

本规程突出对装配式剪力墙结构整体性的要求。封闭连续的后浇钢筋混凝土圈梁是保证装配式剪力墙结构整体性和稳定性的关键构件。

8.3.2 装配式剪力墙结构各层楼面处应设置封闭的后浇钢筋混凝土圈梁，并应符合下列规定：

1 圈梁截面宽度不应小于剪力墙的厚度，截面高度不宜小于楼板厚度及250mm 的较大值；圈梁应与楼、屋盖浇筑成整体；

2 圈梁内配置的纵向钢筋不应少于4φ12，且按全截面计算的配筋率不应小于0.5% 和墙体水平分布筋配筋率的较大值；纵向钢筋竖向间距不应大于200mm；箍筋间距不应大于200mm，且直径不应小于8mm。

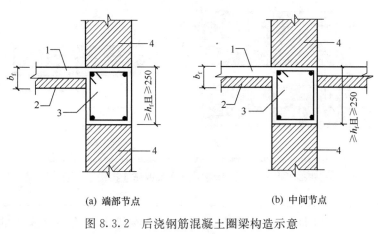

(a) 端部节点   (b) 中间节点

图 8.3.2 后浇钢筋混凝土圈梁构造示意

1—后浇混凝土叠合层；2—预制板；3—后浇圈梁；4—预制剪力墙

（2）预制剪力墙竖向钢筋一般采用套筒灌浆或浆锚搭接连接，在灌浆时宜采用灌浆料将墙底水平接缝同时灌满。灌浆料强度较高且流动性好，有利于保证接缝承载力。灌浆时，预制剪力墙构件下表面与楼面之间的缝隙周围可采用封边砂浆进行封堵和分仓，以保证水平接缝中灌浆料填充饱满。

> 8.3.3 预制剪力墙底部接缝宜设置在楼面标高处，并应符合下列规定：
>
> 1 接缝高度宜为 20mm；
>
> 2 接缝宜采用灌浆料填实；
>
> 3 接缝处后浇混凝土上表面应设置粗糙面。

（3）套筒灌浆连接方式在日本、欧美等国家已经有长期、大量的实践经验，国内也已有充分的实验研究和相关的规程，可以用于剪力墙竖向钢筋的连接。

边缘构件是保证剪力墙抗震性能的重要构件，且钢筋较粗，每根钢筋应逐根连接。剪力墙的分布钢筋直径小且数量多，全部连接会导致施工烦琐且造价较高。同时，过多的钢筋连接接头对剪力墙的抗震性能也有不利影响。根据有关单位的研究成果，可在预制剪力墙中设置部分较粗的分布钢筋并在接缝处仅连接这些钢筋。连接钢筋的数量应满足剪力墙的配筋率和受力要求；为了满足分布钢筋最大间距的要求，在预制剪力墙中可再设置一部分较小直径的竖向分布钢筋，但其最小直径也应满足有关规范的要求。

> 8.3.4 上下层预制剪力墙的竖向钢筋，当采用套筒灌浆连接和浆锚搭接连接时，应符合下列规定：
>
> 1 边缘构件竖向钢筋应逐根连接；
>
> 2 预制剪力墙的竖向分布钢筋，当仅部分连接时（图 8.3.4），被连接的同侧钢筋间距不应大于 600mm，且在剪力墙构件承载力设计和分布钢筋配筋率计算中不得计入不连接的分布钢筋；不连接的竖向分布钢筋直径不应小于 6mm；

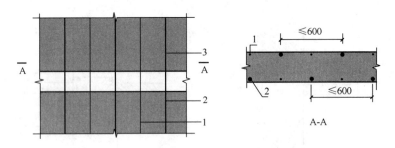

1—不连接的竖向分布钢筋；2—连接的竖向分布钢筋；3—连接接头

图 8.3.4 预制剪力墙竖向分布钢筋连接构造示意

（4）本条对洞口预制剪力墙的预制连梁与后浇圈梁组成的叠合连梁的构造进行了说明。跨高比小于 2.5 的连梁受到的剪力较大，受力性能受叠合面影响较大，为确保连梁的抗剪承载力建议采用现浇方式。

8.3.7 预制剪力墙洞口上方的预制连梁宜与后浇圈梁形成叠合连梁,叠合连梁的配筋及构造要求应符合现行国家标准《混凝土结构设计规范》GB 50010—2010 和《建筑抗震设计规范》GB 50011—2010 的有关规定,跨高比小于 2.5 的连梁宜采用现浇。

(5)连梁端部钢筋锚固构造复杂,要尽量避免预制连梁在端部与预制剪力墙墙身钢筋进行直接连接。

8.3.8 预制叠合连梁端部与预制剪力墙在采用平面内拼接时,接缝构造应符合下列规定:

1 当墙端边缘构件采用后浇混凝土时,连梁纵向钢筋应在后浇段中可靠锚固(图 8.3.8-1);

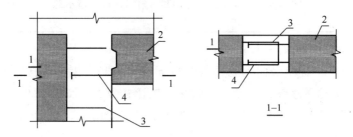

1—预制剪力墙;2—预制连梁;3—边缘构件箍筋;4—连梁下部纵向
受力钢筋锚固或连接

图 8.3.8-1 预制连梁钢筋在后浇段内锚固构造示意

2 当预制剪力墙端部预留局部后浇节点区时,连梁的纵向钢筋应在局部后浇节点区内可靠锚固(图 8.3.8-2);

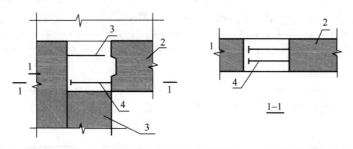

1—预制剪力墙;2—预制连梁;3—边缘构件箍筋;4—连梁下部纵向受力
钢筋锚固或连接

图 8.3.8-2 预制连梁钢筋在局部后浇节点区内锚固构造示意

3 应按本规程第 6.5.4 条的规定进行叠合连梁水平叠合面的受剪承载力计算;

4 应按本规程第 7.2.2 条的规定进行叠合连梁端部接缝的受剪承载力计算。

(6)当采用后浇连梁时,纵筋可在连梁范围内与预制剪力墙预留的钢筋连接,可采用搭接、机械连接、焊接等方式。

8.3.9 当采用后浇梁时，宜在预制剪力墙端伸出预留纵向钢筋，并与后浇连梁的纵向钢筋可靠连接（图8.3.9）。

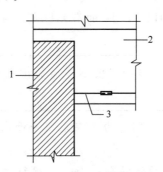

1—预制剪力墙；2—后浇连梁；3—预制剪力墙伸出纵向受力钢筋

图 8.3.9 后浇连梁与预制剪力墙连接构造示意

（7）洞口下墙的构造有三种做法：

1）预制连梁向上伸出竖向钢筋并与洞口下墙内的竖向钢筋连接，洞口下墙、后浇圈梁与预制连梁形成一根叠合连梁。该做法施工比较复杂，而且洞口下墙与后浇圈梁、预制连梁组合在一起形成的叠合构件受力性能未经试验验证，受力和变形特征不明确，纵筋和箍筋的配筋也不好确定。不建议采用此做法。

2）将洞口下墙采用轻质填充墙，或者采用混凝土墙但与结构主体采用柔性材料隔离时，在计算中可仅作为荷载，洞口下墙与下方的后浇混凝土及预制连梁之间不连接，墙内设置构造钢筋。当计算中不需要洞口下墙刚度时，可采用此种做法。

3）预制连梁与上方的后浇混凝土形成叠合连梁；洞口下墙与下方的后浇混凝土之间连接少量的竖向钢筋，以防止接缝开裂并抵抗必要的平面外荷载。洞口下墙内设置纵筋和箍筋，作为单独的连梁进行设计，相当于带缝连梁。建议采用此做法。

8.3.10 当预制剪力墙洞口下方有混凝土墙是，宜将洞口下墙作为单独的连梁进行设计。

（8）楼面梁与预制剪力墙在面外连接时，宜采用铰接，可采用在剪力墙上设置挑耳的方式。

8.3.11 楼面梁不宜与预制剪力墙在墙平面外单侧连接；当楼面梁与剪力墙在平面外单侧连接时，应采用铰接构造。

四、外挂墙板设计

1. 一般规定

（1）外挂墙板与主体结构的可靠连接始终是墙板设计中最重要的问题。外挂墙板与主体结构应采用合理的连接节点，以保证荷载传递路径简捷，并符合计算假定。连接节点包括预埋件及连接件。其中预埋件包括主体结构中的预埋件、外挂墙板中的预埋件；通过连接件与两侧预埋件的连接，将外挂墙板与主体结构连接在一起。对有抗震设防要求的地区，应对外挂墙板和连接节点进行抗震设计。

> 9.1.1　预制外挂墙板应采用合理的连接节点并与主体结构可靠连接。有抗震设防要求时，预制外挂墙板及其与主体结构的连接节点，应进行抗震设计。

（2）外挂墙板与主体结构之间可采用多种连接方式，应根据建筑类型、功能特点、施工吊装能力以及外挂板墙的形状、尺寸以及主体结构层间位置量等特点，确定外挂墙的类型，以及连接件的数量和位置。对外挂墙和连接节点进行设计计算时，所采用的计算简图应与实际连接构造一致。

> 9.1.2　外挂墙板结构分析可采用线性弹性方法，其计算简图应符合实际受力状态。

（3）墙板连接形式分类可按下表分 A、B、C、D 四种类型如表 4-1 所示。

墙板连接型式分类

表 4-1

分类	A类	B类	C类	D类
按施工方法	湿法连接	干湿组合连接	干式连接	干式连接
按变形方法	固定连接	滑动连接	转动连接	固定连接
按支承方法	线式支承	电线组合支承	点式支承	点式支承

1）滑动型连接：外挂墙板的承重边固定于主体构件上，非承重边与主体可以相对错动，连接形式可采用单边线式支承、点式支承或线、点组合支承；

2）转动型连接：外挂墙板相对于主体结构能绕其中一个承重固定点发生相对转动，连接形式可采用点支承；

3）固定型连接：当外挂墙板形式对主体结构影响相对较小时，连接形式可采用固定线边支承或固定点式支承。

以上三种剪切变形主结构中的墙板示意图如图 4-16 所示。

干式连接与湿式连接为我国台湾地区的习惯叫法，干式连接即为点支承连接，湿式连接即为线支承连接；采用湿式连接时，外挂墙上侧或下侧预留钢筋应锚入楼板现浇层内，带墙板安装就位后，浇筑混凝土进行固定；采用干式连接时，外挂墙板通过连接铁件与主结构构件上预留铁件进行连接。各种连接方式均应满足外挂墙板与主体结构可相对变形的要求。

外挂墙板为结构围护结构，当与主体结构采用电支承连接时，在主体结构分析时可不计入外挂墙板的刚度。

> 9.1.4　外挂墙与主体结构宜采用柔性连接，连接方式可分为点之支承方式、线支承方式；连接节点应具有足够的承载力和适应主体结构变形的能力，并应采取可靠的防腐、防锈和防火的措施。

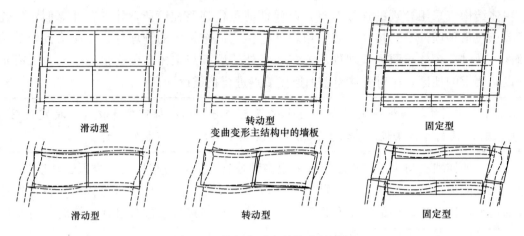

图 4-16 剪切变形主结构中的墙板

（4）外挂墙板板缝中的密封材料，处于复杂的受力状态中。由于目前相关的研究工作相对较少，本版规程未提出定量的计算方法。设计时应使得接缝构造满足各种功能要求。板缝不应过宽，以减少密封胶的用量，降低造价。

> 9.1.5　预制外挂墙板之间的接缝应满足力学、耐候、耐久、环保和防火性能；应同时采用材料防水和构造防水的方式，保证接缝的防水、防潮性能。

2. 外挂墙板设计

（1）计算外挂墙板和连接节点上的作用与作用效应时应注意：

1）对外挂墙板进行持久设计状况下的承载力验算时，应计算外挂墙板在平面外的风荷载效应；当进行地震设计状况下的承载力验算时，除应计算外挂墙板平面外水平地震作用效应外，尚应分别计算平面内水平和竖向地震作用效应。特别是对开有洞口的外挂墙板，更不能忽略后者。

2）承重节点应能承受重力荷载、平面外风荷载和地震作用、平面内的水平和竖向地震作用；非承重节点承受除重力荷载外的各项荷载与作用。

3）在一定的条件下，旋转式外挂墙板可能出现重力荷载仅由一个承重节点承担的工况，应特别注意分析。

4）计算重力荷载效应标准值时，除应计入外挂墙板自重外，尚应计入依附于外挂墙板的其他部件和材料的自重。

5）计算风荷载效应标准值时，应分别计算风吸力和风压力在外挂墙板及其连接节点中引起的效应。

6）不应忽略由于各种荷载和作用对连接节点的偏心在外挂墙板和连接点中产生的效应。

7）外挂墙板和连接点的截面和配筋设计应根据各种荷载和作用组合效应设计值中的最不利组合进行。

9.2.1 计算外挂墙板及连接点的承载力时，荷载组合的效应设计值应符合下列规定：

1 持久设计状况：

当风荷载效应起控制作用时：
$$S=\gamma_G S_{GK}+\gamma_w S_{wk}$$

当永久荷载效应起控制作用时：
$$S=\gamma_G S_{GK}+\psi_w \gamma_w S_{wk}$$

2 地震设计状况：

在水平地震作用下：
$$S_{Eh}=\gamma_G S_{Gk}+\gamma_{Eh} S_{Ehk}+\psi_w \gamma_w S_{wk}$$

在竖向地震作用下：
$$S_{Ev}=\gamma_G S_{Gk}+\gamma_{Ev} S_{Evk}$$

式中 S——基本组合的效应设计值；

S_{Eh}——水平地震作用组合的效应设计值；

S_{Ev}——竖向地震作用组合的效应设计值；

S_{Gk}——永久荷载的效应标准值；

S_{wk}——风荷载的效应标准值；

S_{Ehk}——水平地震作用的效应标准值；

S_{Evk}——竖向地震作用的效应标准值；

γ_G——永久荷载分项系数，按本规程第9.2.2条规定取值；

γ_w——风荷载分项系数，取1.4；

γ_{Eh}——水平地震作用分项系数，取1.3；

γ_{Ev}——竖向地震作用分项系数，取1.3；

ψ_w——风荷载组合系数。在持久设计状况下取0.6，地震设计状况下取0.2。

（2）由于外挂墙板与其连接节点不在同一平面内，外挂墙板的重力荷载会对连接节点存在偏心，从而在连接节点中不仅会产生垂直反力，还会产生面外的水平力（拉力或压力）。应重视重力荷载的偏心对连接件及其锚固设计的影响。

在计算风荷载时，一般将其假定为均布荷载。在进行连接件及其锚固的设计计算时，为便于计算偏心影响，可将风荷载假定为作用在外挂墙板的形心处的集中力。当外挂墙板的形心与连接件的几何中心不在同一位置时，应计算风荷载对连接节点的偏心影响。风吸力和风压力应分别进行计算，以便于随后的荷载组合。

外挂墙板的地震作用是依据现行国家标准《建筑抗震设计规范》GB 50011—2010对于非结构构件的规定，并参照现行行业标准《玻璃幕墙工程技术规范》JGJ 102—2003的规定，对计算公式进行了一定的简化。地震作用会在外挂墙板和连接节点处引起平面外水平地震力，以及平面内水平和垂直地震力，应分别进行计算，以便于随后的荷载组合。

> 9.2.2 在持久设计状况、地震设计状况下，进行外挂墙板和连接节点的承载力设计时，永久荷载分项系数 γ_G 应按下列规定取值：
>
> 1 进行外挂墙板平面外承载力设计时，γ_G 应取为 0；进行外挂墙板平面内承载力设计时，γ_G 应取为 1.2；
>
> 2 进行连接节点承载力设计时，在持久设计状况下，当风荷载效应起控制作用时，γ_G 应取为 1.2，当永久荷载效应起控制作用时，γ_G 应取为 1.35；在地震设计状况下 γ_G 应取 1.2。当永久荷载效应对连接节点承载力有利时，γ_G 应取为 1.0。
>
> 9.2.3 外挂墙计算水平地震作用标准值时，可采用等效侧力法，并应按下式计算：
>
> $$F_{EhK} = \beta_E \alpha_{max} G_k$$
>
> 式中 F_{EhK}——施加于外挂墙板重心处的水平地震作用标准值；
>
> β_E——动力放大系数，可去 0.5；
>
> α_{max}——水平地震影响系数最大值，应按表 9.2.3 采用；
>
> G_k——外挂墙板的重力荷载标准值。

表 9.2.3 水平地震影响系数最大值

抗震设防烈度	6 度	7 度	8 度（0.2g）
α_{max}	0.04	0.08（0.12）	0.16

> 注：抗震设防烈度为 7 度时括号内数值用于设计基本地震技术度为 0.15g 的地区。

> 9.2.4 竖向地震作用标准值可取水平地震作用标准值的 0.65 倍。

（3）同现行国家建筑标准设计图集 08SJ 110—2 的要求。

> 9.2.6 预制外挂墙板挠度限值为 1/200，裂缝控制等级为三级，最大裂缝宽度允许值为 0.2mm。

3. 外挂墙板构造要求

（1）应根据预制外挂墙板饰面的不同做法，确定其钢筋混凝土保护层的厚度。当外挂墙板的饰面的表面露出不同深度的骨料时，其最外层钢筋的保护层厚度，应从最凹处混凝土表面计起。

> 9.3.1 外挂墙板应满足混凝土结构耐久性的相关规定，表面有饰面的外挂墙板混凝土保护层厚度不应小于 15mm，表面没有饰面的清水墙或装饰外墙应作涂装保护，其混凝土保护层厚度不应小于 20mm。

（2）考虑到我国目前吊车的起重能力、卡车的运输能力、施工单位的施工水平以及连接节点构造的成熟程度，目前还不宜将构件做的过大。构件尺度过长或过高，如跨越两个层高后，主体结构层间位移对外挂墙板内力的影响较大，有时甚至需要考虑构件的 P-Δ 效应。由于目前相关试验研究工作做的还比较少，本规程条文仅适用于跨越一个层高、一个开间的外挂墙板。

由于外挂墙板受到平面外风荷载和地震作用的双向作用，因此应双层双向配筋，且应满足最小配筋率的要求。

9.3.2　外挂墙板构造宜符合下列规定：

　　1　外挂墙板的高度不宜大于层高，厚度不宜小于 100mm；

　　2　外挂墙板竖向和水平钢筋的配筋率均不应小于 0.2%；且钢筋直径不宜小于 6mm，间距不宜大于 200mm；

　　3　外挂墙板开有洞口时，应沿洞口周边配置加强钢筋。

---

4. 连接节点设计

（1）同现行国家建筑标准设计图集 08SJ 110—2 的要求。

9.4.1　外挂墙板连接节点的构造设计应符合下列规定：

　　1　连接节点可适应的最大层间位移角：主体结构为混凝土结构时不小于 1/200；主体结构为钢结构时不小于 1/100；

　　2　连接节点应具有消除外挂墙板施工误差的三维调节能力；

　　3　连接节点应具有适应外挂墙板的温度变形的能力。

（2）外挂墙板与主体结构的连接节点应采用预埋件，不得采用后锚固的方法。不同用途的预埋件应分别设置。例如，用于连接节点的预埋件一般不同时作为用于吊装外挂墙板的预埋件。

根据日本和我国台湾的工程实践经验，点支承的连接节点一般采用在连接件和预埋件之间设置带有长圆孔的滑移垫片，形成平面内可滑移的支座。当外挂墙板相对于主体结构可能产生转动时，长圆孔宜按垂直方向设置；当外挂墙板相对于主体结构可能产生平动时，长圆孔宜按水平方向设置。

用于连接外挂墙板的型钢、连接板、螺栓等零部件的规格应加以限制，力争做到标准化，使得整个项目中，各种零部件的规格统一化，数量最小化，避免施工中可能发生的差错，以便保证和控制质量。

9.4.2　外挂墙与主体结构采用点支承连接时，节点构造应符合下列规定：

　　1　应根据外挂墙板的形状、尺寸，确定连接点的的数量和位置，连接点不应少于 4 个，称重连接点不应多于 2 个；

　　2　在外力作用下，外挂墙板相对主体结构可水平滑动或转动；

　　3　连接件的滑动孔尺寸应根据穿孔螺栓直径、层间位移值和施工误差等因素确定。

9.4.3 外挂墙板与主体结构采用线支承连接时，节点构造应符合下列规定：

1 外挂墙板与梁的固定连接区段应避开梁端1.5倍梁高区域；

2 外挂墙板与梁的结合面应做成粗糙面并宜设置键槽；接缝处应设置连接钢筋，连接钢筋数量应经过计算确定钢筋直径不宜小于$\phi8$，间距不宜大于200mm；连接钢筋两端应分别锚固在外挂墙板和梁中，锚固长度均不应小于l_{aE}；

3 外挂墙板的非固定端应至少设置2个仅承受平面外水平荷载的来接节点。

9.4.4 外挂墙板连接节点中的预埋件、连接件、焊缝及螺栓的设计，应符合现行国家标准《混凝土结构设计规范》GB 50010—2010 和《钢结构设计规范》GB 50017—2003 的相关规定。外挂墙板连接节点的外露铁件应进行表面防腐处理。

五、预制混凝土构件深化设计

1. 预制构件的深化设计是装配式建筑实施的重要环节。深化设计阶段需将各专业的施工图进行整合，并根据预制工厂生产工艺的特点，对结构进行构件拆分设计。深化设计的目标是确保连接可靠、提升生产效率、降低材料损耗并提升建筑品质。

10.0.1 深化设计单位依据施工图纸，考虑生产、运输、吊运、安装等因素，绘制墙板、剪力墙、楼板、梁、柱、楼梯等独立构件的制作详图，为构件的制作提供依据。

2. 由于深化设计图纸的使用单位为预制构件加工厂，因此深化设计的图纸深度与内容同现浇结构的施工图存在较大的差别。构件制作前应进行构件的钢筋排布设计，在满足构件力学性能要求的同时，也应满足安装要求；深化阶段应进行管线预留孔洞设置，通过管线预埋设计可以减少现场开孔作业，加快施工速度。

10.0.2 预制构件深化设计应符合下列规定：

1 预制外挂墙板、剪力墙、楼板包括板片分割和厚度计算、钢筋排布、端部钢筋连接、管线、预埋件、预留孔洞等内容。采用预嵌瓷砖或石材饰面的预制外挂墙板，还应进行饰面排版设计；

2 预制梁包括梁段分割、梁端钢筋连接、纵筋和箍筋排布、搁置长度、管线、预埋件、预留孔洞等内容；

3 预制柱包括纵筋和箍筋排布、柱端纵筋连接、底层柱及顶层柱纵筋锚固、柱端防裂箍筋、柱端接合面剪切构造、灌浆孔及沟槽、柱边导角、管线、预埋件等内容；

4 预制楼梯包括钢筋排布、端部钢筋连接、预埋件等内容。

3. 预制构件在制作、运输、安装各阶段的荷载状态及受力状况与构件在结构整体分析中的情况差别较大，按相应阶段分别进行验算，必要时可以根据验算调整施工图设计的配筋方案，以保证构件在不同阶段的强度、刚度要求。

> **10.0.3** 预制构件深化设计应验算以下内容：
> 1　预制构件脱模、翻转、堆放、运输、吊运、安装等验算；
> 2　叠合梁板施工阶段承载力及支撑架验算；
> 3　叠合次梁企口和主梁挑耳、缺口验算；
> 4　叠合次梁牛担板和主梁开槽验算。

4. 灌浆套筒和钢筋应配套使用，灌浆套筒均规定了连接钢筋的适用直径规格。在施工中不得采用适用规格小于连接钢筋的套筒；可采用适用规格大于连接钢筋的套筒，但相差不宜大于一级。本条中灌浆套筒最小间距的要求，系参照相关施工规范及《钢筋套筒灌浆连接应用技术规程》JGJ 355—2015 的规定。

> **10.0.4** 灌浆套筒续接钢筋应符合下列规定：
>
>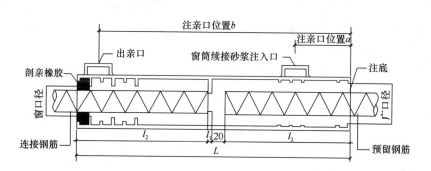
>
> L1—连接钢筋植入长度；L2—预留钢筋植入长度；L—套筒长度
>
> 图 10.0.4　套筒式钢筋连接器构造图
>
> 1　套筒和钢筋应配套使用；
> 2　预留钢筋伸入套筒内长度的允许偏差范围应为 0～15mm；
> 3　相邻套筒的净距宜大于 25mm。

5. 吊具选用应按起重吊装工程的技术和安全要求执行。为提高施工效率，可以采用多功能专用吊具，以适应不同类型的构件吊装。施工验算可依据本规程及相关技术标准。特殊情况，且无参考依据时，需进行专项设计计算分析或必要试验研究。

> **10.0.5** 吊装验算应包括以下内容：
> 1　构件深化设计图应说明吊点及支撑位置的加强措施；
> 2　吊装设计时，构件强度验算应充分考虑不同施工阶段的混凝土实际强度；
> 3　设置多个吊点时，应考虑吊装荷载在各吊点间可能的非均匀分布；
> 4　外挂墙吊装时，吊索与外挂墙板水平面夹角宜为 90°。

第五节 构件制作与运输技术要点

一、一般规定

本书为强制性条文。引用现行行业标准《装配式混凝土结构技术规程》JGJ 1—2014 第 11.1.4 条强制性条文。预制构件的连接技术是本规程关键技术。其中，钢筋套筒灌浆连接接头技术是本规程推荐采用的主要钢筋接头连接技术，也是保证各种装配整体式混凝土结构整体性的基础。必须制定质量控制措施，通过设计、产品选用、构件制作、施工验收等环节加强质量管理，确保其连接质量可靠。

预制构件生产前，要求对钢筋套筒进行检验，检验内容除了外观质量、尺寸偏差、出厂提供的材质报告、接头形式检验报告等，还应按要求制作钢筋套筒灌浆连接接头试件进行验证性试验。钢筋套筒验证性试验可按随机抽样方法抽取工程使用的同牌号、同规格钢筋，并采用工程的灌浆料制作三个钢筋套筒灌浆连接接头试件，如采用半套筒连接方式则应制作钢筋机械连接和套筒灌浆连接组合接头试件，标准养护28d后进行抗拉强度试验，试验合格后方可使用。

> 12.1.5 预制结构构件采用钢筋套筒灌浆连接时，应在构件生产前进行钢筋套筒灌浆连接接头的抗拉强度试验，每种规格的连接接头试件数量不应少于 3 个。

2. 起吊预制构件的行车或吊车应满足构件的起重要求。制作预制构件的台座，表面平整度可使用 2m 靠尺和塞尺量测，在 2m 长度范围内表面平整度不应大于 2mm。

二、构件生产准备与制作

1. 模具精度是保证预制构件质量的关键。按设计要求及现行国家标准验收合格的模具才可用于预制构件的制作。改制模具使用前的验收标准同新制模具。对于重复使用的模具，在每次浇筑混凝土前应核对模具的关键尺寸，并应针对模具的磨损情况进行及时、有效的修补。为提高预制构件的品质，建议使用定型钢模生产。

进行柱底套筒固定时，固定套筒可以采用图 4-17 所示的方式施工；前端板开孔的

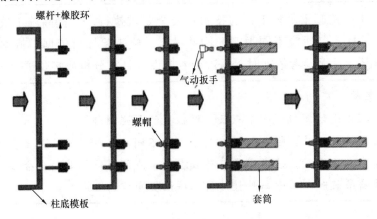

图 4-17 固定套筒的柱底模板

大小应按照主筋直径及固定柱筋的橡胶半月牙套的规格确定；橡胶半月牙套的主要功能是固定柱主筋，并确保后续钢模具易于拆除（图4-18）。

预制框架梁的端模板可参照图4-19制作。

为确保预制构件与现浇混凝土的结合面的粗糙度，应在梁柱节点的梁端采用齿槽设计，叠合梁的二次浇筑面可采用压花钢板或拉毛处理（图4-20）。

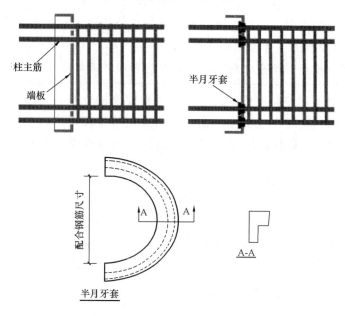

图4-18　固定钢筋的柱顶模板

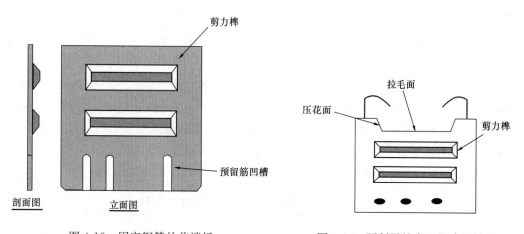

图4-19　固定钢筋的前端板　　　　　图4-20　预制梁结合面的建议做法

12.2.1　预制构件模具除应满足承载力、刚度、精度和整体稳定性的要求外尚应符合下列规定：

　　1　预制构件生产的模具应易于拆组，并能可靠抵抗浇筑混凝土时的冲击力、侧压力、振动力以及蒸汽养护所产生的膨胀、收缩而不变形；

2　在条件允许时宜采用定型钢模；对于形状复杂或数量少的构件也可采用木模或其他材质模具制作；

3　进行柱底套筒固定时，应先在柱底模板上固定橡胶环和螺杆，再将套筒连接器套在橡胶环上，拧紧螺杆，套筒与柱底模板应垂直；

4　预制梁的梁端模板应满足梁预留主筋的定位要求；

5　模具表面应均匀涂刷脱模剂。但在预嵌式外饰材（如瓷砖、石材）及预埋件等与混凝土的接触面上不得涂刷脱模剂；

6　结合面除设计图纸有特别规定外，应进行粗糙面处理。

2. 预制柱主筋的误差会造成生产、吊装垂直度及楼板标高的误差，故预制柱主筋的生产要求精度比一般现浇柱更加严格，建议采用精度较高的钢筋加工设备。依据构件制作图，以间距器、垫块或辅助固定件等将钢筋及预埋组件准确固定，确保浇筑混凝土时不产生位移。

12.2.4　钢筋的加工、安装应满足下列要求：

1　钢筋的品种、级别、规格和数量应符合设计要求；

2　钢筋的接头方式、位置应符合设计和规范的要求；

3　预制梁、柱钢筋的下料误差应依据表 12.2.4-1 的要求执行；

表 12.2.4-1　钢筋加工的允许偏差

项　目	允许偏差（mm）
受力钢筋顺长度方向全长的净尺寸	±10
弯起钢筋的弯折位置	±20
箍筋内净尺寸	±5
柱主筋长度	+10,0
梁主筋长度	±10

4　柱主筋安装时，宜逐根插入套筒连接器内，主筋插入套筒内的深度应符合设计规定；套筒上的注浆管应定位准确、安装稳固，防止漏浆；

5　钢筋安装应符合表 12.2.4-2 的规定；

表 12.2.4-2　钢筋安装的允许偏差和检验方法

项　目		允许偏差（mm）	检查方法
预制柱、梁绑扎钢筋网	长	±10	钢尺检查
	宽、高	±5	钢尺检查
预制板、墙绑扎钢筋网	长、宽	±10	钢尺检查
	高（厚）	±5	钢尺检查

续表12.2.4-2

项　　目		允许偏差（mm）	检查方法
受力钢筋	间距	±10	钢尺量两端、中间各一点，取最大值
	排距	±5	
	梁端部锚固长度	±10	钢尺检查
	保护层厚度　柱、梁	±5	钢尺检查
	板、墙	±3	钢尺检查
绑扎箍筋、横向钢筋间距		±20	钢尺量连续三档，取最大值
组装成形多螺箍筋的圆形直径、箍筋间距		±5	钢尺量连续三档，取最大值
钢筋弯起点位置		20	钢尺检查

6　钢筋笼吊运及入模时应注意避免变形，必要时可采用平衡吊架多点吊具，使钢筋笼受力均匀，保证安装精度；

7　入模前应先安装预制构件钢筋笼的钢筋间隔件，以确保钢筋的保护层厚度。

三、预制构件的混凝土养护

本条文建议的养护制度系根据润泰集团的工程实践总结，可参照执行。

12.3.3　蒸汽养护应由构件生产企业根据具体情况确定养护制度，并按要求严格控制升降温速度和最高温度，并满足以下要求：

1　构件混凝土应在初凝完成并静停2～6h后，再进行加热升温；

2　控制升温及降温速度不应超过20℃/h；

3　养护阶段最高温度不宜超过70℃；

4　停止加热后，应让构件缓慢降温，避免混凝土构件因温度突变产生收缩裂缝，降温速度不宜大于升温速度；

5　构件离开蒸汽房或掀开覆盖膜时与外界环境温差不宜大于20℃。

四、运输与堆放

1. 预制构件由生产场地到施工现场的运输路线应事先制定。运输路线、运输工具应符合当地交通管理部门要求，并应符合运输道路的荷重要求。运输时使用的临时支架在功能上应与堆放设置相同，应满足承载能力、刚度及稳定性的要求，且应能保持构件运输过程中平稳、防止侧翻及运输途中移动碰撞。

12.4.1　应制定预制构件的运输与堆放方案，其内容应包括运输时间、次序、堆放场地、运输线路、固定要求、堆放支垫及成品保护措施等。对于超高、超宽、形状特殊的大型构件的运输和堆放应有专门的质量安全保证措施。

2. 本条规定主要是为了避免预制构件因污染、开裂、扭曲及翘曲等原因而受损。

> 12.4.2 存放构件的场地应平整坚实并保持排水良好。堆放构件时应使构件与地面之间留有空隙，堆垛之间宜设置通道，必要时应设置防止构件倾覆的支撑架。

3. 堆垛的安全、稳定特别重要，在构件生产场地及施工现场均应特别注意。当垫木放置位置与脱模、吊装时的起吊位置一致时，可不需单独验算；否则应根据堆放条件进行堆放验算。堆垛间的通道宽度应考虑通行、安全等因素。

> 12.4.5 垫木或垫块在构件下的位置应与脱模、吊装时的起吊位置一致。重叠堆放构件时，每层构件间的垫木或垫块应在同一垂直线上。

4. 预制构件的运输、吊装应编制专项方案，应结合设计要求确定吊点位置、吊具设计、吊运方法及顺序、临时支撑布置，并进行相应验算。在预制构件吊运时，如吊索夹角过小容易引起非设计状态下的开裂或其他缺陷。

> 12.4.8 装卸构件的顺序应考虑车体平衡，避免因构件重量和冲击作用造成车体倾覆。

第六节 安装施工技术要点

一、预制柱、预制剪力墙的安装施工

1. 混凝土杯形基础、筏式基础和其他形式基础以现浇方式施工，在基础顶面需考虑转换至预制装配方式施工。预留插筋应采用定位底座及格栅网准确定位。定位底座是为了精准控制柱主筋位置而固定在基础垫层上的构造铁件；格栅网则是用光圆钢筋经电焊固定形成的纵横交错的网片。

> 13.3.1 预制柱安装施工前的基础处理措施如下：
>   1 当采用杯口基础时，在预制柱安装前应先以垫块垫至设计标高；
>   2 当采用筏式基础、桩基承台或预制结构与现浇结构转换时，预埋的柱主筋平面定位误差需控制在 2mm 以内，标高误差需控制在 0～15mm 以内；
>   3 可采取定位架或格栅网等辅助措施，以确保预埋柱主筋定位误差符合规定。

2. 预制柱安装前，应先验算搁置面混凝土局部受压承载力，以避免安装预制构件造成搁置面混凝土下陷、开裂。预制柱安装时，柱底下方须配置至少 4 处垫片。垫片为正方形薄铁板，尺寸不小于 55mm×55mm，应验算垫片下方的混凝土局部受压承载力。

13.3.2　预制柱、预制剪力墙安装应符合如下规定：

1　安装前应清洁预制柱、墙的结合面及预留钢筋，并确认套筒连接器内无异物；

2　安装前应放样出边线以保证预制柱、墙就位准确；

3　预制柱、墙安装的平面定位误差不得超过10mm，预制柱、墙就位后应立即用可调斜撑作临时固定；

4　当预制柱、墙就位后，使用防风型垂直尺或其他仪器检测垂直度，并用可调斜撑调整至垂直，垂直度偏差应控制不大于1/500且顶部偏移不大于5mm，预制柱完成垂直度调整后，应在柱子四角加塞垫片增加稳定性及安全性；

5　套筒连接器内的灌浆料强度达到35MPa后，方可拆除预制柱、墙的支撑。

3. 柱底套筒灌浆需确认每个出浆孔均已流出圆柱状浆液，才能保证每个套筒内均已充满灌浆料。

13.3.3　预制柱、墙底套筒灌浆施工应符合如下规定：

1　施工前准备工作：

1）柱、墙底周边封模可采用砂浆、钢材或木材材质，围封材料需能承受1.5MPa的灌浆压力；

2）量测当日气温、水温及无收缩灌浆料温度。冬季施工，需选用低温型无收缩灌浆料；

3）施工前应检查套筒并清洁干净。应使用的压力不小于1.0MPa的灌浆机，且灌浆管内不应有水泥硬块。

2　灌浆施工：

1）无收缩灌浆料应按照生产厂家规定的用水量拌制；

2）无收缩灌浆料应在搅拌均匀后再持续搅拌2min；

3）灌浆时由柱底套筒下方灌浆口注入，待上方出浆口连续流出圆柱状浆液，再采用橡胶塞封堵。如出现无法出浆的情况，应立即停止灌浆作业，查明原因及时排除障碍；

4）冬季施工时，低温型无收缩灌浆料应用温水拌和，使搅拌后的灌浆料温度不低于15℃不高于35℃。灌注后，连接处应采取保温措施，使连接处温度维持10℃以上，不少于7天；

5）灌浆料拌合物应在制备后30min内用完。

二、叠合梁、板的安装施工

1. 预制框架梁搁置长度少于25mm时，应采取适当的辅助支承措施，如角钢支承。采用牛担板的预制次梁搁置长度当少于50mm时，应在预制次梁下方另外加设一组支撑架。

13.4.1 预制梁安装应符合如下规定：

1 叠合梁安装前应检查柱顶标高，当同一节点的框架梁梁底标高不一致时，应依照设计标高在柱顶安装梁底调整托座；

2 叠合框梁安装时，叠合梁预制部分深入支座的长度不宜小于 10mm；

3 叠合次梁安装时，搁置长度应满足本规程相关规定并应满足设计要求；

4 压型钢板或预制楼板固定完成时，叠合次梁与预制主梁之间的凹槽应采用灌浆料填实。

2.当预制楼板搁置接缝过大时，浇筑混凝土之前可用砂浆或泡棉条或其他方式填塞，防止漏浆。

13.4.2 预制楼板安装应符合如下规定：

1 安装预制楼板前应检查框架梁、次梁的梁面标高及支撑面的平整度，并检查结合面粗糙度是否符合设计要求；

2 预制楼板之间的缝隙应满足设计要求；

3 预制楼板吊装完后应有专人对板底接缝高差进行校核；如叠合楼板板底接缝高差不满足设计要求，应将构件重新起吊，通过可调托座进行调节。

本章小结

本章第一节介绍了装配式建筑的主要技术体系，包括装配式混凝土结构、木结合、钢结构，介绍了每种技术体系的特点，并对不同建筑体系的各种性能做了对比；第二节主要介绍装配式混凝土体系的几种结构类型，包括剪力墙结构体系、框架结构体系、剪力墙-框架结构体系。本章结合福建省住建厅 2015 年颁布的《福建省预制装配式混凝土结构技术规程》DBJ 13—216—2015 进行相关介绍。第三节以建筑设计的角度，先介绍了建筑设计一般规定，之后以平面设计、里面设计、内装修设计、设备管线设计四个方面对建筑设计的要求做了具体的介绍；第四节对结构设计进行阐述，详细介绍了结构设计的基本规定，并对框架结构设计、剪力墙结构设计、外挂墙板设计以及预制混凝土构件深化设计进行分点阐述；第五节对构件制作与运输进行介绍，主要介绍了构件生产准备与制作，预制构件的混凝土养护以及运输和对方的相关细则、规范要求；第六节对预制柱、预制剪力墙的安装施工、叠合梁、板的安装施工进行介绍。

参考文献

［1］ 福建省住房和城乡建设厅. 福建省预制装配式混凝土结构技术规程. 福建省工程建设地方标准 DBJ 13—216—2015.

［2］ 住房和城乡建设部住宅产业化促进中心. 大力推广装配式建筑必读［M］. 北京：中国建筑工业出版社，2016.

［3］ 王俊，赵基达，胡宗羽. 我国建筑工业化发展现状与思考［J］. 土木工程学报，2016(05)：2-10.

［4］　李晓明. 现代装配式混凝土结构发展简述［J］. 住宅产业，2015(08)：46-50.

［5］　贺灵童，陈艳. 建筑工业化的现在与未来［J］. 工程质量，2015(31)：1-8.

［6］　赵惠珍，程飞，王要武. 2014 年全国建筑业发展统计分析［J］. 建筑，2015(11)：8-22.

［7］　陈耀钢. 工业化全预制装配整体式剪力墙结构体系节点研究［J］. 建筑技术，2010，41(2)：153-156.

［8］　杨嗣信，侯君伟. 实现住宅产业化要"四化"并举［J］. 建筑技术，2013，44(2)：102-104.

［9］　Ian Flood. Towards the next generation of artificial neural networks for civil engineering［J］. Advanced Engineering Informatics，2008，22(1)：4-14.

［10］　纪颖波. 建筑工业化发展研究［M］. 北京：中国建筑工业出版社，2011.31-38.

第五章　装配式混凝土结构建筑施工技术

第一节　混凝土预制构件的生产制作

一、混凝土预制构件工厂

1. 预制构件厂厂址选择

混凝土构件工厂化预制的生产工艺较先进，机械化程度较高，从而使生产效率大大提高，产品成本大幅降低。预制构件厂的建设需要综合考虑所在地区的条件，事先做好可行性研究，确定工厂的生产规模、产品方案和厂址选择等因素。生产规模即工厂的生产能力，指工厂每年可生产出的符合国家规定质量标准的制品数量。产品方案，即产品目录，是指产品的品种、规格及数量，产品方案主要取决于产品供应范围内基本建设对各种制品的实际需要。在确定产品方案时，必须充分考虑对建厂地区原材料资源的合理利用，特别是工业废料的综合利用。

选择厂址必须考虑到原材料运入成本和产品运出的费用，妥善处理下述关系：1）厂址宜靠近主要用户，缩小供应半径从而降低产品的运输费用；2）厂址宜靠近原料产地从而降低原材料的运费；3）从降低产品加工费的目的出发，宜组织集中大型生产企业，以便采用先进生产技术及降低附加费用，但这又必然使供应半径扩大，产品运输费用增加。正确处理上述关系，有效降低预制构件的价格和建设工程的工程造价。

2. 预制构件厂厂房设计原则

预制构件厂厂房设计需要考虑工艺流程的合理性，从原材料存储到成品堆放和运出，避免倒流水。

（1）总平面设计原则

总平面设计是根据工厂的生产规模、组成和厂址的具体条件，对厂区平面的总体布置，同时确定运输线路、地面及地下管道的相对位置，使整个厂区形成一个有机的整体，从而为工厂创造良好的生产和管理条件。总平面设计的原始资料包括：

① 工厂的组成；

② 各车间的性质及大小；

③ 各车间之间的生产联系；

④ 建厂地区的地形、地质、水文及气象条件；

⑤ 建厂区域内可能与本厂有联系的住宅区、工业企业、运输、动力、卫生、环境及其他线路网以及构筑物的资料；

⑥ 厂区货流和人流的大小和方向。

（2）车间工艺布置

车间工艺布置是根据已确定的工艺流程和工艺设备选型等资料，结合建筑、给排水、采暖通风、电气和自动控制并考虑到运输等要求，科学设计厂房内的生产设备布置方案。车间工艺布置过程中进一步确定辅助设备和运输设备的参数和工业管道、生产场地的面积。

工艺布置时，应注意以下原则：

① 保证车间工艺顺畅，力求避免原料和半成品的流水线交叉现象，缩短原料和半成品的运距，使车间布置紧凑；

② 保证各设备有足够的操作和检修场地，保证车间的通道面积；

③ 应考虑有足够容量的原料、半成品、成品的料仓或堆场，与相邻工序的设备之间有良好的运输联系；

④ 保证车间内某些设备或机组机房进行的间隔（如防噪声、防尘、防潮、防蚀、防振等）满足相应的安全技术和劳动保护要求；

⑤ 车间柱网、层高符合建筑模数制的要求，在进行车间工艺布置时，必须注意到两个方面的关系：一个是主要工序与其他工序间的关系，另一个是主导设备与辅助设备和运输设备间的关系。设计时可根据已确认的工艺流程，按主导设备布置方法对各部分进行布置，然后以主要工序为中心将其他部分进行合理的搭接。

3. 机组流水线生产方法简介

机组流水线法的特征和优势：机组流水线法是模具在生产线上循环流动，而不是机器和工人在生产线中循环，能够同时生产简单的产品和复杂的产品，而不同产品的生产工序之间互不影响。

机组流水线法生产不同预制构件产品所需要的时间（即节拍）是不同的，按节拍时间可分为固定节拍（例如轨枕、管桩生产流水线等）和柔性节拍（例如预制构件等）。固定节拍特点是效率高、产品质量可靠，适应产品单一、标准化程度高的产品。柔性节拍特点是流水相对灵活，对产品的适应性较强。机组流水线法能够同步灵活地生产不同的产品，生产操作控制更为简单。从生产效率和质量管理角度考虑，机组流水线法是能够满足装配式建筑产业发展需求的生产方式如图 5-1 所示。

二、混凝土预制构件生产工艺流程

混凝土预制构件生产工艺流程包括：生产准备、模具制作和拼装、钢筋加工及连接、饰面材料加工及铺贴、混凝土材料检验及拌和、钢筋骨架入模、预埋件门窗保温材料固定、混凝土浇捣与养护、脱模与起吊及质量检查等。

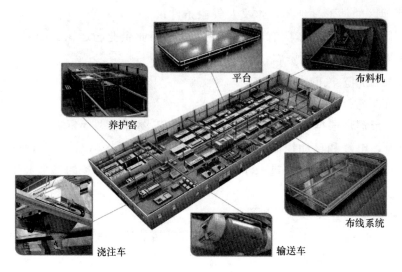

平台　布料机　养护窑　布线系统　浇注车　输送车

图 5-1　机组流水线法

1. 生产准备

预制构件生产前需要分析构件在生产过程中的受力状态、有效载荷的分布情况，通过软件仿真或者力学计算得出生产过程中载荷较大的工况，构件的结构设计需要充分考虑此工况，确保施工的质量以及结构的安全。

2. 模具制作和拼装

生产混凝土预制构件的模具一般由模数化、有较高精度的固定底模和根据构件特征要求设计的侧模板组成。这类模板在我国的混凝土预制构件生产中具有较好的制作通用性、加工简易性和市场通用性。生产前要用电动钢丝刷清理模具底板和侧板，按尺寸安放侧模板，模板组装时应先敲紧销钉，控制侧模定位精度，拧紧侧模与底模之间的连接螺栓。组装好的模板按设计图纸要求进行检查，模板组装就位时，要保证模板截面的尺寸、标高等符合要求。

3. 钢筋加工及连接

钢筋加工及连接是预制构件生产的重要工作，包括钢筋的配料、切断、弯曲、焊接和绑扎等。传统钢筋加工质量很大程度上依赖于钢筋工人的熟练程度，随着自动化机械（如数控弯箍机、钢筋网片点焊机等）的发展，钢筋加工的质量和效率大幅提高。

（1）配料：钢筋配料是根据构件配筋图，先绘出各种形状和规格的单根钢筋简图并加以编号，然后分别计算钢筋下料长度和根数，填写配料单，申请加工。

（2）切断：钢筋经过除锈、调直后可按钢筋的下料长度进行切断。钢筋的切断应保证钢筋的规格、尺寸和形状符合设计要求，钢筋切断要合理并应尽量减少钢筋的损耗。

（3）弯曲：弯曲成形工序是将已经调直、切断、配制好的钢筋按照配料表中的简图和尺寸，加工成规定的形状。其加工顺序是：先画线，再试弯，最后弯曲成形。

（4）焊接：钢筋焊接方法常用的有闪光对焊、电阻电焊、电弧焊、电渣压力焊、气压焊和埋弧压力焊。钢筋焊接施工之前，应清除钢筋或钢板焊接部位和与电极接触的钢筋表面上的锈斑、油污、杂物等；钢筋端部若有弯折、扭曲时，应予以矫直或切除。

（5）绑扎：钢筋接头除了焊接接头以外，当受到条件限制时，也可采用绑扎接头。钢筋的交叉点都应扎牢。除设计有特殊要求之外，箍筋应与受力钢筋保持垂直；箍筋弯钩叠合处，应沿受力钢筋方向错开放置，箍筋弯钩应放在受压区。

（6）钢筋网片：采用钢筋焊接网片的形式有利于节省材料、方便施工、提高工程质量。随着建筑工业化的推进，应鼓励推广混凝土构件中配筋采用钢筋专业化加工配送的方式。全自动点焊网片生产线，可以完成钢筋调直、切断、焊接和收集等全系列工作，仅需要1名操作人员，可以实现全自动生产。

4. 饰面材料加工及铺贴

预制构件的瓷砖饰面宜采用瓷砖套的方式进行铺贴成型，即瓷砖饰面反打。反打工艺铺设瓷砖是指在模具里放置制作好的瓷砖套，待钢筋入模、预埋件固定等工序完成后，在模具内浇筑混凝土，这样混凝土直接与瓷砖内侧接触，黏结强度远高于水泥砂浆（或瓷砖黏结剂），而且效率高，质量好。

5. 混凝土材料检验及拌合

混凝土是以胶凝材料（水泥、粉煤灰、矿粉等）、骨料（石子、砂子）、水、外加剂（减水剂、引气剂、缓凝剂等），按适当比例配合，经过均匀拌制、密实成形及养护硬化而成的人工石材。以下分别介绍各原料的主要性能指标及参照标准如表5-1所示。

混凝土原材料要求 表5-1

原料种类		参照标准	特殊要求
胶凝材料	水泥	《通用硅酸盐水泥》GB 175—2007	强度等级不低于42.5MPa
	粉煤灰	《粉煤灰混凝土应用技术规程》DG/T J08—230—2006	Ⅱ级或以上 F类
	矿粉	《用于水泥和混凝土中的粒化高炉矿渣粉》GB/T 18046—2008 《混凝土和砂浆用粒化高炉矿渣微粉》DB31/T 35—1998	S95 及以上

续表

原料种类		参照标准	特殊要求
骨料	粗骨料（石）	《建设用卵石、碎石》GB/T 14685—2011 《普通混凝土用砂、石质量及检验方法标准》JGJ 52—2006	粗集料要求石质坚硬、抗滑、耐磨及清洁和符合规范的级配。石质强度要不小于3级，针片状含量≤25%，硫化物及硫酸盐含量<1%，含泥量<2%。碎石最大粒径不得超过结构最小边尺寸的1/4
	细骨料（砂）	《建设用砂》GB/T 14684—2011 《普通混凝土用砂、石质量及检验方法标准》JGJ 52—2006	细集料应采用级配良好的、质地坚硬、颗粒洁净、粒径小于5mm、含泥量<3%的砂。进场后的砂应进行检验验收，不合格的砂严禁入场。检查频率为1次/100m³
	轻骨料	《轻集料及其试验方法 第1部分：轻集料》GB 17431.1—2010 《轻集料及其试验方法 第2部分：轻集料试验方法》GB 17431.2—2010	最大粒径不宜大于20.0mm；细度模数宜在2.3～4.0范围内
减水剂		《混凝土外加剂》GB 8076—2008 《混凝土外加剂应用技术规范》GB 50119—2013	严禁使用氯盐类外加剂
水		《混凝土用水标准》JGJ 63—2006	未经处理的海水严禁用于钢筋混凝土和预应力混凝土

混凝土搅拌站是将混凝土拌合物，在一个集中点统一拌制成混凝土，用混凝土运输车分别输送到一个或多个施工现场进行浇筑，提高施工效率，解决城区扬尘污染和施工场地狭小等难题。使用预拌混凝土是发展的方向，全国各城市均已规定在一定范围内必须采用预拌混凝土，不得现场拌制。

拌制的混凝土拌合物的均匀性按要求进行检查。在检查混凝土均匀性时，应在搅拌机卸料过程中，从卸料流出的1/4～3/4之间部位采取试样。

6. 钢筋骨架入模

将绑扎好的钢筋放在通用化的底模模板上，入模时应按图纸严格控制位置，放置端板，装入使钢筋精确定位的定位板，拧紧钢筋端部的紧定螺钉，以防钢筋变形，安装固定模具上部的连接板，埋件安装位置要准确、牢固。

7. 预埋件固定

在预制混凝土构件的模具摆放完成后，要在模具的框架内摆放预埋件。预制构件中的预埋件的规格以及数量较多，所有的预埋件需要固定，特别是对于具备定位、连接功能的预埋件还需要与钢模板的固定物相连接。同样其后续的混凝土浇筑工序中尽量避免混凝土将预埋件冲翻、推倒，振捣工序中，振捣棒要与预埋件保持一定的距离，从而避免振捣过程中影响预埋件的摆放位置。

8. 混凝土浇捣与养护

混凝土浇捣包括浇筑（布料）和振捣两部分，应最大程度保证混凝土的密实度；在振捣后进行一次抹面并于混凝土即将达到初凝状态时进行二次抹面，从而保证预制构件表面的光滑，同时减少裂纹的产生。

（1）浇捣前检查

在浇筑混凝土之前，检查模板支撑的稳定性以及模板接缝的密合情况。模板和隐蔽工程项目应分别进行预检和隐蔽验收。检查模板、钢筋、保护层和预埋件等，控制其尺寸、规格、数量和位置的偏差值在现行国家标准允许的范围内。

（2）混凝土的运输自动化

预制构件自动化生产线的混凝土输料系统。可以实现搅拌楼和生产线的无缝结合，输送效率大大提高，输料罐自带称量系统，可以精确控制浇筑量并随时了解罐体内剩余的混凝土数量，从而有效降低混凝土材料损耗量。

（3）浇筑

预制构件的混凝土布料方式一般包括：手工布料、人工料斗布料和流水线自动布料几种。混凝土拌合料未入模板前是松散体，粗骨料质量较大，在布料时容易向前抛离，引起离析，将导致混凝土外表面出现蜂窝、露筋等缺陷；内部出现内、外分层现象，造成混凝土强度降低，产生质量隐患。为此，在操作上应避免斜向抛送，勿高距离散落。

（4）振捣

预埋件部位混凝土振捣方法尤其重要，一旦出现缺陷则不可修复，轻则会影响使用功能，重则影响结构安全。

（5）预制夹心保温外墙板

预制夹心保温外墙板的制作工艺不同于其他预制构件多采用一次浇筑成型，其特别之处在于需多次浇筑。

（6）混凝土抹面

混凝土表面应及时用泥板抹平提浆，并对混凝土表面进行抹面。人工抹面质量可控而且较为灵活，不受构件形状和角度的限制，但是需要占用大量的人工，效率较为低下。自动化生产线的振动抹面一体装置可大幅提高抹面效率，但仅局限于平面的抹面，如遇特殊形状和机器无法抹面的部位，可结合人工抹面实现效率与质量的兼顾。

（7）养护

养护条件对于混凝土强度的增长有重要影响。在施工过程中，应根据原材料、配合比、浇筑部分和季节等具体情况，制定合理的施工技术方案，采取有效的养护措施，保证混凝土强度的正常增长。

蒸汽养护是缩短养护时间的方法之一，一般宜用50℃左右的温度蒸养。混凝土在较高湿度和温度条件下，可迅速达到要求的强度。根据场地条件及预制工艺的不同，蒸汽养护可分为：平台养护窑、长线养护窑和立体养护窑等。其中长线养护窑多用于机组流水线生产组织方式，立体养护窑占地面积小，而且单位产品能耗较低。

蒸汽养护分四个阶段：

① 静停阶段：就是指混凝土浇捣完毕至升温前在室温下先放置一段时间。这主要是为了增强混凝土对升温阶段结构破坏作用的抵抗能力，一般需 2～6h。

② 升温阶段：就是混凝土原始温度上升到恒温阶段。温度急速上升会使混凝土表面因体积膨胀太快而产生裂缝，因而必须控制升温速度，一般为 10～25℃/h。

③ 恒温阶段：是混凝土强度增长最快的阶段。恒温的温度应随水泥品种不同而异，普通硅酸盐水泥的养护温度不得超过 60℃，恒温加热阶段应保持 90％～100％的相对湿度。

④ 降温阶段：在降温阶段内，混凝土已经硬化，如降温过快，混凝土会产生表面裂缝，因此降温速度应加控制。通常厚度 100mm 左右的构件，降温速度应控制在每小时 20℃ 以内。

9. 脱模起吊

（1）构件脱模

脱除养护罩时，为了避免由于蒸汽温度骤然升降而引起混凝土构件产生裂缝变形，必须严格控制升温和降温的速度。出槽的构件温度与环境温度相差不得大于 20℃。

拆模先从侧模开始，先拆除固定预埋件的夹具，再打开其他模板。

（2）构件起吊

脱模强度要大于设计要求，并采用 4～6 点起吊（根据构件实际情况）。

当检查产品的外观尺寸，需临时放置的时候，为了防止产品产生翘曲、划痕、掉角、裂纹，底部要垫垫木、饰面要用保护薄片。

10. 质量检查

（1）原材料质量检查

① 水泥进场时应对其品种、级别、包装或散装仓号、出厂日期等进行检查，并应对其强度、安定性及其他必要的性能指标进行复验，其质量必须符合现行国家标准《通用硅酸盐水泥》GB 175—2007 的规定。

② 当在使用中对水泥质量有怀疑或水泥出厂超过 3 个月（快硬性水泥超过 1 个月）时，应进行复验，并按复验结果使用。

③ 钢筋混凝土结构、预应力混凝土结构中，严禁使用含氯化物的水泥。

④ 混凝土用的粗骨料，其最大颗粒粒径不得超过构件截面最小尺寸的 1/4，且不得超过钢筋最小净间距的 3/4；对混凝土实心板，骨料的最大粒径不宜超过板厚的 1/3，且不得超过 40mm。

（2）混凝土质量检查

混凝土质量检查包括施工过程中的质量检查和养护后的质量检查。施工过程中的质量检查，即在混凝土制备和浇捣过程中对原材料的质量、配合比、坍落度等的检查，每一工作班至少检查两次，如遇特殊情况还应及时进行检查。

（3）构件质量检查

预制构件需进行尺寸检验和目测检验，两项检验均合格为合格品。

三、混凝土预制构件质量控制

1. 事前质量控制

（1）检查预制构件生产的主要器具

① 经检查合格的机械设备：混凝土拌合设备、振捣台、脱模器、振捣棒、小型推土机或装载机、功率符合要求的发电机等。

② 模具。根据预制构件的几何尺寸来选择模具的板材，如果构件尺寸大就选择厚一些钢材，能够承受较大的力，否则构件容易变形。模具制作过程中，应根据构件的形状尺寸合理设计，保证构件的边、角、面在拆模时不易破损，也保证模具在拆模、组模时容易、简便[1]。

模具使用需先用1:2稀盐酸将模具上残留的水泥浆及油迹清洗干净，然后用清水冲洗、倒置、晾干。模具使用前一小时，用蘸有脱模剂的抹布将脱模剂均匀涂于模具上，为了防止脱模剂在边角位置堆积影响构件外观，抹布要拧干，并且涂抹完成后要将模具倒置，既防止污染又防止脱模剂堆积[2]。

（2）校模。模具运到预制现场后，要对模具进行校正工作，解决模具在制作过程中钢材剪裁处存在毛边，以防拆模时划坏构件。同时对模具的内部和表面进行打磨工序，使得构件整体的美观度达到一定的要求。并对缝隙处做好密封工作，防止漏浆现象的发生，提高构件的整体强度。

2. 事中质量控制

（1）组模。每次预制前检查模具是否有漏缝，如有用胶条垫好，防止漏浆造成蜂窝、麻面。然后用螺丝或卡扣把模具牢固，清理干净刷脱模剂，以刷机油为例，模具表面必须干燥，如清晨时模具表面有潮气或水珠，不允许刷油，会造成沾模，拆模时构件表面会损坏。[1]。模具表面刷油越薄越好，不能漏刷，也不能刷过多，漏刷则容易沾模，刷过多则构件表面有油渍。

（2）预制。预制时，按照混凝土配合比进行搅拌，控制好坍落度。振动方式采用附着式振动电机做的振动台。把模具放到振动台上装料、同步振动，直到振捣密实、气泡完全散尽为止。根据振动电机功率大小来控制振动时间。填装振动完毕用推车把模具运到平整场地摆放，在摆放时，模具不能扔到地上，尽量轻放到地上，避免拆模后构件表面出现水纹现象，影响光洁度和强度。摆放平整后用抹子把混凝土抹平。如果气温高，混凝土到终凝前1小时左右，应覆盖或洒水，防止混凝土裂缝，用塑料布覆盖效果更佳，既可防止断裂，又可缩短混凝土凝固时间，提高模具周转次数。

（3）拆模。将板扣下后脱模时，四个把手应同时向上提起，以免预制板折断或地板革的边被带起造成麻面。如果脱模不滑顺，可能是气孔堵塞引起的，提起离地面 2～3cm 轻轻颤动使之脱模，并及时检查气孔是否通畅。脱模完毕后，应立即使用抹板从中间向四周轻轻压一遍，使地板革和混凝土结合紧密[3]。

（4）养护。养护是施工中的关键环节，预制构件拆模后，由于强度不够，不能立即运走，洒水保湿用塑料布覆盖好，原地存放 3～4 天，强度达到要求后集中运到存放场地覆盖土工布洒水养护，要经常洒水，保持预制件具有一定的湿度[1]。

3. 混凝土预制构件质量影响因素及控制

（1）原材料对混凝土预制构件的影响及控制

① 水泥。选用水泥的标号应与要求配制构件的混凝土强度相适应。水泥标号选择过高，则混凝土中水泥用量过低，影响混凝土的和易性和耐久性，制成的构件粗糙、无光泽；如水泥标号过低，则混凝土中水泥用量过大，非但不经济，而且会降低混凝土构件的技术品质，使混凝土收缩率增大，构件裂纹严重。通常，配制混凝土时，水泥强度为混凝土强度的 1.5～2.0 倍[1]。

② 集料。细集料应采用级配良好的、质地坚硬、颗粒洁净、粒径<5mm、含泥量<3%的砂。进场后的砂应进行检验验收，不合格的砂严禁入场。检查频率为 1 次/100m³。

粗集料要求石质坚硬、抗滑、耐磨及清洁和符合规范的级配。石质强度要不小于 3 级，针片状含量≤25%，硫化物及硫酸盐含量<1%，含泥量<2%。碎石最大粒径不得超过结构最小边尺寸的 1/4。进场后应进行检查验收，检查频率为 1 次/200m³[1]。

③ 介质。即混凝土与模具之间起到隔离作用，并随同混凝土脱离模具，待到混凝土初凝后揭起，以便形成预制板的光面。采用地板革作为介质，地板革既不变形、易清洗，且提高了重复利用率，降低了成本，揭革后在光滑面还能出现混凝土光泽。因此现在普遍采用地板革作为介质[3]。

（2）配合比对混凝土预制构件的影响及控制

① 集浆比。集浆比即集料与水泥浆的比例。在水灰比一定的情况下，集浆比越小，混凝土拌和料粘聚性和保水性越差，构件的强度和耐久性能降低，且造成昂贵的构件成本。集浆比越大，预制小型物件的强度难以保障，其外观粗糙，蜂窝麻面增多，甚至出现崩坍现象。所以在制作预制构件的过程中，在确保强度和耐久性的前提下，在集浆比可控的范围内采用较大的集浆比来达到经济、安全效益。

② 水灰比。为使混凝土拌和料能够密实成型，所采用的水灰比值不能过小，为了保证混凝土拌和料具有良好的粘聚性和保水性，所采用的水灰比值也不能过大。在实际工作中，为增加拌和料的流动性而增加用水量时，必须保证水灰比不变，同时增加水泥用量，否则将显著降低混凝土的质量，影响构件内在强度[1]。

③ 砂率。砂率即砂与石之间的相对含量。砂率过大将导致孔隙率和总面积的增大，

以至于用料整体过干；相反，在砂率过小的情况下，总面积减少，导致保水性能下降，将导致预制构件的整体性能出现问题，安全性与美观度不受保障。混凝土拌和料的合理砂率即控制用水量与水泥量的平衡为宜，以确保预制混凝土构件具有最好的安全、美观性能。

（3）场地对混凝土预制构件的影响及控制

预制场地质量控制的关键就是场地的平整度和密实度，这两个条件是控制预制板不产生变形的必要条件。平整度必须控制在每平方米内高差在 5mm 以内，平整而不坑坑洼洼，场地中间要比四周略高，并使场地四周排水条件通畅，以便下雨时能够及时将雨水排走，避免预制场地被浸泡后，密实度降低。在使用前，应均匀铺洒石粉找平，清除散落石子等杂物[3]。

第二节　混凝土预制构件的储放和运输

一、混凝土预制构件的储放

1. 堆放场地

（1）预制构件的存放场地应为钢筋混凝土地坪，并有排水措施。

（2）预制构件的堆放要符合吊装位置的要求，要事先规划好不同区位的构件的堆放地点。尽量放置在能吊装的区域内，避免吊车移位，造成工期的延误。

（3）堆放构件的场地应保持排水良好，若雨天积水不能及时排泄，将导致预制构件浸泡在水中，污染预制构件。

（4）堆放构件的场地应平整坚实，地面不能呈现凹凸不平。

（5）规划储存场地要根据不同预制构件堆垛层数和构件的重量核算地基承载力。

（6）按照文明施工的要求，现场裸露的土体（含脚手架区域）场地需进行场地硬化。

2. 存放方式

预制构件存放方式有平放和竖放两种，原则上墙板采用竖放方式，楼面板、屋顶板和柱构件可采用平放或竖放方式，梁构件采用平放方式。

（1）平放时的注意事项：

① 在水平地基上并列放置 2 根木材或钢材制作的垫木，放上构件后可在上面放置同样的垫木，再放置上层构件，一般构件放置不宜超过 6 层；

② 上下层垫木必须放置在同一条线上，如果垫木上下位置之间如果存在错位，构件除了承受垂直荷载，还要承受弯矩和剪力，有可能造成构件损坏。

（2）竖放时的注意事项：

① 要将地面压实并浇筑混凝土等，铺设路面要整修为粗糙面，防止脚手架滑动；

② 使用脚手架搭台存放预制构件时，要固定预制构件两端；

③ 要保持构件的垂直或一定角度，并且使其保持平衡状态；

④ 柱和梁等立体构件要根据各自的形状和配筋选择合适的存放方式。

3. 存放注意事项

预制构件存放的注意事项如下：

（1）养护不要进行急剧干燥，以防止影响混凝土强度的增长。

（2）采取保护措施保证构件不会发生变形。

（3）做好成品保护工作，防止构件被污染及外观受损。

（4）成品应按合格、待修和不合格区分类堆放，并标识如工程名称、构件符号、生产日期、检查合格标志等。

（5）堆放构件时应使构件与地面之间留有空隙，须放置在木头或软性材料上（如塑料垫片），堆放构件的支垫应坚实。堆垛之间宜设置通道。必要时应设置防止构件倾覆的支撑架。

（6）连接止水条、高低口、墙体转角等薄弱部位，应采用定型保护垫块或专用式套件作加强保护。

（7）预制构件重叠堆放时，每层构件间的垫木或垫块应在同一垂直线上。

（8）预制外墙板宜采用插放或靠放，堆放架应有足够的刚度，并应支垫稳固；对采用靠放架立放的构件，宜对称靠放与地面倾斜角度宜大于80°；宜将相邻堆放架连成整体。

（9）预制构件的堆放应预埋吊件向上，标志向外；垫木或垫块在构件下的位置宜与脱模、吊装时的起吊位置一致。

（10）应根据构件自身荷载、地坪、垫木或垫块的承载能力及堆垛的稳定性确定堆垛层数。

（11）长时间储存时，要对金属配件和钢筋等进行防锈处理。

二、混凝土预制构件的装卸运输

1. 场内驳运

预制构件的场内运输应符合下列规定：

（1）应根据构件尺寸及重量选择运输车辆，装卸及运输过程应考虑车体平衡。

（2）运输过程应采取防止构件移动或倾覆的可靠固定措施。

（3）运输竖向薄壁构件时，宜设置临时支架。

（4）构件边角部及构件与捆绑、支撑接触处，宜采用柔性垫衬加以保护。

（5）预制柱、梁、叠合楼板、阳台板、楼梯、空调板等构件宜采用平放运输；预制墙板宜采用竖直立放运输。

（6）现场运输道路应平整，并应满足承载力要求。预制构件场内的竖放驳运与平放驳运，可根据构件形式和运输状况选用。各种构件的运输，可根据运输车辆和构件类型的尺寸，采用合理、最佳组合运输方法，提高运输效率和节约运输成本。

2. 预制构件运输准备

预制混凝土构件如果在存储、运输、吊装等环节发生损坏将会很难补修，既延误工期又造成经济损失。因此，大型预制混凝土构件的存储与物流组织非常重要。构件运输的准备工作主要包括：制定运输方案、设计并制作运输架、验算构件强度、清查构件及察看运输路线。

（1）制定运输方案：此环节需要根据运输构件实际情况，装卸车现场及运输道路的情况，施工单位或当地的起重机械和运输车辆的供应条件以及经济效益等因素综合考虑，最终选定运输方法、选择起重机械（装卸构件用）、运输车辆和运输路线。运输线路的制定应按照客户指定的地点及货物的规格和重量制定特定的路线，确保运输条件与实际情况相符。

（2）设计并制作运输架：根据构件的重量和外形尺寸设计制作运输架，且尽量考虑运输架的通用性。

（3）验算构件强度：对钢筋混凝土屋架和钢筋混凝土柱子等构件，根据运输方案所确定的条件，验算构件在最不利截面处的抗裂度，避免在运输中出现裂缝。如存在出现裂缝的可能性，应对构件进行加固处理。

（4）清查构件：清查构件的型号、质量和数量，有无加盖合格印和出厂合格证书等。

（5）察看运输路线：在运输前再次对路线进行勘查，对于沿途可能经过的桥梁、桥洞、电缆、车道的承载能力，通行高度、宽度、弯度和坡度，沿途上空有无障碍物等实地考察并记载，制定出最佳顺畅的路线。这需要实地现场的考察，如果凭经验和询问很有可能发生意料之外的事情，有时甚至需要交通部门的配合等，因此这点不容忽视。在制定方案时，注明需要注意的地方。如不能满足车辆顺利通行，应及时采取措施。此外，应注意沿途如果有横穿铁道，应查清火车通过道口的时间，以免发生交通事故。

运输路线的选择需要考虑以下几点：

① 运输车辆的进入及退出路线；

② 运输车辆须停放在指定地点，必须按指定路线行驶；

③ 运输应根据运输内容确定运输路线，事先得到各有关部门许可；

④ 运输应遵守有关交通法规及以下内容：

a. 出发前对车辆及箱体进行检查；

b. 驾照、送货单、安全帽的配备；

c. 根据运输计划严格按照运行路线行驶；

d. 严禁超速、避免急刹车；

e. 工地周边停车必须停放指定地点；

f. 工地及指定地点内车辆要熄火、刹车、固定防止溜车；

g. 遵守交通法规及工厂内其他规定。

3. 预制构件运输方式

（1）立式运输方案：在低盘平板车上放置专用运输架，墙板对称靠放或者插放在运输架上。对于内、外墙板和 PCF 板等竖向构件多采用立式运输方案。

（2）平层叠放运输方式：将预制构件平放在运输车上，往上叠放在一起运输。叠合板、阳台板、楼梯、装饰板等水平构件多采用平层叠放运输方式。

（3）对于一些小型构件和异型构件，多采用散装方式进行运输。

4. 装卸设备与运输车辆

（1）构件装卸设备

预制构件有大小之分，过大、过宽、过重的构件，采用多点起吊方式，选用横吊梁可分解、均衡吊车两点起点问题。单件构件吊具吊点设置在构件重心位置，可保证吊钩竖直受力和构件平稳。吊具应根据计算选用，取最大单体构件重量，即取最不利状况的荷载取值以便确保预埋件与吊具的安全使用。构件预埋吊点形式多样，有吊钩、吊环、可拆卸埋置式以及型钢等，吊点可按构件具体状况选用。

（2）构件运输车辆

重型、中型载货汽车，半挂车载物，高度从地面起不得超过 4m，载运集装箱的车辆不得超过 4.2m。构件竖放运输高度选用低平板车，可使构件上限高度低于限高高度。

为了防止运输时构件发生裂缝、破损和变形等，选择运输车辆和运输台架时要注意以下事项：

① 选择适合构件运输的运输车辆和运输台架；

② 装车和卸货时要小心谨慎；

③ 运输台架和车斗之间要放置缓冲材料，长距离运输时，需对构件进行包框处理，防止造成边角的缺损；

④ 运输过程中为了防止构件发生摇晃或移动，要用钢丝或夹具对构件进行充分固定。

（3）构件装车方式

横向装车时，要采取措施防止构件中途散落。竖向装车时，要事先确认所经路径的高度限制，确认不会出现问题。另外，还有采取措施防止运输过程中构件倒塌。

① 柱构件与储存时相同，采用横向装车方式或竖向装车方式；

② 梁构件通常采用横向装车方式，要采取措施防止运输过程中构件散落。要根据构件配筋决定台木的放置位置，防止构件运输过程中产生裂缝；

③ 墙和楼面板构件在运输时，一般采用竖向装车方式或横向装车方式。墙和楼面板构件采用横向装车方式时，要注意台木的位置，还要采取措施防止构件出现裂缝、

破损等现象；

④ 其他构件（楼梯、阳台和各种半预制构件等），因形状和配筋各不相同，所以要分别考虑不同的装车方式。运输时，要根据断面和配筋方式采取不同的措施防止出现裂缝等现象，并考虑搬运到现场之后的施工性能等。

第三节　装配式混凝土结构施工

一、预制构件吊装施工

预制混凝土构件卸货时一般堆放在可直接吊装的区域，这样不仅能降低机械使用费用，同时也减少预制混凝土构件在二次搬运过程中出现的破损情况。如果因为场地条件限制，无法一次性堆放到位，可根据现场实际情况，选择塔吊或汽车吊进行场地内二次搬运。

构件吊装前楼面准备工作的主要控制点：

（1）预制构件放置位置的混凝土面层需提前清理干净，不能存在颗粒状物质，否则将会影响构件间的连接性能。

（2）楼层混凝土浇筑前需要确认预埋件的位置和数量，避免因找不到预埋件无法支撑斜撑影响吊装进度、工期。

（3）测设楼面预制构件高程控制垫片，以此来控制预制构件标高。

（4）楼面预制构件外侧边缘预先粘贴止水泡棉条，用于封堵水平接缝外侧，为后续灌浆施工作业做准备。

1. 预制柱吊装

（1）施工流程

在对预制柱构件进行检查和编号确认后，矫正柱头的钢筋垂直度，并采取合适的施工方式进行施工，在施工过程中底部高程以铁片垫平并对斜撑固定座锁定。其次分别进行样板绘制柱头梁位线、水平运输吊耳切除、柱子起吊安装、斜撑固定与螺丝锁紧、柱头与汽车吊钩松绑工序后，起吊下一根柱子，在此过程中需要注意预制柱垂直度的调整。依次循环往复上述吊装过程，完成预制柱的吊装工作。预制柱施工流程图见图5-2。

（2）准备工作

在进行预制柱的吊装工作前，需要进行以下准备工作：

① 柱续接下层钢筋位置、高程复核，底部混凝土面确保清理干净，柱位置弹线；

② 吊装前对预制柱进行质量检查，尤其是主筋续接套筒质量检查及内部清理工作；

③ 吊装前应备妥安装所需的设备如斜撑、斜撑固定铁件、螺栓、柱底高程调整铁片、起吊工具、垂直度测定杆、铝或木梯等；

④ 确认柱头架梁位置是否已经进行标识，并放置柱头第一根箍筋；

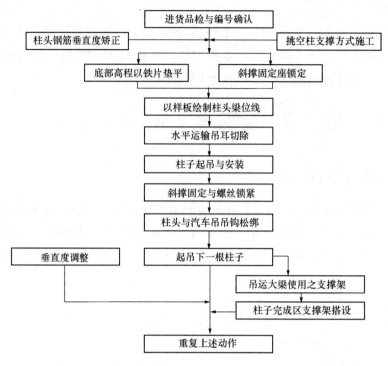

图 5-2　预制柱施工流程图

⑤ 安装方向、构件编号、水电预埋管、吊点与构件重量确认。

（3）柱垂直度调整

柱吊装到位后及时将斜撑固定在柱及楼板预埋件上，最少需要在柱子的三面设置斜撑，复核预制柱的垂直度，并通过可调节长度的斜撑调整垂直度，直至垂直度满足要求。

（4）柱底无收缩砂浆灌浆施工

① 材料质量控制

无收缩水泥进场时，每批需附原厂质量保证书以保证无收缩水泥质量。检查无收缩水泥是否仍在有效期间内，检查无收缩水泥期限是否在六个月内，六个月以上禁止使用。

水若取用没有疑虑的水源，如自来水等，则不需检测，如取用地下水或井水等则需作氯离子检验。

每批次灌浆前需要测试砂浆的流度，以流度仪标准流程执行，流度需于 $20\sim30\mathrm{cm}$ 之间（具体按照使用灌浆料要求），若超出允许范围则必须查明原因处理后，确定流度符合要求才能灌浆。

无收缩砂浆需作抗压强度试块，28 天试验值 85MPa 以上，试块为 $40\mathrm{mm}\times40\mathrm{mm}\times160\mathrm{mm}$ 立方体，需作 7 日及 28 日试验。

② 无收缩灌浆施工

灌浆前需用高压空气清理柱底部套筒及柱底杂物如泡绵、碎石、泥灰等，若用水清洁则需干燥后才能灌浆。

灌浆中遇到必须暂停的情况，此时采用循环回浆状态，即将灌浆管插入灌浆机注入口，休息时间以半小时为限。

搅拌器及搅拌桶禁止使用铝质材料，避免造成灌浆失败，每次搅拌时间需要搅拌均匀后再持续搅拌 2 分钟以上才可以。

③ 养护

灌浆无收缩后，灌浆强度未达到结构体强度时，严禁碰撞柱子或施工其上部的梁，其养护时间一般至少 12 小时。

④ 不合格处置

收缩灌浆只有满浆才合格，只要未满浆，一律拆掉柱子并清理干净恢复原状为止。

当灌浆过程中，出现了任何一支续接器无法出浆，则需于 30 分钟内排除出浆阻碍，若无法排除阻碍，则立即拉起柱子，并以高压冲洗机清理续接器内无收缩水泥，恢复干净状态，并查明无法出浆原因，确认可满浆灌浆，才能再次吊回灌浆。

2. 预制梁吊装

（1）施工流程

在对预制梁构件进行吊装的过程中，首先需要进行支撑架或钢管支撑架设，在对方向、编号、上层主筋进行确认之后进行起吊、安装。在进行一定的调整工序后，梁中央支撑架旋紧后，汽车吊钩松绑，进行次梁楼板支撑架的吊运，方可进行下一根主梁的吊装工作，在两侧的主梁安装后进行次梁的安装，最后在主梁与次梁接头处用砂浆填灌。依次循环往复上述吊装过程，完成预制梁的吊装工作。预制梁施工流程图见图 5-3。

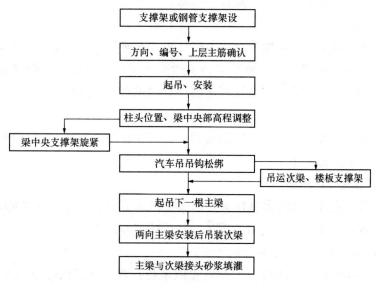

图 5-3　预制梁吊装流程图

（2）准备工作

① 支撑架是否备妥，顶部高程是否正确；

② 大梁钢筋、小梁接合剪力榫位置、方向、编号检查；

③ 若已知柱头高程误差超过容许值，安装前应于柱头粘贴软性垫片调整高差；

④ 若原设计四点起吊，应依设计起吊且须备妥工具；

⑤ 上层主筋若已知搭接错误，应于吊装前将钢筋更正。

（3）同一个支座的梁，梁底标高低的先吊；同时为了保证同一个支座的主梁吊装时主筋不冲突，X向主梁先吊，Y向后吊。有次梁的主梁起吊前应在安置次梁的剪力榫处标识出次梁架设位置；次梁通过牛担板架设在主梁的剪力榫内，接缝处使用结构砂浆灌注。

（4）主次梁吊装施工要领

① 主梁支撑架设

预制梁吊装前，在主梁位置下方需先架设好支撑脚手架，次梁位置下方需架设门式支撑架。预制主梁若两侧设有次梁则使用三组支撑架，若单侧设有次梁则使用一点五组支撑架，支撑架设置于梁中央部下方。次梁使用三支钢管支撑，钢管支撑间距为次梁长度均分。架设后注意预制梁顶部高程是否正确。支撑架一定要提前安装，可减少预制梁产生较大挠度可能性。

② 主次梁方向、编号、上层主筋确认

梁进货检测项目：进货时严重缺损或缺角、箍筋外保护层与梁箍直线度确认、主次梁剪力榫位置偏差确认、穿梁开孔确认、吊装前需作主梁钢筋、次梁接合剪力榫位置、方向、编号检测。

③ 主次梁剪力榫之次梁位置样板线绘制于主梁吊装前，须于次梁剪力榫之位置绘制次梁吊装基准线，做为次梁吊装定位的依据。

④ 主梁起吊安装

起吊前检查主梁钢筋、次梁接合剪力榫位置、方向和编号，检查柱头高程误差是否超过容许值。若柱头高程太低，则于吊装主梁前应于柱头置放铁片调整高差。若柱头高程太高，则于吊装主梁前应先凿除高出的柱头修正至设计高程。

⑤ 柱头位置、梁中央部高程调整

吊装后需派一组人调整支撑架架顶高程，使柱头位置、梁中央部高程一致及水平，确保灌浆后主次梁保持水平。

⑥ 两向主梁安装后吊装次梁

两向主梁吊装完成后才能吊装次梁，因此于吊装前须确认主梁吊装完毕，确保主梁上下部钢筋位置可以交错而不会吊错重吊，然后才安装次梁。

⑦ 主梁与次梁接头砂浆填灌

主次梁吊装完成后，于次梁剪力榫处先以木板封模，然后以抗压强度达35MPa的结构砂浆灌浆填缝，待砂浆凝固后，再行拆模。

3. 预制剪力墙板吊装

（1）施工流程

在对预制剪力墙板构件进行检查和编号确认后，矫正剪力墙钢筋垂直度，清理检查注浆孔，在施工过程中底部高程以铁片垫平并对斜撑固定座锁定。其次分别进行安装墙板上斜撑端座、起吊与安装、斜撑固定与螺丝锁紧、塔吊吊钩松钩工序后，起吊下一块剪力墙，在重复准备工作后，进行钢筋绑扎支模和对整理的垂直度进行调整过后。完成预制剪力墙的吊装工作。预制剪力墙施工流程图见图 5-4。

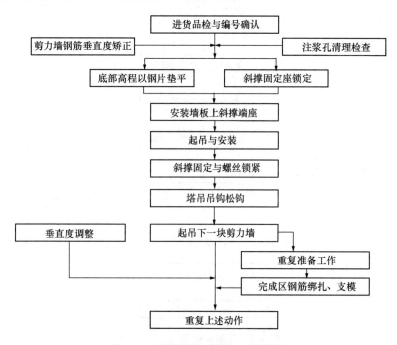

图 5-4 预制墙板吊装施工流程图

（2）准备工作

① 预制剪力墙续接下层钢筋位置、高程复核，底部混凝土面确保清理干净，预制剪力墙位置弹线。

② 检查预制剪力墙质量，尤其是注浆孔质量检查及内部清理工作。

③ 备妥安装所需的设备，如斜撑、斜撑固定铁件、螺栓、预制剪力墙底高程调整铁片、起吊工具、防风型垂直尺、放滑梯等。

（3）预制剪力墙垂直度调整

剪力墙吊装到位后及时将斜撑固定在墙板及楼板预埋件上，然后对剪力墙的垂直度进行复核，同时通过可调节长度的斜撑调整剪力墙的垂直度，直至垂直度满足要求。

（4）剪力墙底无收缩砂浆灌浆施工

同预制柱吊装无收缩砂浆灌浆施工工艺。

4. 预制外挂墙板吊装

（1）施工流程

在对预制外挂墙板构件进行吊装的过程中，首先需要对下层结构及楼板面标高复测，对下层预埋连接铁件复测后进行墙板的起吊、安装工作，在安装临时承重铁件及斜撑后安装永久连接件。在对进出位置及垂直度调整、板缝间防水施工后，方可对汽车吊吊钩松绑，在安装剩余墙板后，对现浇接头进行施工。预制外挂墙板施工流程图见图5-5。

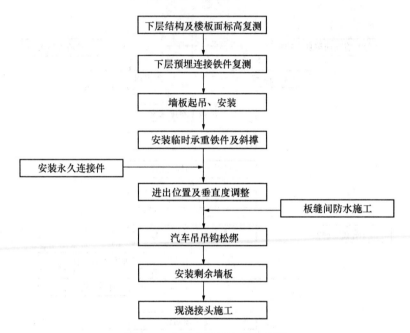

图 5-5　外围护体系安装流程图

（2）准备工作

① 吊装前需对下层的预埋件进行一次位置及标高复核。

② 吊装前应准备好临时承重铁件及调整斜撑。

③ 吊装前应准备好板缝间防水材料。

（3）临时承重件：墙板吊装就位后在调整好位置和垂直度前，需要通过临时承重铁件进行临时支撑，铁件同时还起到控制板片安装标高的作用。

（4）墙板永久连接：预制外墙板通过预埋铁件与下部板块及结构连接起来，连接形式为焊接及螺栓连接。

5. 预制叠合楼板吊装

（1）预制叠合楼板工程施工要领

① 预制叠合楼板安装应控制水平标高，可采用找平软座浆或粘贴软性垫片进行安装；

② 预制叠合楼板安装时，应按设计图纸要求根据水电预埋管位置进行安装；

③ 预制叠合楼板起吊时，吊点不应少于 4 点。

（2）预制叠合楼板安装应符合下列规定

① 预制叠合楼板安装应按设计要求设置临时支撑，并应控制相邻板缝的平整度；

② 施工集中荷载或受力较大部位应避开拼接位置；

③ 外伸预留钢筋伸入支座时，预留筋不得弯折；

④ 相邻叠合楼板间拼缝可采用干硬性防水砂浆塞缝，大于 30mm 的拼缝，应采用防水细石混凝土填实；

⑤ 后浇混凝土强度达到设计要求后，方可拆除支撑。

（3）使用预制楼板专业平衡的吊具能够更快速安全的将预制楼板吊装到相应位置。

6. 预制楼梯吊装

（1）准备工作

① 支撑架是否搭设完毕，顶部高程是否正确；

② 吊装前需要做好梁位线的弹线及验收工作。

（2）预制楼梯施工步骤

楼梯进场并对其进行编号，按各单元和楼层清点数量，搭设楼梯（板）支撑排架与搁置件，标定标高控制与楼梯位置线，按编号和吊装流程，逐块安装就位。在吊装就位后塔吊吊点脱钩，进行下一叠合板梯段安装，并循环重复以上工作流程在完成楼层浇捣混凝土工作后，通过测量确定混凝土强度达到设计、规范要求后，拆除支撑排架与搁置件。

（3）预制楼梯安装应符合下列规定：

① 预制楼梯采用预留锚固钢筋方式时，应先放置预制楼梯，再与现浇梁或板浇筑连接成整体；

② 预制楼梯与现浇梁或板之间采用预埋件焊接连接方式时，应先施工现浇梁或板，再搁置预制楼梯进行焊接连接；

③ 框架结构预制楼梯吊点可设置在预制楼梯板侧面，剪力墙结构预制楼梯吊点可设置在预制楼梯板面；

④ 预制楼梯安装时，上下预制楼梯应保持通直。

7. 其他预制构件吊装

（1）预制阳台板安装应符合下列规定：

① 悬挑阳台板安装前应设置防倾覆支撑架，支撑架应在结构楼层混凝土达到设计强度要求时，方可拆除支撑架；

② 悬挑阳台板施工荷载不得超过楼板的允许荷载值；

③ 预制阳台板预留锚固钢筋应伸入现浇结构内，并应与现浇混凝土结构连成整体；

④ 预制阳台与侧板采用灌浆连接方式时阳台预留钢筋应插入孔内后进行灌浆；

⑤ 灌浆预留孔的直径应大于插筋直径的 3 倍，并不应小于 60mm，预留孔壁应保持粗糙或设波纹管齿槽。

（2）预制空调板吊装应符合下列规定：

① 预制空调板安装时，板底应采用临时支撑措施。

② 预制空调板与现浇结构连接时，预留锚固钢筋应伸入现浇结构部分，并应与现浇结构连成整体。

③ 预制空调板采用插入式安装方式时，连接位置应设预埋连接件，并应与预制墙板的预埋连接件连接，空调板与墙板交接的四周防水槽口应嵌填防水密封胶。

二、装配式建筑纵向钢筋连接施工

1. 钢筋套筒灌浆连接施工

（1）基本概念

钢筋套筒灌浆连接，即在钢筋套筒中插入单根带肋钢筋并注入灌浆料拌合物，通过拌合物硬化形成整体并实现传力的钢筋对接连接。（摘自：《钢筋套筒灌浆连接应用技术规程》JGJ 355—2015）

其连接的机理是通过砂浆受到套筒的围束作用，加上砂浆本身达到强度后的握裹黏结力，增强了钢筋、砂浆、套筒的摩擦力，增强预制构件之间的连接。

（2）材料与设备

整个灌浆流程中所需要的设备材料主要有套筒续接器、无收缩灌浆材料、搅拌机、无收缩水泥灌浆机等。

采用钢筋套筒灌浆连接时，应按设计要求检查套筒中连接钢筋的位置长度，套筒灌浆施工尚应符合下列规定：

① 灌浆前应制订套筒灌浆操作的专项质量保证措施，灌浆操作全过程应有质量监控；

② 灌浆料应按配比要求计量灌浆材料和水的用量，经搅拌均匀后测定其流动度应满足设计要求；

③ 灌浆作业应采取压浆法从下口灌注，当浆料从上口流出时应及时封堵，持压 30s 后再封堵下口；

④ 灌浆作业应及时做好施工质量检查记录，每工作班制作一组试件；

⑤ 灌浆作业时应保证浆料在 48h 凝结硬化过程中连接部位温度不低于 10℃；

⑥ 灌浆料拌合物应在备制后 30min 内用完；

⑦ 关于钢筋机械式接头的种类请参照设计图纸施工；

⑧ 接头的设计应满足强度及变形性能的要求；

⑨ 接头连接件的屈服承载力和抗拉承载力的标准值应不小于被连接钢筋的屈服承载力和抗拉承载力标准值的 1.1 倍。

2. 钢筋浆锚搭接连接施工

钢筋浆锚搭接连接，即在预制混凝土构建中预留孔道，在孔道中插入需搭接的钢筋，并灌注水泥基灌浆料而实现的钢筋搭接连接方式。（摘自：《装配式混凝土结构技术规程》JGJ 1—2014）

钢筋浆锚连接技术意味着将拉结钢筋锚固在灌浆套筒、凹槽、节点等处，而不是直接浇筑并埋置在混凝土构件中，或是直接浇筑在现浇混凝土中，例如基础结构中。这就意味着在钢筋中的拉力必须通过剪力传递到灌浆料中，进一步再通过剪力传递到灌浆料和周围混凝土之间的界面中去。

连接钢筋采用浆锚搭接连接时，可在下层预制构件中设置竖向连接钢筋与上层预制构件内的连接钢筋通过浆锚搭接连接，纵向钢筋采用浆锚搭接连接时，对预留孔成孔工艺、孔道形状和长度、构造要求、灌浆料和被连钢筋，应进行力学性能以及适用性的实验验证。直径大于20mm的钢筋不宜采用浆锚搭接连接，直接承受动力荷载构件的纵向钢筋不应采用浆锚搭接连接。连接钢筋可在预制构件中通常设置，或在预制构件中可靠的锚固。

3. 其他节点连接方式施工

（1）直螺纹套筒连接

直螺纹套筒连接接头施工其工艺原理是将钢筋待连接部分剥肋后滚压成螺纹，利用连接套筒进行连接，使钢筋丝头与连接套筒连接为一体，从而实现了等强度连接。直螺纹套筒连接的种类主要有冷镦粗直螺纹、热镦粗直螺纹、直接滚压直螺纹、挤（碾）压肋滚压直螺纹。

（2）波纹管连接

波纹管连接，即在预制混凝土剪力墙中预埋金属波纹管形成孔道，在孔道中插入需搭接的钢筋，并灌注水泥基灌浆料而实现的钢筋搭接连接方式。

三、预制构件与后浇混凝土的结合

1. 基本要求

预制装配式混凝土结构中节点现浇连接是指在预制构件节点处通过钢筋绑扎或原有的预留钢筋，然后支模浇筑混凝土来达到预制构件连接的一种处理工艺。

按照设计体系的不同主要包括梁柱节点、叠合梁板节点、叠合阳台、空调板节点、湿式预制墙板节点等。

节点现浇连接构造必需要按图纸要求施工，才能具有足够的抗弯、抗剪、抗震性能才能保证结构的整体性以及安全性。所以要考虑如下几点：

（1）浇筑量小，所以要考虑铸模和构件的吸水影响，浇筑前要清扫浇筑部位，清除杂质，用水打湿模板和构件的结合部位，但模板内不应有积水。

（2）在浇筑过程中，为了使混凝土填充到每个角落，获得密实的混凝土，要进行充分夯实和轻轻敲打。但是，除非是用坚固铸模将构件紧密连接时，一般最好不使用振动机。

（3）为防止冻坏填充混凝土，要对混凝土进行保温养护。

（4）对清水混凝土工程及装饰混凝土工程，应使用能达到设计效果的模板。

（5）固定在模板上的预埋件、预留孔和预留洞均不得遗漏，且应安装牢固，其偏差应符合下表的规定。检查中心线位置时，应沿纵、横两个方向量测，并取其中的较大值。对预埋件的外露长度，只允许有正偏差，不允许有负偏差。

2. 节点现浇连接施工

（1）预制梁柱节点现浇连接

预制梁柱连接节点通常出现在框架体系中，预制柱混凝土部分设计到预制梁底部位，同时预制梁混凝土部分也设计到柱侧面，柱筋与梁筋在节点部位错开插入，在梁柱吊装完成后支模浇筑混凝土，通常该节点与楼面混凝土同时浇筑。

（2）叠合梁板节点现浇连接

叠合梁板也通常出现在框架体系中，预制梁的上层筋部分设计为现浇部分，箍筋预先浇筑在预制构件中，梁上层钢筋现场绑扎，梁侧边留设有 2.5cm 的空隙。预制板板厚通常为 8cm，侧边受力方向通常设置，该节点与楼面混凝土一起浇筑。

（3）叠合阳台、空调板

预制阳台、空调板通常为叠合设计，同叠合楼板通常为 8cm，板面预留有桁架筋，增加预制构件刚度，保证在储运、吊装过程中预制板不会断裂，同时可作为板上层钢筋的支架，板下层钢筋直接预制在板内。叠合阳台、空调板与楼面连接部位留有锚固钢筋，预制板吊装就位后预留钢筋锚固到楼板钢筋内，与楼面混凝土一次性浇筑。预制阳台、空调板设计时通常有降板处理，所以在楼面混凝土浇筑前需要做吊模处理。

（4）预制剪力墙间节点

预制剪力墙间节点部位通常采用现浇的节点连接方式，该节点外侧设置 PCF 板——通常为 7cm 厚的预制混凝土板做外模，节点内侧钢筋绑扎，立模现浇。

由于浇筑在结合部位的混凝土量较少，所以铸模的侧面压力较小，但在设计时要保证浇筑混凝土时，铸模不会移动或膨胀。为了防止水泥浆从预制构件面和模板的结合面溢出，铸模需要和构件连接紧密。铸模脱模之前要保证混凝土达到要求的强度。

（5）节点现浇连接施工注意事项

① 由于浇筑在结合部位的混凝土量较少，所以铸模时的侧面压力较小，但在设计时要保证浇筑混凝土时，铸模不会移动或膨胀；

② 为了防止水泥浆从预制构件面和模板的结合面溢出，铸模需要和构件连接紧密；

③ 铸模脱模之前要保证混凝土达到要求的强度；

④ 混凝土浇筑完毕后，应按施工技术方案及时采取有效的养护措施，并应符合下列规定：

a. 应在浇筑完毕后的 12h 以内对混凝土加以覆盖并保湿养护；

b. 混凝土浇水养护的时间：对采用硅酸盐水泥、普通硅酸盐水泥或矿渣硅酸盐水泥拌制的混凝土，不得少于 7d；对掺用缓凝型外加剂或有抗渗要求的混凝土，不得少于 14d；

c. 浇水次数应能保持混凝土处于湿润状态；混凝土养护用水应与拌制用水相同；

d. 采用塑料布覆盖养护的混凝土，其敞露的全部表面应覆盖严密，并应保持塑料布内有凝结水；

e. 混凝土强度达到 1.2N/mm² 前，不得在其上踩踏或安装模板及支架。

四、预制构件的成品保护

1. 基本要求

预制混凝土构件的成品保护主要包括：

（1）根据工程实际，合理安排施工顺序，防止后道工序影响或损坏前道工序的施工成果。

（2）根据产品特点，可分别对成品和半成品采取护，包，盖，封等具体措施。

（3）加强成品保护责任制度，加强对成品保护的巡查工作，发现问题及时处理。

2. 构件成品保护

依据预制构件成品保护要点要求，按照预制混凝土构件类别采取相应的预制构件成品保护措施。

（1）装配式混凝土结构施工完成后，竖向构件阳角、楼梯踏步口宜采用木条（板）包角保护。

（2）预制构件现场装配全过程中，宜对预制构件原有的门窗框、预埋件等产品进行保护，装配整体式混凝土结构质量验收前不得拆除或损坏。

（3）预制外墙板饰面砖、石材、涂刷等装饰材料表面可采用贴膜或用其他专业材料保护。

（4）预制楼梯饰面砖宜采用现场后贴施工，采用构件制作先贴法时应采用铺设木板或其他覆盖形式的成品保护措施。

（5）预制构件暴露在空气中的预埋铁件应涂抹防锈漆。

（6）预制构件的预埋螺栓孔应填塞海绵棒。

第四节 装配式建筑防水施工

一、建筑防水概论

1. 设计阶段

建筑物漏水原因中的50%是设计缺陷引起的，有必要建立一个观念，即"预防重于治疗"，建筑物的防水必须依靠良好的设计来预防，在此观念下，装配式建筑还应遵循导水优于堵水、排水优于防水的观念，以下分别依照建筑的三层防水部位加以说明：

（1）结构自防水

结构自防水指现浇混凝土、预制混凝土、ALC板、金属帷幕墙或其他单元构造体等，此为建筑防水的本体，必须致密没有裂缝，不会从结构构件产生裂缝，进而影响表面的防水及结合部位，此为建筑防水的根本，以"预防重于治疗"观点来看，结构自防水必须从结构及形状上着手，容易开裂部位比如窗角辅以抗剪钢筋，容易漏水部位比如屋顶女儿墙泛水墩座与结构体一体浇筑。

（2）表面防水

表面防水指在建筑构件上涂抹防水涂料或渗透防水剂或者贴附可防水的材料，如防水涂料或自黏防水卷材等，此类防水材料必须能紧密结合在躯体上且能有效抵抗气候或环境的伤害而且仍能保持良好的防水效果。一般面防水在抵抗变位撕裂的能力较弱，以"预防重于治疗"观点来看，首先必须依照接着或附着实验选择适宜的面防水材料确保良好结合，然后需检视厂商提供的防水材料性能检测报告是否能达到有效抵抗气候或环境的伤害的年限要求，必要时甚至必须送第三方检视关键性能才能决定面防水材料。

（3）线状防水

线防水指构件间的防裂分割缝或构件间的单元分割缝或不同结构构件间的分隔缝间的线性防水材料，一般线防水在抵抗变位撕裂的能力较强，可分为成型胶或非成型胶。成型胶比如伸缩缝橡胶条，非成型胶指的是施工完成一段时间才会凝固成型的材料，如单组份或双组份密封胶等材料。

2. 施工阶段

建筑物漏水原因的30%是施工存在质量问题，施工阶段需要依照不同施工部位的要求选择适合的防水材料，且不同防水材料不同施工顺序下的接着度不同，需审慎选择材料，施工时要严格依照材料要求施工，才能确保施工质量。

3. 保养维修阶段

保养维修阶段的缺陷约占引起漏水原因的20%，此阶段重点是要正确使用、保养清洗及保修。大楼建成后的外墙保养清洁宜选用中性的清洁剂，若为求快速清洗选择偏酸性或碱性的清洁剂，容易损坏或污染外墙室外填缝密封胶。在保养清洁中常使用的机具洗窗机，也需注意垂下的钢索不要破坏室外的填缝密封胶。

4. 预制外墙的防水理念

装配式建筑外墙防水的设计同样遵循导水优于堵水、排水优于防水的理念，在设计时就考虑可能有一定的水流会突破外侧防水层，通过设计合理的排水路径将这部分水引导到排水构造中，将其排出室外，避免其进一步渗透到室内。

此外利用水流受重力作用自然垂流的原理，设计时将墙板接缝设计成内高外低的企口形状，结合一定的减压空腔设计防止水流通过毛细作用倒爬进入室内，除了混凝土构造防水措施之外，使用橡胶止水带和多组分耐候防水胶完善整个预制墙板的防水体系才能真正做到滴水不漏。

5. 面防水材的选择与比较

见表 5-2。

面防水材料的选择与比较[4]　　　　　　　　　　　　　　　　表 5-2

面防水种类	弹性水泥防水材	热熔式防水毯	水性聚氨酯防水材	快速喷涂聚尿酯
组成成分	A 剂：压克力树脂乳液 B 剂：水泥及特殊添加剂	改质沥青内夹聚酯纤维	水性 PU 及乳化沥青改质而成	A 剂：聚尿酯树脂主剂 B 剂：硬化剂
绿建材认证	已有国内外（新加坡）之绿建材认证	无法通过	已有国内外（新加坡）之绿建材认证	申请中
化学性质	双液、水性、水泥基	毡状、油性	单液、水性	双液、油性
施工要求	潮湿面可施工素地不需非常平整	下雨及施工面含水量超过 8%，皆不可施工。施工面尽可能平整	潮湿面可施工素地不需非常平整	下雨不可施工 施工面尽可能平整
后续工程	涂膜后可直接粉刷水泥或喷附防水保护材	无法直接贴合瓷砖，需另行浇置 PC 后方可进行饰面作业。立面则完全不适合	涂膜后可直接粉刷水泥或喷附防水保护材	无法直接贴合瓷砖，需于表层洒布石英砂，则可展现极优之接着效果
接着能力	与水泥接着力强	与水泥接着能力差，施工须先涂膜底漆	与水泥接着能力优	与任何表面接着特优
平均单价	一底二度：44 元/m²	3mm th：52 元/m²	一底二度：46 元/m²	2mm th：180 元/m²

面防水种类	弹性水泥防水材	热熔式防水毯	水性聚氨酯防水材	快速喷涂聚尿酯
适用场所	屋顶、浴室、中庭。窗框、层缝、地下室外墙等（素地面可为潮湿面）	仅适用大面积及水平面。（素地面须为干燥面）	屋顶、浴室、中庭。窗框、层缝、地下室外墙等（素地面可为潮湿面）	屋顶、中庭，花台地下室外墙等（素地面可为潮湿面）

二、装配式建筑防水

1. 防水施工流程[4]

（1）置入 PE 泡棉深度控制，贴上美纹纸保护防止污染外饰面；

（2）涂上底剂：首先涂抹在适合被着体的部位上，然后注意 30 分钟后才可以灌注填缝剂，底剂一般可维持时间为 8 小时，超过 8 小时必须再涂布一次；

（3）搅拌：建议采用符合转速的电动搅拌机，不要采用手拌方式，首先以固定转速搅拌，搅拌时间至少 15 分钟以上，主剂与硬化剂配比按照厂牌说明比例拌和，不要私自改变比例搅拌；

（4）填缝剂装入灌注枪：缓缓压至桶内填缝剂内把填缝剂慢慢吸入枪膛内，注意不要将空气吸入；

（5）灌注：首先从接缝的交叉点开始充填，终止点避免交叉。要注意考虑适合枪嘴，灌注时使被着面能充分接受压力，枪嘴的角度必须能充填至接缝底部及正常施工速度；

（6）表面修饰：灌注后使用符合宽度深度要求的小工具将填缝胶平整的修饰；

（7）完成：待表面初凝后，将两侧保护的美纹纸撕除。

2. 防水施工重点[4]

（1）若预制构件内侧还需现浇，则室内侧要先封密封胶。

（2）接合铁件胶条中断处，需以密封胶全部填封。

（3）遇到内部十字接缝被柱梁阻隔无法施工，可从防水胶条外侧施工。

（4）断水：与其他接口的特殊地方需做断水，预制外墙板下方中断与金属帷幕连接，都需做断水。

3. 防水施工质量控制

（1）防水基层的干净原则：防水基层需干净无粉尘附着。

（2）防水基层的干燥原则：任何防水材料均须在防水基层有充分干燥的情况下施工。

（3）防水基层的平整原则：大部分的防水材要求在接着面平整的状况下施工。

（4）防水层施工前之底涂（底油）原则：为使防水层能与防水基层接着良好，除上述须保持干净、干燥、平整外，还应当于贴着防水层之前，涂刷与防水层同性质之底油，且保证二者接着良好。

（5）防水层之连续性原则：防水层须连续地铺设直至有规划性的收头部位为止，中途不可有中断，防水层与防水层之间须有一定的搭接，以确保没有漏洞。

（6）防水材料、适地、适用原则：不是任何一种防水涂料均可以从屋顶到地下，或适用于各种防水基层，应就不同部位、构造、材质，作出不同的选择。

（7）防水材的正确施作原则：各防水材料须遵守各厂牌之正确的施作原则。

（8）防水层的保护原则：防水层施工完了，均须作保护层。

（9）不能疏忽排水与断水。

 本章小结

本章通过对装配式建筑过程的以下部分进行了简要的介绍：混凝土预制构件制作、混凝土预制构件的储放和运输、装配式混凝土结构施工、装配式建筑防水施工。通过对以上四部分的介绍，将装配式建筑从预制构件的生产过程到施工过程中的相关概念以及所需要注意和准备的部分进行了整体性的阐述。明确了只有在装配式建筑结构施工技术创新和管理创新的系统集成下，才能更好的推动装配式建筑的发展，从而实现建筑业的转型升级。

参考文献

[1]　丁浩. 混凝土预制构件的质量控制要点[J]. 黑龙江科技信息，2009(21)：278.

[2]　吴翠莲，高远. 浅谈小型预制构件施工及外观质量控制技术[J]. 建材与装饰，2016(7)：48.

[3]　段景奎. 浅谈混凝土预制板的质量控制[J]. 山东水利，2011(4)：59-60.

[4]　尹衍樑，詹耀裕，黄绸辉. 台湾地区润泰预制建筑工法防水体系技术介绍[J]. 混凝土世界，2014(01)：40-47.

[5]　福建建工集团总公司、中建海峡有限公司、福建建超建设集团有限公司、润铸建筑工程（上海）有限公司. 装配式建筑培训教材. 2016 年 9 月.

第六章　装配式建筑管理

第一节　装配式建筑产业链管理

技术的进步是装配式建筑发展的基础与原动力。受装配式建筑发展带来的技术升级与专业分工改变影响，建筑产业链的构建与整合已是大势所趋。

建筑产业链描述的是建筑产品所涉及的利益相关者为了最终完成建筑产品销售和维护所经历的价值增加的活动过程，它涵盖了建筑从原材料生产、建造、维护到拆解再利用的寿命周期的所有过程。

一、传统建筑产业链与装配式建筑产业链对比分析

传统建筑产业链一般是以技术研发、规划设计、建筑安装、市场销售、物业管理、拆除与报废的各个相关企业为载体，以实现价值增值为目标的动态集合。产业链上各节点企业之间严重脱节，不能充分发挥企业耦合一体化的协同效应，产业链上企业的生产效率、技术水平和集成化程度都比较低，基本是劳动密集型、粗放式的发展[1]。建筑工程建设周期长，资源利用率不高，不能与环境协调共同发展。

装配式建筑产业链贯通建筑项目全寿命周期，甚至超越了全寿命周期，并以自身特点为依托，集成各相关企业的优势，有效衔接产业链各节点。秉承可持续发展和循环经济的理念，装配式建筑从技术研发、技术咨询、规划设计、工厂化生产、构件运输、构件吊装与现场施工、室内外装修、市场销售、物业管理、拆除及报废到最后的建筑垃圾资源化处理，各个阶段都坚持环保、节能、节地、节材、节水的"四节一环保"政策，构建一条"绿色"的装配式建筑产业链，如图 6-1 所示。其中，上游包括技术研发、技术咨询、规划与整体设计；中游包括构件部品工厂化生产、构件吊装与现场施工、室内外装修；下游包括市场销售、物业管理、拆除及报废、建筑垃圾资源化处理。

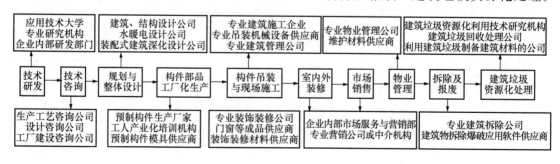

图 6-1　装配式建筑产业链[1]

产业链上中下游企业之间一体化发展，进行物质能量信息的循环交换，共同追求经济效益、环境效益、社会效益的最大化[1]。

传统建筑产业链与装配式建筑产业链的共通之处，在于产业链各个环节的上一节点是下一节点的投入，下一节点是上一节点的产出，并且产业链都含有技术研发、规划设计、市场销售、物业管理、拆除及报废等环节。装配式建筑产业链是传统建筑产业链的优化与扩展，二者的区别主要表现在以下几个方面。

1. 装配式建筑产业链追求"四节一环保"

传统建筑业的生产成本高、工期长、机械化程度低、手工操作频繁，其粗放式发展决定了产业链各节点企业单纯追求利益的最大化，忽略了与环境协调共同发展。而装配式建筑产业链追求可持续发展与资源的循环利用，每一节点都全面系统地考虑节能、节地、节水、节材和环保，追求一体化综合效益最优[1]。

2. 装配式建筑产业链纵向一体化程度更高

基于装配式建筑自身的特点，技术咨询、构件部品工厂化生产、构件吊装与现场施工、建筑垃圾资源化等环节延伸了其产业链。与传统建筑产业链相比，装配式建筑产业链纵向一体化程度更高，技术、信息、资金、管理等能够有效集成与整合，产业链内还有许多动态增值链[1]。

3. 装配式建筑产业链外延发展

装配式建筑产业链还存在若干外延链，各相关企业不再是单向性发展，而是延伸至各行各业，追求全产业链一体化[1]。

二、装配式建筑产业链特征分析

装配式建筑不仅仅是建筑构件的预制，是全产业链的协同设计、协同生产、协同装配、共同发展，做到设计标准化、构件部品化、施工机械化、管理信息化、运行智能化才能够做到效益的最大化，品质更佳，成本更低，工期更短，安全性更高，其中管理信息化贯穿于项目建设运维全过程（如图6-2所示）。

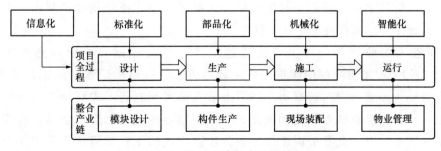

图 6-2 装配式建筑产业链特征

1. 设计标准化，要求设计标准化与多样化相结合，构配件设计要在标准化的基础上做到系列化、通用化；

2. 构件部品化，采用装配式结构，预先在工厂生产出各种构配件运到工地进行装配，各种构配件实行工厂预制、现场预制和工具式钢模板现浇相结合，发展构配件生产专业化、商品化，有计划有步骤地提高预制装配程度；建筑材料节约化，积极发展经济适用的新型材料，重视就地取材，利用工业废料，节约能源，降低费用；

3. 施工机械化，这是新型建筑工业化的核心，即实行机械化、半机械化和改良工具相结合，有计划有步骤地提高施工机械化水平；

4. 管理信息化，运用计算机信息化手段，从设计、生产到施工现场安装，全过程实行科学化组织管理，这是新型建筑工业化重要保证；

5. 运行智能化，通过集成的 BIM 技术和感知世界的物联网技术，动态监控建筑的运行状况，为用户提供智慧型的管理模式，这是工业化建筑得以持久健康运行的重要条件。

三、装配式建筑产业链整合的瓶颈与对策（以住宅为例）

1. 解决装配式建筑技术体系协调问题

装配式建筑技术体系协调，即在特定的建筑结构体系下，住宅主体结构、部品体系以及模数协调体系的建立，这三方面的技术问题是当前我国实现住宅产业现代化面临的基本技术问题，而部品体系和模数协调是目前产业链整合的难点所在。

加强建筑工业化基础技术和关键技术体系的研发，进而确定合理的技术支撑体系、建筑结构体系和部品体系，解决建筑技术体系协调问题。

（1）住宅建筑体系

住宅建筑体系是部品体系的载体，住宅建筑体系决定着结构主体和部品体系的类型，因而住宅产业链整合路径设计的首要任务是确定合适的建筑结构体系。选择住宅建筑体系应尽量考虑开放式并且通用性较强的体系，使设计方案满足业主多样化的需求层次，同时使跨体系的构件能够在一定范围内实现通用。

为了加强住宅产业链的整合趋势，采取标准化、系列化和通用化设计是专用体系转化为通用体系的重要前提，也是目前产业链整合的基本路径之一。在确定合适的建筑结构体系后，设计单位与预制构件生产厂即可确定住宅主体结构的预制构件工厂化生产方案，实现主体结构构件的标准化制造。

《福建省人民政府办公厅关于推进建筑产业现代化试点的指导意见（闽政办〔2015〕68 号）》要求推广应用建筑工业化建造方式，探索适应省情的建筑结构体系，明确试点目标，福州、厦门、漳州、三明市重点试点预制装配式混凝土结构体系和钢结构体系，宁德市重点试点钢结构体系，泉州市重点推进装饰装修部品部件设计、生产、施工一体化试点。全省采用建筑工业化建造方式的工程项目建筑面积每年不少于 100 万 m^2，初步形成建筑产业现代化的技术、标准和质量等体系框架。

（2）住宅部品体系

部品体系是大规模生产和个人定制的结合点，是解决住宅标准化大规模生产和业主需求多样性之间矛盾的重要途径。国办发〔1999〕72号转发建设部等部门《关于推进住宅产业现代化提高住宅质量的若干意见》指出住宅部品体系是住宅产业现代化的核心，因此装配式建筑产业链整合路径设计的核心在于推进通用部品体系的集成化，而部品集成化的前提是部品标准化、通用化。

目前，我国装配式建筑部品的标准化体系还没有完全建立，大多停留在企业级别的部品专业标准化体系上，缺乏更高级别的住宅部品行业标准和全国通用的住宅部品标准。

住建部住宅产业化促进中心根据住宅功能部位差异将住宅部品划分为七大类：结构部品体系、外围护部品体系、内装部品体系、厨卫部品体系、设备部品体系、智能化部品体系、小区配套部品体系。

福建省建筑产业现代化协会制定的《装配式建筑部品部件认证实施细则》规定的装配式建筑部品部件分为：结构体系部品部件（预制柱、梁、剪力墙、叠合楼板等）、围护结构部品部件（系统门窗、内外墙板、阳台板、空调板等）、整体式部品部件（整体式厨房、整体式卫生间、楼梯等）和市政工程部品部件（市政预制小型构件、预制综合管沟、预制T梁、预制空心板梁等）。

部品体系是住宅产业链整合初期实施标准化设计、生产与装配的重点，具有相同功能、加工工艺和不同尺寸特点的住宅部品应进行系列化和多样化设计与生产，同系列产品之间产品尺寸参数、性能指标应具有一定相似性，系列化的部品体系有助于实现住宅产品的多形性，也是住宅产业链部品体系实现整合的基本途径之一。此外，与传统住宅将不同使用年限的各类管线、门窗等部品与主体结构敷设在一起不同，工业化部品体系通过接口将部品结合在一起，所以部品接口是住宅部品集成化的关键，应根据部品接触界面性质（固定装配式、可拆装式等）合理确定接口方式，最大限度地发挥部品的功能。

（3）住宅建筑模数协调

建筑模数协调标准是协调住宅主体结构、部品体系以及二者之间在设计、生产和安装阶段实现尺寸和安装位置的方法与原则。在满足建筑功能和结构安全要求的前提下，确定建筑平立面的基本构成单元；遵循少规格、多组合的原则，实现建筑构配件的标准化与系列化[1]。统一的部品体系模数协调原则能够丰富住宅产业链的部品体系，因此对住宅主体结构和部品体系的模数协调问题是产业链整合路径设计的重要问题。

2014年3月1日起，我国开始实施《建筑模数协调标准》GB/T 50002—2013，以取代《住宅建筑模数协调标准》GB/T 50100—2001和《建筑模数协调标准》GB/T 50002—2013。在《建筑模数协调标准》GB/T 50002—2013总则第1.0.1款即指出了本标准的制定目的是"为推进房屋建筑工业化，实现建筑或部件的尺寸和安装未知的模数协调"，这一标准对于处理目前国内同时存在多个兼容性不足的企业级工业化建筑体系的局面来说具有重要意义，可作为下一步住宅产业链上部件协调整合的基础性规范文件。

以《建筑模数协调标准》GB/T 50002—2013 作为住宅建筑统一设计、生产和组装过程的基础，可以从以下途径促进住宅产业链的整合：①将住宅按照住建部七大部品体系进行尺寸分割，确定各个部件的尺寸和边界条件；②从产业链角度，在住宅建筑体系下，优先选取某种类型的标准化方式，实现标准化部件的种类数量达到优化；③按照模数协调的优先尺寸进行产业链上的模数化设计、部品采购、现场组装施工和后期维护，全面实现尺寸配合，保证住宅在功能、质量、技术和经济等方面得到优化，这里的模数协调既包括部件尺寸和安装位置各自体系内部的模数协调，也包括二者之间的模数协调。

住宅产业链的整合是一个渐进过程，模数协调标准在产业链上的应用也应遵循渐进原则，根据区域住宅产业链发育情况，可以首先选择在一个或者若干个已经发展成熟的、重要的或者影响面较大的功能部位优先运用模数协调标准，如结构部品体系、外围护部品体系和厨卫部品体系的市场化程度较高，可以作为优先进行模数协调的部品体系，先期运用部位应留出后期安装的模数化空间。对于较重要的部件和分部件，如门窗等，应优先推行规格化、通用化，以此为基础实现模数协调，其他部位、部件和分部件可待条件成熟后再予推行模数化工作。内装部品体系、设备部品体系、智能化部品体系可后期应用模数协调标准，但应服从先期应用模数协调标准的部品体系的边界条件。另外，对于标准中未明确具体模数化标准的部件或部位，应以该标准为基础制定各功能部位的分项标准，如厨房、卫生间、隔墙、楼梯等专项模数协调标准，从而形成各部件的尺寸和安装协调关系。

《福建省人民政府办公厅关于推进建筑产业现代化试点的指导意见（闽政办〔2015〕68号）》要求明确建筑工业化建造方式的基本要求，推进部品部件标准化、模数化、通用化研究，建立部品部件认证制度，总结建筑产业现代化试点管理经验，探索、建立部品部件生产、施工质量和现场安全监督管理机制。2016年7月，福建省建筑产业现代化协会制定的《装配式建筑部品部件认证实施细则》就企业申请装配式建筑部品部件认证的基本条件、认证程序、审查要求、证书和标志、委托检测程序、监督检查等提出了明确的要求，并要求加强对装配式建筑工程建设的管理，鼓励企业开发生产符合建筑产业现代化的建筑部品部件，推动部品部件的设计标准化、生产工厂化、施工装配化、装修一体化、管理信息化，保障部品部件和装配式建筑的质量和安全。

2. 产业链整合系统优化配置的合理方案

产业链系统优化配置主要包括住宅产业链结构优化、产业链布局、建筑信息协同等内容。

（1）装配式住宅的设计

建筑工业化初期的产业链整合路径的重点为装配式住宅总体建筑设计方案的优化，具体来说，即通过系统性地研究各种不同类型的建筑方案，在产业链整合的基础上，综合归纳出有助于实现设计方案最优化的建筑参数、定型构件以及构件节点的做法等，同时结合现有的部品体系，选择合理的通用构配件和模板系列，作为优化住宅主体结构和各类部品体系结合的基础。

预制构件或部品的设计，目前尚缺乏有效的行业资质管理，导致设计单位与预制构件生产厂家在构件设计方面缺乏合理的分工与协调基础，构件生产厂家通常需要对设计单位出具的图纸进行二次深化设计，降低了预制构件设计和生产的效率，对装配式产业链整合协同产生不利影响，因此，优化二者的预制构件设计和生产方案，是住宅产业链设计管理整合的重点。

（2）装配式住宅预制构件的生产

产业链整合的重点主要是预制构件生产厂的选址布局、构件生产和运输方案的优化、预制构件大规模定制化生产等。其中预制构件的大规模定制化生产涉及的内容包括：构件生产方案的优化、产业链上游与设计单位之间的构件设计方案协调优化、产业链下游对预制构件的定制化需求与规模生产要求之间的协调。此外，对个性化要求较高、小批量生产的预制构件供应订单，还应通过产量与成本的敏感性分析等手段，合理确定最低订单生产量，将生产成本超支风险控制在合理范围内。

（3）装配式住宅的施工

装配式住宅的施工从传统的现场湿作业生产方式改变为工业化预制装配方式，这种生产方式的变革带来现场预制构件组装的施工机械的改进、现场构件施工质量以及安装质量检查验收程序等方面的改变。因此，如何分配有限的施工资源、合理安排施工方案就成为住宅建设项目成败的重要因素。

（4）装配式住宅的信息管理

除对装配式住宅产业链各个环节进行路径优化以外，还应加强对产业链信息流的管理和优化。与传统住宅建造模式不同，装配式住宅的建造模式更便于对产业链信息进行收集、管理和优化。构成住宅成品的七大部品体系均产生大量的信息流，包括设计、生产、现场安装和运营期维护等阶段的信息流，对住宅建造不同阶段信息流的管理，能够最大程度地减少信息损失和失真现象，提高住宅建造全过程、全产业链的管理效率和水平，因此，应注意住宅产业链整体的信息流控制，以 BIM、RFID 等技术为信息载体，建立预制构件以及部品全寿命周期的信息管理系统，实现装配式建筑产业链信息的实时管理。

3. 有效协调产业链上各个利益相关者之间的利益分配

在装配式建筑发展初期，工业化技术体系方面的知识产权往往成为产业链上整合企业之间的博弈对象。从我国装配式住宅发展的实践看，常见的产业链主体组织关系模式包括以房地产开发企业为核心、以建筑施工企业为核心、以大型建材生产企业为核心和以设备生产企业为核心等多种。在这些产业链基本组织模式的基础上发生的企业联合、兼并或重组成为了住宅产业链整合的基本方式。下面结合我国现阶段装配式住宅发展的实践来分析产业联盟之间的工业化技术知识创新与知识产权分配问题。

我国建筑业企业长期以来技术研发投入不足的问题使企业很难在短期内完成技术体

系创新与应用，技术创新能力较强的建筑研究院与大学等科研院所受自身所处产业链角色限制，缺乏有效的技术应用平台。国家住宅产业化基地是为了完成建筑工业化技术体系的创新与知识积累，万科等多个主要的国家住宅产业化基地企业联合成立的"国家住宅产业化技术创新联盟"则是一个以住宅产业化集成技术的研发、推广与合作为主要任务的技术创新组织。从组织的知识属性看，该组织以联合研发工业化技术、交流与分享互补性技术知识为主要目标，属于工业化住宅产业链知识联盟。该联盟和我国现阶段以国家住宅产业化基地为载体的企业间知识创新平台，共同成为住宅产业链主要的知识分享和创新载体，这种组织模式实际上属于一种以知识为核心的战略联盟组织形式，即知识联盟。知识联盟是解决当前建筑业企业与科研院所之间知识创新与应用的重要途径之一。住宅产业链整合的路径分析的主要目的是优化这种产业链联盟伙伴之间的知识合作关系。

组建住宅产业链知识联盟需解决几个主要的问题，除了联盟成员技术知识溢出与协同、伙伴成员选择、成员信任关系构建等基本问题外，考虑到我国住宅建设行业在以联盟形式进行建筑工业化技术知识研发创新与应用方面的实践，技术创新成果的知识产权是关系到知识联盟运行效果与产业链知识整合成败的关键要素之一，尤其是国家住宅产业化技术创新联盟这类组织的参与主体来自多方，并且合作的内容涉及装配式建筑建造的多个技术层面，住宅产业链核心成员在合作时必然面临着技术创新的知识产权博弈问题。

四、装配式建筑产业链整合的路径

1. 基于建筑标准化的装配式建筑产业链整合路径

装配式建筑产业链的优势在于预制构件和部品的工厂式批量化生产，即经由建筑构件生产专业化水平提高而获得规模经济，而构件大批量生产的前提在于建筑标准化的实施。目前，我国建筑产业化实践普遍面临着建筑标准化问题，主要表现在缺乏统一的标准化来规范构件和部品的设计与生产[2]。

（1）形成统一的工业化装配体系下的设计标准

现有的建筑设计规范和标准中关于预制构件结构设计的条文较少。必须尽快制定统一的装配式建筑设计规范以及与之配套的设计软件以及建筑标准设计图集，从而有效促进预制装配结构体系的发展以满足部品集成化的要求。

（2）形成统一的预制装配体系下的工程定额与清单计价规范

按照我国现行的《建设工程工程量清单计价规范》GB 50500—2013 下的构件价格的取费标准，预制构件的出厂价按照工料直接费计价，外加机械施工费、间接费和一些其他直接费，这种价格构成与实际生产工艺过程存在脱节现象，不利于构件生产企业的生产管理。装配式建筑由大量预制构件构成，施工方式的改变引起分部分项工程措施费计取发生相应改变[2]。《关于建筑业营业税改增值税调整装配式建筑工程计价依据的实施意见（闽建办筑［2016］17号）》针对营改增后福建省装配式建筑工程的工程造价组成内容、计算程序和计价办法、取费标准的调整等提出具体的实施意见。

（3）形成统一的预制装配体系下的质量验收标准

现有标准《混凝土结构工程施工质量验收规范》GB 50204—2015 对装配式结构施工质量验收做出了部分规定。《混凝土结构工程施工规范》GB 50666—2011 施工规范第9章的技术规定既考虑了传统装配式结构的施工控制水平，也考虑了新型装配式住宅的高质量要求，可广泛适用于装配式结构的施工全过程[3]。目前我国还缺乏对预制构件质量验收以及安装质量验收的标准，因此，为了促进装配式建筑产业链整合，制定工业化体制下的构件验收标准是提高建筑工业化水平的重要措施。

综合以上分析，基于装配式建筑产业链整合路径应重点解决以上标准化问题，尽快形成有助于全产业链高效运作的规范性标准体系。在具体操作层面，应在行业协会与政府建设主管部门的推动下，尽快出台统一的预制装配体系下的建筑设计标准、施工质量验收标准以及工程定额和计价规范，以便于统一建筑参数、构件容许误差标准和功能标准。在这一前提下，应建立并推广标准化构件目录，实行以通用体系为主、专用体系为辅的建筑构件标准化途径，充分利用通用体系的构件定型标准化的特点，提高预制构件的通用性。在预制构件的通用性方面，可根据部品的使用年限和权属实行标准化接口，主要包括住宅部品与公共管网系统连接、住宅部品与配管连接、配管与主管网连接以及部品之间连接部位的接口标准化。

部品标准化的具体实现途径有：

第一，部品本身实现标准集成化的成套供应，多种类型的小部品通过不同的排列组合以增加大部品的自由度和多样性，如整体厨房和整体卫浴两大部品体系即是通过小部品不同的排列组合以满足房地产开发商多样化的需求。

第二，部品之间的组合形式主要是工业化生产的装配式，装配式建筑部品的标准化组装应重点解决部品接口标准化问题。从济南市住宅产业化发展中心的实践来看，部品接口标准化的途径有：

1）各类接口应按照统一、协调的标准设计，做到位置固定、链接合理；

2）接口尺寸应符合模数协调要求，与整个系统配套、协调；

3）住宅套内给水、中水、排水、燃气、强电、弱电管线系统、内隔墙系统、储藏收纳系统、架空系统之间的连接应采用标准化接口，并且各类管道外壁应标识以示区分。

第三，对于标准化部品的连接，应根据部品使用年限和权属的不同进行分类，相应部品之间的连接和构造应实现以下要求：

1）应以耐用年限较短部品的维修、更换不破坏耐用年限较长部品为原则；

2）应以住户专用部品的维修、更换不影响共用住户为原则，并且住宅建筑套内共用部品的设置不宜占用住户专用空间；

3）应以住户专用部品的维修、更换不影响其他住户为原则。

2. 基于信息化平台协同的装配式建筑产业链整合路径

装配式建筑区别于传统现浇混凝土结构建筑的特点之一就是在建筑全寿命周期内存

在大量可追溯的建筑信息流，而对这些信息的有效管理是优化住宅产业链资源配置的基础。

目前，我国装配式建筑产业链仍处于发展初期，存在设计单位、施工企业、开发商、预制构件生产商等多个产业链主体之间信息共享和主体协同作业程度低等问题，严重制约着装配式建筑项目全寿命周期内的生产效率与质量，不利于建设行业生产力的持续提升。因此，如何提升产业链多主体之间的协同作业水平成为现阶段装配式建筑产业链整合亟须解决的重要问题[2]。

信息化为解决这些问题并促进装配式建筑产业链整合提供了一条重要路径。信息化是建筑业的未来发展趋势之一，我国政府在《国民经济和社会发展第十二个五年规划纲要》和《建筑业发展"十二五"规划》均明确提出将信息化作为"十二五"期间建筑业的重点发展领域。《2011～2015年建筑业信息化发展纲要》将"加快建筑信息模型、基于网络的协同工作等新技术在工程中的应用"作为"十二五"期间建筑业信息化的总体发展目标之一，并把"BIM、协同设计、无线射频、虚拟现实"等信息化技术作为改进传统建筑生产与管理模式、提升企业生产效率和管理水平的重要方式。以BIM为代表的建筑信息化技术能够加强装配式建筑产业链整合不同参与主体间的协同水平，为项目从策划到拆解的全寿命周期内的决策提供可靠依据。

与装配式建筑相同，BIM在我国也是处于初步发展和应用阶段，对装配式建筑与BIM的交叉应用和研究较少，建筑设计单位和房地产开发商尝试将BIM应用于装配式建筑的设计和施工过程的探索性实践较少。真正运用于装配式建筑信息化数据传递技术的项目还不多，数据传递水准仍停留在碰撞检测和施工初步模拟等比较基础的施工前图纸检测的应用层次，远远未发挥出其真正全寿命周期的应用价值。

与传统建设模式相比，装配式建筑项目建设周期短、信息交叉多、协调难度大，参与者涉及众多专业和部门，其寿命周期包括了从前期策划、设计、工厂生产、现场装配、运营维护和拆解再利用等多个阶段，如何通过实现建设项目全寿命周期和全产业链的信息协作，有效地协调产业链不同参与者之间的信息和利益关系，精确掌握施工进程，以缩短工期，降低成本，提高质量，既是当前建设行业急需解决的现实问题，也是装配式建筑产业链整合实施过程中必须解决的关键问题。

BIM等信息化技术对装配式建筑产业链的整合，不仅仅局限于产品子链整合中的信息整合，更重要的是，产业链上的各个行为主体可以把BIM作为信息载体，以该载体为基础促进项目各方的利益平衡，以促进质量、安全、进度为基础不断加强产业链纵向管理流程整合。结合建筑工业化的基本特点和BIM的使用特征，提出以下三种基于BIM的住宅产业链整合实现路径。

（1）基于BIM的装配式建筑产业链全寿命周期过程协同路径

过程协同是装配式建筑产业链多方主体实施目标协同的载体，其基础是信息协同。首先，在建筑信息模型中建立项目建设过程与相应信息的联系，确定过程信息协同的双向或多向信息传导与反馈方式。然后建立基于BIM的装配式建筑全寿命周期过程协同的总体模型，对工程项目的全寿命周期及各个过程进行建模，分析不同产业链组织形式下的全寿命周期内各主体的相互交互、协调适应关系，消除项目过程中的各种非增值过程，使项目过程总体达到最优。

（2）基于 BIM 的装配式建筑产业链多主体目标协同路径

装配式建筑项目的进度、成本、质量和资源多目标协同是 BIM 在产业链整合中应用的重要内容。按照进度、成本、质量和资源子系统协同的信息要求，明确实现上述子系统所需的建设项目全寿命周期的信息流及参与主体，根据以上目标提出相应的"信息—参与主体—目标"协调模型，建立基于 BIM 的单目标多方协同机制。考虑到多个单目标之间的耦合关系，可以采用多目标优化的方法来实现项目目标系统协同度的提升，对住宅项目多目标协调度进行优化，从而实现装配式建筑产业链多主体的目标协同。

（3）基于 BIM 和 RFID 的装配式建筑产业链多主体项目协同路径

BIM 和 RFID 在信息采集管理方面优势互补，建立基于 BIM 和 RFID 的信息管理模型有利于装配式建筑项目的全寿命周期管理。以 WEB 技术和移动信息处理技术为实施载体，根据产业链参与主体和项目管理业务流程的关系，建立基于 BIM 和 RFID 的装配式建筑项目多方协同实施过程模型，实现"业务——信息——参与主体"之间"信息采集——信息处理——信息应用"的全面整合，为实现住宅全寿命周期内的多主体、多阶段实时协同提供现实基础[2]。

第二节　装配式建筑项目组织模式

装配式建筑的发展，必然带来生产组织与管理体系上的变革。如果这种变革尚未发生，或不能适应技术的进步，则可能阻碍产业的发展。

一、设计与施工相分离的生产组织模式难以适应装配式建筑的建造特点

从目前国内的发展来看，装配式建筑的发展并没有形成应有的规模，不仅仅是技术层面上的欠缺，项目的组织与管理方面亦有诸多欠缺，传统的设计、施工相互割裂、各自为政的建设模式，设计、施工企业只对各自承担的设计、施工部分负责，缺乏对项目整体实施的考虑，两者之间衔接缺乏协调，对实施中出现的问题往往互相推诿，责任不清，影响了工程质量、安全、工期和造价。

设计与施工脱节，与施工协调工作量大，管理成本高，责任主体多、权责不够明晰，造成工期拖延、造价突破等问题。多数建筑设计者、结构工程师只通过图纸与施工现场发生联系，极少有设计者直接参与现场施工过程的具体指导。另外，在尚未进行招标确定施工企业的建筑设计阶段，设计师只能够按照一般建筑最普遍施工模式来进行设计，以保证其建筑物的可实现性。因此多数设计师不能考虑施工中具体的生产组织方式，正是由于这种现实的障碍，才导致现浇结构成为目前建筑结构体系的主流。

装配式建筑更需要高质量的设计工作，设计必须在构件生产之前完成，生产开始后

出现的设计缺陷，需要付出更高的经济成本和更多的时间再次修复。装配式建筑的设计综合性较强，除需要建筑、结构、给排水、暖通、电气等各专业的互相协作外，尚需考虑预制构件生产、运输及现场施工等各方的操作需要[4]。因此，对项目的整体规划是必不可少的，这种规划需要在结构设计、构件生产和施工等过程适当地合并。完成概念方案设计（或方案设计）之后的施工图设计，有必要综合考虑施工中具体的生产组织方式，根据其供应商所提供的标准化构件来"拼装"建筑，从而实现建筑物的预制拼装化与生产工业化。

二、工程总承包模式能够实现设计施工的深度融合和统一管理

工程总承包是指从事工程总承包的企业按照与建设单位签订的合同，对工程项目的设计、采购、施工等实行全过程的承包，并对工程的质量、安全、工期和造价等全面负责的承包方式。工程总承包一般采用设计—采购—施工总承包（EPC）或者设计—施工总承包模式（DB）。

与设计施工分别发包的传统工程建设模式相比，工程总承包模式具有更加明显的优势，尤其适合装配式建筑的生产方式。工程总承包项目在设计阶段充分考虑构件生产、运输和现场装配施工的可行性，开展深化设计和优化设计（装配式建筑的设计流程如图 6-3 所示），能够有效节约投资。工程总承包模式还有可能实现设计和施工的合理交叉，缩短建设工期；能够发挥责任主体单一的优势，由工程总承包企业对质量、安全、工期、造价全面负责，明晰责任；有利于发挥工程总承包企业的技术和管理优势，实

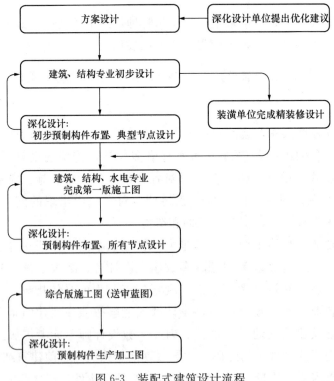

图 6-3 装配式建筑设计流程

现设计、采购、施工等各阶段工作的深度融合和资源的高效配置，提高工程建设水平。

对于一般工程的建设管理，工程总承包模式是一种非强制性的发展方向，但对于装配式建筑而言，工程总承包模式是一种必然性的选择。只有实现设计施工一体化，才能在各种现实的标准化的构配件、工艺流程与预期建筑物之间建立必然性的构建关系。2016年，住房和城乡建设部出台了建市［2016］93号文《关于进一步推进工程总承包发展的若干意见》（以下简称《若干意见》）明确，装配式建筑应当积极采用工程总承包模式。

三、工程总承包组织实施

业主与工程总承包商签定工程总承包合同，把建设项目的设计、采购、施工和调试服务工作全部委托给工程总承包商负责组织实施，业主只负责整体的、原则的、目标的管理和控制。

1. 工程总承包发包

根据《若干意见》，建设单位可以根据项目特点，在可行性研究、方案设计或者初步设计完成后，按照确定的建设规模、建设标准、投资限额、工程质量和进度要求等进行工程总承包项目发包。招标需求"细化建设规模"和"细化建设标准"。细化建设规模：房屋建筑工程包括地上建筑面积、地下建筑面积、层高、户型及户数、开间大小与比例、停车位数量或比例等；市政工程包括道路宽度、河道宽度、污水处理能力等。细化建设标准：房屋建筑工程包括天、地、墙各种装饰面材的材质种类、规格和品牌档次，机电系统包含的类别、机电设备材料的主要参数、指标和品牌档次，各区域末端设施的密度，家具配置数量和标准，以及室外工程、园林绿化的标准；市政工程包括各种结构层、面层的构造方式、材质、厚度等。

业主招标时应确定合理的投标截止时间，确保投标人有足够时间对招标文件进行仔细研究、核查招标人需求、进行必要的深化设计、风险评估和估算。

2. 工程总承包企业及项目经理的基本条件

根据《若干意见》，建设单位可以依法采用招标或者直接发包的方式选择工程总承包企业。工程总承包企业应当具有与工程规模相适应的工程设计资质或者施工资质，相应的财务、风险承担能力，同时具有相应的组织机构、项目管理体系、项目管理专业人员和工程业绩。工程总承包项目经理应当取得工程建设类注册执业资格或者高级专业技术职称，担任过工程总承包项目经理、设计项目负责人或者施工项目经理，熟悉工程建设相关法律法规和标准，同时具有相应工程业绩。

3. 工程总承包企业的选择

根据《若干意见》，工程总承包评标可以采用综合评估法，评审的主要因素包括工程总承包报价、项目管理组织方案、设计方案、设备采购方案、施工计划、工程业绩等。工程总承包项目可以采用总价合同或者成本加酬金合同，合同价格应当在充分竞争的基础上合理确定，合同的制订可以参照住房城乡建设部、工商总局联合印发的建设项目工程总承包合同示范文本。

EPC工程总承包定标主要标准包括：认定投标人的工程总承包管理能力与履约能力；投标人是否进行一定程度的设计深化，深化的设计是否符合招标需求的规定；考核投标报价是否合理。

传统招标模式由招标人提供设计图纸和工程量清单，投标人按规定进行应标和报价，而EPC工程总承包招标时只提供概念设计（或方案设计）、建设规模和建设标准，不提供工程量清单，投标人需自行编制用于报价的清单。选择总承包企业需要考核投标人是否编制了较为详细的估算工程量清单，估算工程量清单与其深化的设计方案是否相匹配，投标单价是否合理。

4. 明晰转包和违法分包界限

《若干意见》对转包和违法分包进行了界定。《若干意见》明确，工程总承包企业可以在其资质证书许可的工程项目范围内自行实施设计和施工，也可以根据合同约定或者经建设单位同意，直接将工程项目的设计或者施工业务择优分包给具有相应资质的企业。同时，工程总承包企业应当加强对分包的管理，不得将工程总承包项目转包，也不得将工程总承包项目中设计和施工业务一并或者分别分包给其他单位。工程总承包企业自行实施设计的，不得将工程总承包项目工程主体部分的设计业务分包给其他单位。工程总承包企业自行实施施工的，不得将工程总承包项目工程主体结构的施工业务分包给其他单位。

5. 工程总承包企业全面负责项目质量和安全

《若干意见》明确了工程总承包企业的义务和责任：工程总承包企业对工程总承包项目的质量和安全全面负责。工程总承包企业按照合同约定对建设单位负责，分包企业按照分包合同的约定对工程总承包企业负责。工程分包不能免除工程总承包企业的合同义务和法律责任，工程总承包企业和分包企业就分包工程对建设单位承担连带责任。

6. 工程总承包项目的监管手续

《若干意见》要求，按照法规规定进行施工图设计文件审查的工程总承包项目，可以根据实际情况按照单体工程进行施工图设计文件审查。住房城乡建设主管部门可以根据工程总承包合同及分包合同确定的设计、施工企业，依法办理建设工程质量、安全监督和施工许可等相关手续。相关许可和备案表格，以及需要工程总承包企业签署意见的相关工程管理技术文件，应当增加工程总承包企业、工程总承包项目经理等栏目。

工程总承包企业自行实施工程总承包项目施工的，应当依法取得安全生产许可证；

将工程总承包项目中的施工业务依法分包给具有相应资质的施工企业完成的，施工企业应当依法取得安全生产许可证。工程总承包企业应当组织分包企业配合建设单位完成工程竣工验收，签署工程质量保修书。

四、装配式建筑协同建设系统

1. 协同建设系统产生的背景

传统的建设项目建设是由单一的企业来完成的，为了承担大型建设项目、承担工艺构成复杂的项目，施工企业需要不断地扩大规模，扩充专业，这使得施工企业如果采用新技术、新工艺或实现建筑工业化的生产方式，就必须在企业内部组建专业的部门，形成类似于纵向一体化的企业集团。但随之的问题也会产生：一方面，专业成立的部门难以仅仅基于企业内的需求形成规模经济，从而降低成本；另一方面，当企业面临市场周期性波动时，或建设项目的独特性要求时，难以摆脱已存在的、庞大的组织体系，运行成本高昂。

工程总承包模式下，总承包商对整个建设项目负责，但却并不意味着总承包商须亲自完成整个建设工程项目。除法律明确规定应当由总承包商必须完成的工作外，其余工作总承包商则可以采取专业分包的方式进行。在实践中，总承包商往往会根据其丰富的项目管理经验、根据工程项目的不同规模、类型和业主要求，将设备采购（制造）、施工及安装等工作采用分包的形式分包给专业分包商。

因此作为建设项目的总承包企业，必须依赖于社会力量，与专业技术承包商、供应商建立稳定的合作与协作关系，以确保在其自身组织机构不无限扩大的同时，能够具有更多的、更完善的技术力量。只有这样，才能以工业化的生产组织方式，适应装配式建筑的发展需要，适应市场发展的需要。

所谓现代协同建设系统，就是基于产业链一体化所构成的建筑业协同化的组织模式；是基于产业协作所构成的组织体系；是以总承包企业为核心的，以分包商、专业分包商、供应商等所构成的多层级产业协作体系；是总承包商基于多层级的分包商、供应商，应对于多个建设项目的产业协作体系。

2. 协同建设系统的构建和运行

协同建设系统有效运行的关键，在其内部能否建立一个令行禁止的组织机构，这也正是协同建设系统真正的问题之一。尽管从形态上看，协同建设系统是一个由多个企业所组成的松散联合体，但其内部业务所特有的流程与利益关系，已经将其整合成为一个基于共同利益的合作组织。

（1）建设产业链的构建，是协同建设系统组织体系协同化构建的关键环节

现代企业的竞争是产业链之间的竞争，在建设领域也不例外。建设施工企业或构建，或加入相应的产业链，使自身的发展与整个产业链的发展相适应、相协调。在协同建设系统产业链构建的过程中，核心企业是关键的环节。依靠核心企业所形成的工

艺流程、系统流程与产业流程，相关企业以合作的方式、契约的方式，构成了相互依托的生产共同体。

作为基于合作的组织体系，协同建设系统的核心是直接承接项目建设任务的总承包商，基于成本、效率等原则，以总承包商为核心，以横向一体化为指导思想所构建的协同建设产业链，成为协同建设系统的协同化组织形态[5]。

（2）虚拟企业的组织与管理，是协同建设系统的基本方法

作为松散联合体与利益共同体，协同建设系统的内部运行与控制不能按照一般企业管理的规律来进行，但可以视为虚拟建设企业。虚拟建设企业的运行与管理的相关事务，将成为协同建设系统运行管理的基本方法。

协同建设系统虚拟建设企业的构建，将以一个或多个总承包企业为核心，按照不同的组织构成原则，形成联邦、星形或多层次等诸多模式。在不同的模式中，内部成员之间的关系是十分重要的。一般而言，其内部成员的关系主要有两类，一类是基于协作合同所形成的确定的契约关系，这是一种相对稳定的关系；另一类是基于长期合作与诚信所形成的合作伙伴关系。在长期的虚拟建设企业的运行过程中，合作伙伴关系无疑是最为重要的。

在虚拟建设企业的组织化构建中，两个关键的协同化组织机构：位于产业链前端的"项目协调组织"与产业链后端的"生产协调组织"，集中体现了协同建设系统的组织协同。

基于项目协调组织，协同建设系统对于已经承接的、将要承接的各个项目进行全面的整合，按照固定的技术标准对项目进行标准化的分解，使其成为不同类别的、标准化的工作单元，进而再利用成组技术对各个工作单元实施成组化，形成工作包。这些工作包可以体现为实体性的，也可以体现为工艺性的，根据工作包的性质将其转给协同建设系统的后端协同组织——生产协调委员进行生产协调[5]。

分包协调组织则面对着众多的、完成相关工作包的协作分包商。通过对于各个分包的组织、管理、协作与控制，保证协作分包能够按照核心企业的相关技术标准与时间计划，有效地完成所承接的工作包。保证对于协作分包有效控制的同时，维持与其良好的合作与协作关系，是该协同化组织的关键性工作。

第三节　装配式建筑工程全寿命周期管理

一、装配式建筑工程全寿命周期的构成

建筑工程全寿命周期是以建筑工程的规划、设计、建设和运营维护、拆除、生态复原——一个工程的"从生到死"过程为对象，即从建筑工程或工程系统的萌芽到拆除、处置、再利用及生态复原整个过程。装配式建筑工程全寿命周期主要包括六个阶段：前期策划阶段、设计阶段、工厂生产阶段、现场装配阶段、运营维护阶段、拆解再利用阶段等（如图 6-4 所示）。

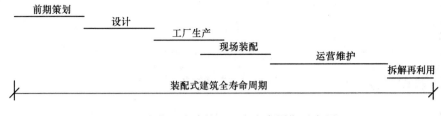

图 6-4　装配式建筑工程全寿命周期示意图

1．前期策划阶段

在前期策划阶段，要从总体上考虑问题，提出总目标、总功能要求。这个阶段从工程构思到批准立项为止，其工作内容包括工程构思、目标设计、可行性研究和工程立项。该阶段在装配式建筑工程全寿命周期中的时间不长，往往以高强度的能量、信息输入和物质迁移为主要特征。

2．设计阶段

设计阶段包括初步设计、技术设计和施工图设计，在该阶段要将工程分解到各个子系统（功能区）和专业工程（要素），将工程项目分解到各个阶段和各项具体的工作，对它们分别进行设计、估算费用、计划、安排资源和实施控制。

3．工厂生产阶段

预制构件生产厂按照设计单位的部品和构配件要求进行生产，生产的构件在达到设计强度并质检合格后出厂。

4．现场装配阶段

部品和构配件运输至施工现场，对部品和构配件实现现场装配施工。这个阶段包括装配式建筑工程及工程系统形成的一系列活动，直至建筑物交付使用为止。通常来说，此阶段历时也较短，伴随着高强度的物质、信息输入，此阶段的物质和信息输入直接影响建筑成品的使用与维护。

5．运营维护阶段

这个阶段是装配式建筑工程及工程系统在整个生命历程中较为漫长的阶段之一，是满足其消费者用途的阶段。此阶段往往持续几十年甚至上百年，物质、信息和能量的输入输出虽然强度不大，但是由于时间漫长，其物质、信息输入输出仍然占据整个全寿命周期很大比重。

6．拆解再利用阶段

这个阶段可以被认为是装配式建筑工程及工程系统建造阶段的逆过程，发生在装配式建筑工程及工程系统无法继续实现其原有用途或是由于出让地皮、拆迁等原因不得不被拆除之时，包括工程及工程系统的拆解和拆解后建筑材料的运输、分拣、处理、再利用等过程。因此，此阶段能量、信息和物质的输入输出强度都很小。

二、装配式建筑工程全寿命周期信息管理

要解决装配式建筑工程中的管理问题，协调好设计与施工间的关系，使各阶段、各参与方之间的信息流通，共享是一个关键问题。信息化管理主线贯穿于整个项目，实现全寿命周期，如图 6-5 所示。流程节点确认及可追溯信息记录，并实现基于互联网、移动终端的动态适时管理。项目智能建造体系的全过程集成数据为项目建成后的智能化运营管理提供极大便利。

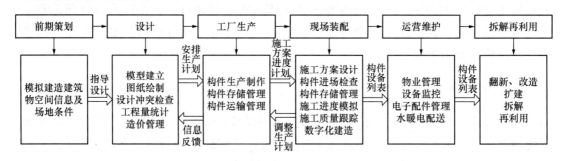

图 6-5　BIM 技术在装配式建筑工程全寿命周期管理中的应用框架

1. 建筑信息模型和无线射频识别技术在装配式建筑工程全寿命周期管理中的应用

建筑信息模型 BIM 有两个含义，狭义的概念是指包含建筑对象各种信息的数字化模型。广义的概念则是在工程寿命周期内生产和管理数据的过程。BIM 技术的到来为全生命周期管理理念的真正实践提供了可靠的技术支持[6]。

无线射频识别技术 RFID 是一种非接触的自动识别技术，一般由电子标签、阅读器、中间件、软件系统四部分组成，它的基本特点是电子标签与阅读器不需要直接接触，只需通过空间磁场或电磁场耦合来进行信息交换。

BIM 参数化的模型及数据的统一性和关联性使得 BIM 工程项目寿命周期不同阶段内各参与方之间的信息保持较高程度的透明性和可操作性，实现信息的共享和共同管理。上游信息及时、无损传递到周边和下游阶段，而下游和周边的信息反馈后又对上游的工程活动做出控制。BIM 理念要真正在工程实践中应用，必须应用 BIM 作为其技术核心。

影响建筑工程项目按时、按价、按质完成的因素，基本上分为两大类：一是由于设计规划过程没有考虑到施工现场问题（如管线碰撞、可施工性差、工序冲突等），导致现场窝工、怠工；二是施工现场的实际进度和计划进度不一致，而传统手工填写报告的方式，使得管理人员无法得到现场的实时信息，信息的准确度也无法验证，问题的发现解决不及时，进而影响整体效率。

BIM 与 RFID 的配合可以很好地解决这些问题，对第一类问题，在设计阶段，BIM 模型可以很好地对各专业工程师的设计方案进行协调，对方案的可施工性和施工进度进行模拟，解决施工碰撞等问题。对第二类问题，将 BIM 和 RFID 配合应用，使用 RFID 进行施工进度的信息采集工作，即时将信息传递给 BIM 模型，进而在 BIM 模型中表现实际与计划的偏差。如此，可以很好地解决施工管理中的核心问题——实时跟踪和风险控制[7]。

2. 前期策划阶段的信息管理

分析场地和规划选址直接影响到建设项目的定位，传统方法存在主观因素过多、无法科学处理信息数据及定量分析不充足等问题。利用 BIM 技术，并与地理信息系统结合，能够模拟建造建筑物空间信息及场地条件，两者间相互补充，可对场地使用特点及条件进行评估，以实现场地规划最优。

3. 规划设计阶段的信息管理

规划设计阶段主要是 BIM 发挥作用，其参数化、相互关联、协同一致的理念使得工程项目在设计规划阶段就由多方共同参与，解决传统模式下由于业主对建筑产品不满意或者由于各专业设计冲突而造成的设计变更等问题。

BIM 提供了工程建设行业三维设计信息交互的平台，通过使用相同的数据交换标准（一般国际上通用 IFC 标准）将不同专业的设计模型在同一个平台上合并，使得各参与方、各专业协同工作成为可能。例如，当结构工程师修改结构图时，如果对水电管线造成不利影响，在 BIM 模型中能立刻体现出来。另外，业主和施工方也能够在早期参与到设计工作中，对设计方案提出合理化的建议，将因设计失误和业主对建筑产品不满意而造成的设计变更降至最低，解决传统设计中因信息流通不畅造成的设计冲突问题。

在 BIM 中，工程量可以由计算机根据模型中的数据直接测算，提升了造价管理水平。同时，配合工程项目进度管理软件，可根据进度计划安排对项目的构件生产和现场安装施工过程进行模拟，对建设项目有更直观地了解和认识。

在预制件深化设计环节产生的 BIM 模型，包含预制构件的尺寸、重量、预埋件种类和数量、钢筋型号及物件属性信息等，并且能够生成准确的物料清单及其他数据，这些数据在信息化平台上传输到构件生产的厂家。

4. 构件生产阶段的信息管理

依据信息化平台的构件数据，由工程项目施工管理人员根据项目布置图规划安排施工安装顺序，并以任务分配书的形式提交给生产管理人员，确定生产时间；生产管理人员再根据生产计划和工作日程安排，将深化设计数据转换成流水线机械能够识别的格式后进入生产阶段。

在构件的生产制造阶段，需要对构件置入 RFID 标签，标签内包含有构件单元的各种信息，以便于在运输、存储、施工吊装的过程中对构件进行管理，RFID标签的编码原则是：（1）唯一性，保证构件单元对应唯一的代码标识，确保其在生产、运输、吊装施工中运营维护阶段信息准确；（2）可扩展性，应考虑多方面的因素，预留扩展区域，为可能出现的其他属性信息保留足够的容量；有含义确保编码卡的操作性和简单性，不同于普通商品无含义的"流水码"，建筑产品中构件的数量种类都是提前预设的，且数量不大，使用有含义编码可加深编码的可阅读性，在数据处理方面有优势[7]。运用RFID技术有助于实现精益建造中零库存，零缺陷的理想目标。根据现场的实际施工进度，迅速将信息反馈到构件生产工厂，调整构件的生产计划，减少待工待料发生概率。

在生产运输规划中主要应考虑三个方面的问题：一是根据构件的大小规划运输车次，某些特殊或巨大的构件单元要做好充分的准备；二是根据存储区域的位置规划构件的运输路线；三是根据施工顺序规划构件运输顺序。

5. 建造施工阶段的信息管理

预制构件从工厂运至现场时，由现场人员根据BIM模型上的数据对预制构件进行进场检验，确认预制构件的编号、尺寸、预埋和质量验收表。

装配式建筑的施工管理过程中，应当重点考虑构件入场的管理和构件吊装施工中的管理两方面的问题。在此阶段，以RFID技术为主追踪监控构件存储吊装的实际进程，并以无线网络即时传递信息，同时将RFID与BIM结合，信息准确丰富，传递速度快，减少人工录入信息可能造成的错误，甚至无须人工介入，如在构件进场检查时，直接设置固定的RFID阅读器，只要运输车辆速度满足条件，即可采集数据[7]。

信息化技术可以提供详细的安装施工交底，通过BIM实现很好的可视化效果，并对部分节点做视频动画示意，达到施工模拟指导的效果。安装过程中，根据BIM提供的质量要点进行自检。根据质量控制节点，对预制构件的质量按规范和厂方质量体系要求进行质量评定，可对预制构件进行摄像和摄影，并将所有数据实时上传至信息化平台。

随着工程项目推进生成多媒体施工视频材料、安装进度计划表、安装质量检验报告、预制件安装验收报告，安装进度表供施工过程中进行进度计划调整；安装质量检验报告进行存档，供后期验收和维护使用。

6. 运营维护阶段的信息管理

在物业管理中，RFID在设施管理、门禁系统方面应用的很多，如在各种管线的阀门上安装电子标签，标签中存有该阀门的相关信息如维修次数、最后维护时间等，工作人员可以使用阅读器很方便的寻找到相关设施的位置，每次对设施进行相关操作后，将相应的记录写入RFID标签中，同时将这些信息存储到集成BIM的物业管理系统中，这样就可以对建筑物中各种设施的运行状况有直观的了解。以往时有发生的装修钻断电缆，水管破裂找不到最近的阀门，电梯没有及时更换部件造成坠落等各种问题都会得以解决。

7. 建筑物改扩建及拆解再利用阶段的信息管理

装配式建筑的改扩建、拆解再利用过程中，结合运用 BIM 和 RFID 标签也可以起到很好的管理作用。目前在欧美得到广泛应用的开放式建筑就是装配式建筑的一种，开放式建筑中，用户在保持建筑承重的支撑体（如梁、柱、楼板等）的前提下，可以自由的选择内部填充体结构（如内隔墙、厨卫设备、管线等），此时应用 RFID 标签和BIM 数据库，可以及时准确地将这些填充体构件安装到对应客户的房间中。当建筑物寿命期结束时，通过 RFID 标签和 BIM 数据库中的信息，还可以判断其中的某些构件是否可以回收利用，可减少材料能源的消耗，满足可持续发展的需要。

三、装配式建筑工程全寿命周期集成管理系统

目前，建筑工程全寿命周期管理模式以其系统化、集成化和信息化的特征成为现代工程管理的新趋势。根据系统论的观点，可以将建筑工程看作一个系统。系统由多个子系统构成，在不同的维度划分为不同的子系统。以装配式建筑工程为例，将工程项目的时间维（过程维）、要素维、工程系统维进行三维的集成，构成装配式建筑工程管理的集成系统，如图 6-6 所示。在系统中以信息管理为手段，贯穿建筑工程管理的全过程，覆盖工程的各个子系统。

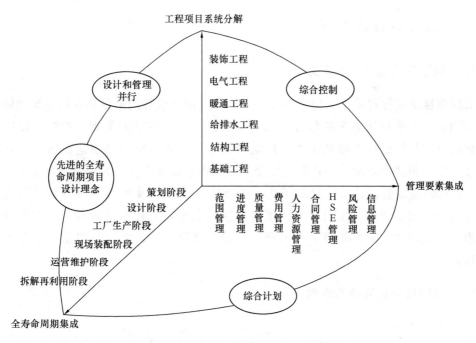

图 6-6　装配式建筑工程集成管理系统

时间维（过程维）是实施全寿命周期建筑工程管理的各时间段的集成，包括了决策阶段、设计阶段、工厂生产阶段、现场装配阶段、运营维护阶段直至拆解和再利用的全过程；要素维是各个管理要素的集成，包含了范围管理、进度管理、质量管理、费

用管理、人力资源管理、合同管理、HSE 管理、风险管理和信息管理等内容；工程系统维则是对装配式建筑工程进行系统分解，据其功能可分为基础工程、结构工程、给排水工程、暖通工程、电气工程和装饰工程等。

借助集成化的全寿命周期的工程管理模式，可以将装配式建筑工程的前期策划、设计、预制、装配、运营直至拆解的全过程作为一个整体，注重项目全寿命周期的资源节约、费用优化、与环境协调、健康和可持续性；在装配式建筑工程的全寿命周期中形成具有连续性和系统性的管理理论和方法体系；在工程的建设和运营中能够持续应用和不断改进新技术；要求装配式建筑在建设和运营全过程都经得起社会和历史的检验。

其中，全寿命周期建筑工程成本（LCC）管理在国内外的应用最为广泛。它是指从装配式建筑工程的长期经济效益出发，全面考虑项目或系统的规划、设计、制造、购置、安装、运营、维修、改造、更新，直至拆解再利用的全过程，即从整个工程全寿命周期的角度进行思考，侧重于项目决策、设计、预制、装配、运营维护等各阶段全部造价的确定与控制，使 LCC 最小的一种管理理念和方法。

第四节　装配式建筑工程项目质量管理

一、工程项目质量管理

1. 工程项目质量管理的定义

工程项目质量管理是指为保证提高工程项目质量而进行的策划和控制组织的协调活动。协调活动通常包括制定质量方针和质量目标，以及质量的策划、控制、保证和改进。它的目的是以尽可能低的成本，按既定的工期和质量标准完成建设项目。它的任务就在于建立和健全质量管理体系，用企业的工作质量来保证工程项目产品质量。

工程项目质量管理是综合性的工作，项目质量管理涉及所有的项目管理职能和过程，包括项目前期策划、项目计划、项目控制的质量，以及范围管理、工期管理、成本管理、组织管理、沟通管理、人力资源管理、风险管理、采购管理以及综合性管理等过程。

2. 工程项目质量管理的原则

（1）质量第一

在质量、进度、成本的三者关系中，认真贯彻"质量第一"的方针，而不能牺牲工程项目的质量，盲目去追求速度与效益。

（2）预防为主

现代质量管理的基本信条之一是质量，是规划、设计和建造出来的，而不是检查出来的。预防错误的成本通常比在检查中发现并纠正错误的成本少得多。

（3）用户满意

工程项目质量管理的目的是为项目的用户（顾客）和其他项目相关者提供高质量的工程和服务，实现项目目标，使用户满意。

（4）用数据说话

工程项目组织应收集各种以事实为根据的数据和资料，应用数理统计方法，对工程项目质量活动进行科学的分析，及时发现影响工程项目质量的因素，采取措施解决问题。同时项目管理者在质量管理决策时，要有可靠、充足的信息和数据，从而保证项目质量管理体系的正常运行。

二、工程项目质量管理制度

1. 工程项目质量监督管理制度

（1）监督管理部门

国务院建设行政主管部门对全国的建设工程项目质量实施统一监督管理。国务院铁路、交通、水利等有关部门按照国务院规定的职责分工，负责对全国的有关专业建设工程项目质量的监督管理。

县级以上地方人民政府建设行政主管部门对本行政区域内的建设工程项目质量实施监督管理。县级以上地方人民政府交通、水利等有关部门在各自的职责范围内，负责对本行政区域内的专业建设工程项目质量的监督管理。

（2）监督检查的内容

国务院建设行政主管部门和国务院铁路、交通、水利等有关部门应当加强对有关建设工程项目质量的法律、法规和强制性标准执行情况的监督检查。

国务院发展计划部门按照国务院规定的职责，组织稽察特派员，对国家出资的重大建设项目实施监督检查。

国务院经济贸易主管部门按照国务院规定的职责，对国家重大技术改造项目实施监督检查。

县级以上地方人民政府建设行政主管部门和其他有关部门应当加强对有关建设工程项目质量的法律、法规和强制性标准执行情况的监督检查。

建设工程项目质量监督管理，可以由建设行政主管部门或者其他有关部门委托的建设工程质量监督机构具体实施。

2. 工程项目施工图设计文件审查制度

建设单位应当将施工图设计文件报县级以上人民政府主管部门或者其他有关部门审查。施工图设计文件未经审查批准，不得使用。

3. 工程项目竣工验收备案制度

建设单位应自工程竣工验收合格之日起 15d 内，将建设工程竣工验收报告和规划、公安消防、环保等部门出具的认可文件或者准许使用文件报建设主管部门或者其他有关部门备案。

建设行政主管部门或者其他有关部门发现建设单位在竣工验收过程中有违反国家有关工程项目质量管理规定行为的，责令停止使用，重新组织竣工验收。

4. 工程项目质量事故报告制度

工程项目发生质量事故，有关单位应当在 24h 内向当地建设行政主管部门和其他有关部门报告。对重大质量事故，事故发生地的建设行政主管部门和其他有关部门应当按照事故类别和等级向当地人民政府和上级建设行政主管部门和其他有关部门报告。

特别重大质量事故的调查程序按照国务院有关规定办理。

任何单位和个人对建筑工程的质量事故、质量缺陷都有权检举、控告、投诉。

5. 工程项目质量检测制度

工程项目质量检测机构是对工程和建筑构件、制品以及建筑现场所用的有关材料、设备质量进行检测的法定单位，所出具的检测报告具有法定效力。当发生工程质量责任纠纷时，国家级检测机构出具的检查报告，在国内是最终裁定，在国外具有代表国家的性质。

工程质量检测机构的检查依据是国家、部门和地区颁发的有关建设工程的法规和技术标准。

（1）我国的工程质量检测体系是由国家级、省级、市（地区）级、县级检测机构所组成，国家建设工程质量检测中心是国家级的建设工程质量检测机构。

省级的建设工程质量检测中心，由省级建设行政主管部门和技术监督管理部门共同审查认可。

（2）各级检测机构的工作权限

国家检测中心受国务院建设行政主管部门的委托，有权对指定的国家重点工程进行检查复核，向国务院建设行政主管部门提出检测复核报告和建议。

各地检测机构有权对本地区正在施工的建筑工程所用的建筑材料、混凝土、砂浆和建筑构件等进行随机抽样检测，向本地建设行政主管部门和工程质量监督部门提出抽检报告和建议。

6. 工程项目质量保修制度

工程自办理交工验收手续后，在规定的期限内，因勘察设计、施工、材料等原因造成的工程质量缺陷，要由施工单位负责维修、更换。

工程质量缺陷是指工程不符合国家现行的有关技术标准、设计文件以及合同中对质量的要求。

7. 质量认证制度

质量认证制度是由可以充分信任的第三方证实某一经鉴定的产品或服务符合特定标准或规范性文件的制度。质量认证就是当第一方（供方）生产的产品第二方（需方）无法判定其质量时，由第三方站在中立的立场上，通过客观公正的方式来判定质量。

按照认证对象的不同，质量认证可以分为两大类，产品质量认证和质量体系认证。如果把工程项目作为一个整体产品来看，因它具有单件性和通过合同定制的特点，因此不能像一般市场产品那样对它进行认证，而只能对其形成过程的主体单位，即对从事工程项目勘察、设计、施工、监理、检测等单位的质量体系进行认证，以确认这些单位是否具有按标准规范要求保证工程项目质量的能力。

质量认证不实行终身制，质量认证证书的有效期一般为三年，期间认证机构对获证的单位还需进行定期和不定期的监督检查，在监督检查中如发现获证单位在质量管理中有较大、较严重的问题时，认证机构有权采取暂停认证、撤销认证及注销认证等处理方法，以保证质量认证的严肃性、连续性和有效性。

三、装配式建筑工程项目质量管理

相比已经非常成熟的现浇混凝土结构工程而言，装配式工程设计和建造过程除了需要各工程实施主体高标准、精细化管理外，还需要工程管理单位统筹工程方案和施工图设计、构件深化设计、预制构件生产、安装施工以及工程验收等全过程的质量管理。

1. 设计质量管理

装配式混凝土结构工程设计分方案设计、施工图设计、深化设计三个阶段进行，工程设计单位应对各个阶段的设计工作质量总体协调，审查三阶段的设计质量和设计深度。实施阶段，设计单位需派遣设计人员全过程参与装配式混凝土工程项目的配合工作，大中型、重点装配式混凝土工程项目的施工现场应设立代表处或者派驻设计代表，随时掌握施工现场的进展情况，及时解决与设计有关的技术问题（如解答施工图纸存在的疑问、施工中出现与图纸不符情况的处理、设计变更、与设计有关的工程问题的洽商等），认真做好设计技术服务工作。

（1）方案设计

装配式混凝土建筑的设计单位除了具有国家规定的设计资质，并在其资质等级许可的范围内承揽工程设计任务外，还应该具有丰富的装配式工程实施经验。装配式建筑规划及方案设计应结合建筑功能、建筑造型，从建筑整体设计入手，无论是预制建筑方案设计，还是预制结构方案设计都要由专业顾问参与指导，规划好各部位拟采用的工业化部品和构配件，并实现部品和构配件的标准化、定型化和系列化。

（2）施工图设计

施工图设计的质量，决定着工程建设的性价比，直接决定着工程结构安全和使用功能。施工图设计应按照建筑设计与装修设计一体化的原则，对户内管线、用水点及电气点位等准确定位，满足装修一次到位要求，保证建筑设计与装修设计的一致性。楼梯间、门窗洞口、厨房和卫生间的设计，要重点检查其是否符合现行国家标准的有关规定。

装配式建筑施工图设计除了要在平面、立面、剖面准确表达预制构件的应用范围、构件编号及位置、安装节点等要求外，还应包括典型预制构件图、配件标准化设计与选型、预制构件性能设计等内容。施工图设计必须要满足后续预制构件深化设计要求，在施工图初步设计阶段就与深化设计单位充分沟通，将装配式要求融入施工图设计中，减少后续图纸变更或更改，确保施工图设计图纸的深度对于深化设计需要协调的要点已经充分清晰表达。

装配式建筑施工图设计文件须经施工图审查机构审查，施工图审查机构应严格按照国家有关标准、规范的要求对施工图设计文件进行审查。在对标准规范理解不清或超出规定的情况下，可以依据专家评审意见进行施工图审查。

（3）深化设计

构件加工深化设计工作作为装配式建筑的专项设计，具有承上启下、贯穿始终的作用，直接影响工程项目实施的质量与成本。在选择深化设计单位时应调查研究，委托有长期从事预制技术研究和工程应用经验的咨询单位进行深化设计，深化设计单位应具备丰富的装配式建筑方案设计、构件深化设计、生产及安装的专业能力和实际经验，对项目方案设计、施工图设计、构件生产及构件安装的产业化整体质量管理计划具备协调控制能力，为后续的生产、安装顺利实施做好准备。

预制构件施工图深化设计包括平立面安装布置图、典型构件安装节点详图、预制构件安装构造详图部分的各专业设计预留预埋件定位图。预制构件加工图深化设计包括预制构件图（如有要求含面层装饰设计图及节能保温设计图）、构件配筋图、生产及运输用配件详图等。

在深化设计前，深化设计人员应仔细审核建筑、结构、水、暖、电等设备施工图，补足遗漏、矛盾等问题，提出深化设计工作计划。深化设计过程应加强与预制构件厂及施工单位的配合，确保深化设计成果满足实施要求。深化设计工作完成后，应提交给工程设计单位进行审核确认；确认无误后，构件深化设计图纸即可作为装配式混凝土结构工程的实施依据。

2. 预制构件生产质量管理

为了确保预制构件质量，构件生产要处于严密的质量管理和控制之下，质量管理要对构件生产过程中的试验检测、质量检验工作制订明确的管理要求，保持质量管理有效运行和持续改进。福建省建筑产业现代化协会制定了《装配式建筑部品部件认证实施细则》，以保障部品部件和工业化建筑的质量和安全。

（1）预制构件质量管理要求

预制构件（部品部件）质量管理体系是体现预制构件生产企业质量保证能力的基本要求，也是企业申请装配式建筑部品部件认证的基本条件，具体要求如下：

① 生产企业具备构件生产的软硬件设施条件。

② 生产企业有管控部品部件质量的标准，包括具有部品部件的产品质量标准、检测技术标准。

③ 部品部件质量应符合标准，应有生产企业的检测报告或者第三方检测报告。

④ 生产企业应具备生产深化设计与安装一体化能力，包括部品部件的生产、应用设计、施工、现场装配及验收。

⑤ 生产企业应保证运输全过程部品部件的质量，运至现场的部品部件出现的质量问题由生产企业负责更换。

⑥ 预制构件应在易于识别的部位设置出厂标识，表明生产企业的名称、制作日期、品种、规格、编码等信息。

（2）预制构件质量检验内容

预制混凝土构件生产质量检验可分为模具质量检验、钢筋及混凝土原材料质量检验、预埋件及配件质量检验、构件生产过程中各工序质量检验、构件成品检验、以及存放和运输检验等六部分内容，每部分检验工作都应该制订相应的质量检验制度和方案，规定检验的人员和职责、取样的方法和程序、批量的规则、质量标准、不合格情况的处理、检验记录的形成、资料传递和保存等，确保各项质量检验得以严格和有效执行并保持质量的可追溯性。

（3）预制构件资料管理

预制构件资料包含预制构件工厂自身存档资料和构件交付时应提供的验收资料两部分，后者是前者中的一部分，在构件现场交付时作为质量证明所用。

① 预制构件工厂的资料管理

预制构件工厂资料是预制构件生产全过程质量完整真实记录，包括图纸和设计文件资料，生产组织、技术方案和操作指导技术资料，原材料厂家和进场试验资料，过程操作资料，质量检验和控制资料，必要的检测报告文件以及合格证资料等。

预制工厂应根据要求建立技术资料管理规定，并规定应形成的资料明细和责任部门，采用清单式辅助管理，从原材料、加工过程到成品的质量检查记录均应真实详细、形成及时。预制工厂构件资料应按有关要求进行收集、整理、存档保存，保存方式、年限和储存环境应符合要求，以备索引、检查和生产质量追溯。

② 预制构件工厂提供的资料

构件交付时提供的资料应以设计要求或合同约定为准，一般仅提供如下质量证明文件。施工单位或监理应对运输到场的预制构件质量和标识进行查验，确认满足要求且与所提供资料相符后方可卸车：

a）预制构件出厂合格证（混凝土强度、主要受力钢筋、其他特殊要求）；

b）结构性能证明文件（结构性能检验报告或加强措施质量证明文件）；

c）装饰保温性能证明文件；

d）其他必要的证明文件。

3. 现场施工质量管理

装配式混凝土结构工程施工应制订施工组织设计和专项施工方案，提出构件安装方法、节点施工方案等。装配式混凝土结构工程施质量管理的重点环节有预制构件进场验收、施工准备、构件安装就位、节点连接施工，做好质量管理协调工作，制订相应的质量保证措施。

（1）预制构件的运输与堆放

施工现场距离生产构配件的工厂距离一般较远，需要有专业的运输车辆将构配件运至施工现场，并需要在运送途中对构配件做出相应的保护措施。构配件到达施工现场后，还要对构配件进行合理堆放和适当的养护，以免因自然因素或人为因素影响而受损，从而影响建筑质量。

《福建省预制装配式混凝土结构技术规程》要求企业制定预制构件的运输与堆放方案，其内容应包括运输时间、次序、堆放场地、运输线路、固定要求、堆放支垫及成品保护措施等。对于超高、超宽、形状特殊的大型构件的运输和堆放应有专门的质量安全保证措施。构配件堆放场地规划不合理以及构配件不科学堆放都会影响以后的施工质量。

（2）施工准备

施工准备工作对整个装配式建筑施工阶段的质量控制起着举足轻重的作用，对于识别和控制施工准备工作的影响质量的因素具有重要意义。装配式结构施工前应编制专项施工方案和相应的计算书，并经监理审核批准后方可实施。

施工机械质量水平、施工人员的专业水平，以及现场基础设施设置情况会对施工质量产生影响。此外，具有完备的图纸会审、质量规划方案和施工方案也是装配式施工可顺利完成的重要因素。

（3）构件安装就位、节点连接施工

装配式建筑与传统现浇建筑的一个重大区别在于施工方式发生了重大变革，由此也造成了施工现场的人员比例和相关的施工机械配置产生了重大变化。要充分发挥装配式建筑的施工效益，很重要的一点就是使技术娴熟的工人与性能良好的施工机械之间有机结合。

在装配式施工过程中容易出现施工人员不按照规范和说明对主要机械设备进行操作，例如运输设备、吊装设备以及灌浆专用设备等，不仅降低了施工质量，还导致了机械性能的下降。此外，关键部位的施工不善也会对施工质量造成直接影响。例如，梁板柱等构配件的结合不仅需要搭接，还需要进行现浇和灌浆工作；避免因放线测量等工作不善导致的构配件安装工作的误差，构配件吊装不到位会直接影响到结构整体受力性能的发挥。构配件的关键部位施工需要谨慎对待，任何方面的疏忽都有可能造成质量损失。

（4）质量管理协调

装配式建筑在施工技术上比传统的现浇式建筑有了突破性的进展。在技术水平有了较大发展的情况下，必然要求组织管理也产生相应的变革。施工方需要与构配件厂就构配件的质量进行协调；同设计单位就技术交底、图纸交底以及某些不可避免的设计变更进行积极协调；为了保证工程验收质量，工程收尾时要与业主方、监理方进行必要的验收工作，尤其是构配件搭接部位和灌浆部位的质量验收；与此同时，劳务分包方也应做好管理协调工作，使施工顺利完成。

四、装配式建筑施工质量控制原则与措施

1. 质量控制原则

（1）兼顾事前、事中、事后控制

事前控制是重点，这是由工程项目质量的内在特点决定的。在施工之前，应对影响装配式施工质量的因素进行细致分析，对装配式建筑的施工程序中的常见问题，提出解决方案，从而保证工程质量。如果事前控制工作不充分，施工过程中一旦发生质量问题，将需要花费大量人力和物力去弥补，后果不堪设想。

事中控制重点在于对施工过程的控制。装配式建筑施工相对于传统的现浇结构施工有很大的不同，要以施工中的构配件运输、堆放、检验和安装等一系列过程为主线，提高工人的技术水平，配备相应的起重吊装设备，强调对各工序的验收，严格执行装配式建筑的各项规范，最终确保装配式结构的施工质量[8]。

事后总结要及时，事后总结经验是为了更好地指导今后的实践。装配式建筑在我国刚刚兴起，发展不成熟，可参考的数据资料很少。所以，施工方在施工过程中，为了获得稳定可靠的一手资料，要注意对现场情况的实时记录，并委派业务素质较高的专门人员进行记录。企业对施工记录的资料进行系统分析，可以比较准确地掌握影响施工质量的因素，进而为提高质量水平做出一系列必要措施，增强自身的竞争水平，为以后进行同类型的施工作依据[8]。

（2）加强内部控制和外部控制

装配式建筑施工过程中，存在着影响施工质量的诸多因素。预制构件质量和不可避免的设计变更等因素是需要项目参与各方共同应对的因素，应该以合同的方式来约定各参与方的权利和义务，在履行自身义务的同时也要监督对方履行应尽的义务。

加强人员与机械操作因素的控制，由于这部分活动完全由施工方承担，因此以经济手段和技术手段为主进行内部控制。

（3）树立系统观念

施工企业进行工程项目建设的过程并不是孤立进行的，需要将工程项目各参与方视为一个系统，那么施工方是这个系统中的一个子系统。系统水平的高效发挥需要各子系统的有机协作。施工方要想使施工质量达到良好效果，必须树立系统观念，在立足自身的基础上与其他各参与方积极协调，达到质量控制的目标[8]。

（4）持续改进原则

装配式建筑在我国尚处于初级阶段，所以，在项目实施的各阶段均存在提升的空

间。注意总结自身在装配式施工前后的资料记录，并对关键工序如构配件的吊装和搭接等进行总结，同时，也要借鉴和学习他人的施工经验，与建设方、设计方就构配件的安装验收和交底等关键技术问题进行深入交流，从而不断改进装配式建筑的施工质量。

2. 质量控制措施

装配式建筑施工质量控制应当综合运用项目管理中的四种措施：合同措施、组织措施、经济措施和技术措施，针对不同的施工质量影响因素所采取的措施应该有所侧重，处理不同的风险因素，采取不同的措施，才能取得良好效果。

（1）预制构件运输与堆放的质量控制措施

预制构件的生产过程与施工过程的质量监管方式不同，预制构件进场时，施工方应当采取各种技术措施加强检验，对于不合格的构配件应要求置换；要与预制构件供应单位签订供应合同，明确对有质量问题的构配件的处理方法；运输过程中，应制定合理的运输方案，防止预制构件在运输途中受损；预制构件到场后的养护或在使用中出现损坏，由施工方承担损失。因此，施工方要组织人员，采取相应的措施对预制构件进行养护，防止发生质量损失。

（2）针对施工准备的质量控制措施

施工准备阶段要编制详细的装配式施工质量规划。对施工人员教育培训是实现质量目标的重要措施，施工方要加强对工人的技术培训，提高技术水平，保证施工进行时的质量，尤其要加强对工人进行预制构件连接点及工序穿插的培训。技术人员应当对图纸会审给予充分重视，了解装配式建筑施工图与传统施工图的差异，同时编制合理的装配式施工方案，从而为吊装工作做准备。

（3）构件安装就位、节点连接施工的质量控制措施

构件安装就位、节点连接施工阶段，人员与机械的组织是施工方需要重点控制的，组建一个强有力的以项目经理为首的项目部，项目部下设的各个部门应该加强沟通理解，认真履行义务，责任到人，明确每个人员的职责权利关系，条件充分的话要设置质量小组，小组成员要密切监控各自责任范围内的质量因素。对于施工中工序的衔接、构配件之间的搭接以及套筒灌浆施工更需要引起施工方的特别注意，只有组织、技术和经济措施多管齐下才能保证装配式施工质量效果。

（4）管理协调的措施

管理协调因素对质量控制的影响具有综合性，上述三项措施都是针对某种因素进行的，而管理协调则将装配式建筑施工过程中的各参与方进行系统考虑、综合分析及宏观调控，这需要施工方高超的管理水平。施工方的最佳策略就是在对内综合使用经济措施、技术措施和组织措施，实现内部的良好运转，对外主要以合同措施为基础，增强自身的沟通交流水平，避免其他参与方的失误影响施工质量，从而实现质量控制的目标。

总之，在装配式建筑施工过程中，质量控制是装配式建筑顺利推广与应用的重要环

节。系统地归纳装配式建筑施工过程中常见的质量问题、产生的原因及可能造成的不良影响，是装配式建筑质量控制的重要前提。监控装配式建筑施工过程质量有助于丰富和完善工程项目管理理论，也有助于施工方逐步完善装配式建筑的施工工艺，提高装配式建筑的施工质量，逐步建立装配式建筑全面、系统的质量控制方法，提升装配式建筑的质量。

 **本章小结**

　　装配式建筑是传统建筑业与先进制造业良性互动、建筑工业化和建筑信息化深度融合的产物。装配式建筑的发展需要完善技术标准体系，需要提高全过程质量监管水平，需要推动装配式建筑与信息化的融合发展，需要有与之相适应的组织管理模式，需要打造全产业链协同发展的新模式。装配式建筑技术创新和管理创新的系统集成，才能推动装配式建筑的发展，实现建筑业的转型升级。

参考文献

[1] 齐宝库，朱娅，刘帅，马博．基于产业链的装配式建筑相关企业核心竞争力研究[J]．建筑经济，第 36 卷第 8 期，2015 年 8 月．

[2] 单英华．面向建筑工业化的住宅产业链整合机理研究．博士论文，哈尔滨工业大学，2015 年 4 月．

[3] 王晓锋，蒋勤俭，赵勇．《混凝土结构工程施工规范》GB 50666—2011 编制简介[J]．施工技术，2012 年 3 月第 41 卷第 361 期．

[4] 齐宝库，王振明．我国 PC 建筑发展存在的问题及对策研究[J]．建筑经济，2014 年第 7 期．

[5] 刘禹．集成建设系统研究：基于建筑工业化视角．博士论文，东北财经大学，2009 年 12 月．

[6] 齐宝库，李长福．基于 BIM 的装配式建筑全生命周期管理问题研究[J]．施工技术，2014 年 8 月上第 43 卷第 15 期．

[7] 李天华．装配式建筑寿命周期管理中 BIM 与 RFID 应用研究．硕士论文，大连理工大学，2011 年 12 月．

[8] 常春光，王嘉源，李洪雪．装配式建筑施工质量因素识别与控制[J]．沈阳建筑大学学报（社会科学版），2016 年 2 月，第 18 卷第 1 期．

第七章　装配式建筑发展新趋势

第一节　基于绿色建造的现场施工思维

装配式建筑促进了建设方式向集约、节约、绿色、环保、科技等现代化建设方式的转变，是绿色建筑的新载体。建造过程中使用绿色建筑系统与节能技术，提升建筑能效、品质和建设效率，将为我国绿色建筑及建筑工业化实现规模化、高效益和可持续发展提供技术支撑。

一、绿色建造的意义与内涵

绿色建造是在工程建设过程中体现可持续发展理念，通过科学管理和相关技术应用，最大限度地节约资源和保护环境，实现绿色施工要求，生产绿色建筑产品的工程活动，目的是要解决工程建设中产生的噪声、扬尘、废水、垃圾等问题，强化工程建设相关方的绿色责任，并推动建筑产业转型。其包含建设项目绿色策划、绿色设计和绿色施工等三个阶段，其中建筑工程立项绿色策划解决的是建筑工程绿色建造总体规划问题，绿色设计重点解决绿色建筑实现问题，绿色施工重点解决大环境保护问题，同时也可为绿色建筑增色[1]。

绿色建造的总体概念在我国台湾地区称作"绿营建"，其内涵是在建筑工程的规划设计中，适度融入环保与生态的元素，诸如设计采用环保材料、无公害工法或生态工法，并于建筑工程全生命周期的施工阶段，考量施工程序、材料（天然资源、材料资源、再生资源等）等对地球环境的影响，而采取低公害、低污染的建设程序与环保材料，及建筑废弃物再利用等手段与地球环保生态建设相呼应，将各项资源妥善使用，构建以全生命周期为导向的高耐久性建造体系。绿营建概念包括：（1）减少负荷（Load Relief）；（2）减少材料使用（Material Relief）；（3）减少废弃物（Waste Relief），相关名词对比见表7-1。

相关名词对比　　　　　　　　　　　　　　　　　　　　　表 7-1

相关名词	定义比较
绿色建筑 （Green Building）	在全寿命期内，最大限度地节约资源（节能、节地、节水、节材）、保护环境、减少污染，为人们提供健康、使用和高效的应用空间，与自然和谐共生的建筑
生态建筑 （Ecology Building）	生态建筑是根据当地的自然生态环境，运用生态学、建筑技术科学的基本原理和现代科学技术手段等，合理安排并组织建筑与其他相关因素之间的关系，使建筑和环境之间成为一个有机的结合体，同时具有良好的室内气候条件和较强的生物气候调节能力，以满足人们居住生活的环境舒适，使人、建筑与自然生态环境之间形成一个良性循环系统

相关名词	定义比较
可持续建造 （Sustainable Construction）	可持续建造是考虑生态设计原则与可持续发展理念的建造方式，即在建筑工程规划设计中，适度融入环保与生态因素，诸如设计采用环保材料、无公害工法或生态工法，并在施工阶段，考虑施工程序、材料等对地球环保的影响，而采取低公害、低污染的建造程序与环保材料和建造废弃物再利用等手段与地球环保生态建设相呼应，将各项资源妥善使用，构建以全生命周期为导向的高耐久性建造体系
绿色施工 （Green Construction）	在保证质量、安全等基本要求的前提下，通过科学管理和技术进步，最大限度的节约资源，减少对环境负面影响，实现"四节一环保"（节能、节材、节水、节地和环境保护）的建筑工程施工活动

绿色建造是绿色设计与绿色施工的总称，绿色建造技术研究模型实际上是施工图绿色设计技术与绿色施工技术的复杂组合，推进绿色建造需要通过建立健全相关法规标准体系、施工图绿色设计技术与绿色施工技术识别和创新研究实现，图 7-1 提出了建筑工程绿色建造技术研究体系，用于指导绿色建造的技术研究[2][3]。

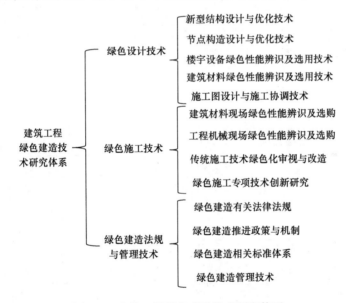

图 7-1　建筑工程绿色建造技术研究体系

二、绿色施工原则与架构

绿色施工是通过科学管理和技术进步，最大限度地节约资源，减少对环境影响，并在保证质量、安全等基本要求的前提下，实现环境保护、节能与能源利用、节材与材料资源利用、节水与水资源利用、节地与土地资源保护（简称"四节一环保"）的建筑工程施工活动。其原则如下：

1. 实施绿色施工，应进行总体方案优化，在规划、设计阶段，就应充分考虑绿色施工的总体要求，提供绿色施工的基础条件。

2. 实施绿色施工，应坚持以人为本、环保先行等概念执行，并以资源高效利用和精细施工为基本原则，应对施工策划、材料采购、现场施工、工程验收及后期运营等各阶段进行控制和优化，加强对整个施工过程的管理和监督。

3. 实施绿色施工应结合行业高新技术发展方向，积极发展应用互联网信息技术、BIM 技术，推行产业化生产模式，通过技术创新实现绿色施工的不断进步。

4. 实施绿色施工，应符合国家法规及相关的标准规范，贯彻执行相关的技术经济政策，实现经济效益、社会效益和环境效益的统一，依托 ISO 14000 和 ISO 18000 管理体系，将绿色施工有关内容分解到管理体系目标中去，使绿色施工规范化、标准化。

绿色施工总体框架由施工管理、环境保护、资源节源三个主要方面组成，见表 7-2。这六个方面涵盖了绿色施工的基本指标，同时包含了施工策划、材料采购、现场施工、工程验收等各阶段的指标的子集[3]。

绿色施工总体框架　　　　　表 7-2

	主要方面	基本指标
绿色施工	施工管理	组织管理
		规划管理
		实施管理
		评价管理
		人员安全健康管理
	环境保护	扬尘控制
		噪声震动控制
		光污染控制
		水污染控制
		土壤保护
		建筑垃圾控制
		地下设施、文物和资源保护
	资源节约	节材与材料利用
		节水与水资源利用
		节能与能源利用
		节地与土地资源保护

三、绿色施工要点

1. 施工方案应建立推广、限制、淘汰公布制度和管理办法，推广应用绿色施工"四新"技术：新技术、新材料、新设备、新工艺[5]。发展适合绿色施工的资源利用与环境保护技术，发展现场监测技术、低噪声的施工技术、现场环境参数检测技术、自密实混凝土施工技术、清水混凝土施工技术、建筑固体废弃物再生产品在墙体材料中的应用技术、脚手架技术的研究与应用，对落后的施工方案进行限制或淘汰，鼓励绿色施工技术的发展，推动绿色施工技术的创新。

2. 积极推进建筑工业化和 PC 产业化施工，重点推进结构构件预制化和建筑配件整体装配化。在保证结构安全，设计合理的前提下，推广预制产品在建筑中的使用，如预制内隔墙板、预制楼梯、预制阳台、预制卫生间等；推广混凝土结构预制装配及建筑构配件整体安装技术；推广移动式工艺样板间和整体吊装板房、设施的使用等，逐步发展工厂化生产、现场装配的建筑工业化体系。

3. 绿色施工管理主要包括组织管理、规划管理、实施管理、评价管理和人员安全与健康管理等五个方面。

（1）组织管理

1）应建立绿色施工管理体系，并制定系统、完整的管理制度和绿色施工的整体目标，有明确的责任分配制度。

2）应成立以项目经理为第一责任人的绿色施工管理机构，明确项目员工的绿色施工管理职责。

（2）规划管理

1）在施工组织设计中应包含绿色施工相关内容并独立成章，进场后应编制绿色施工专项方案，并按有关规定进行审批。

2）绿色施工专项方案应包括以下内容：

① 绿色施工具体目标和指标；

② 绿色施工针对"四节一环保"的具体措施；

③ 绿色施工拟采用的"四新"技术措施；

④ 绿色施工评价管理措施；

⑤ 绿色施工设施购置（建造）计划清单；

⑥ 绿色施工具体人员组织安排；

⑦ 绿色施工社会经济效益分析。

（3）实施管理

1）绿色施工应对整个施工过程实施动态管理，加强对施工策划、施工准备、材料采购、现场施工、工程验收等各阶段的管理和监督。

2）应结合工程特点，通过有针对性地对绿色施工作相应的宣传，在现场施工标牌中增加环境保护内容，现场醒目的位置设置环境保护标识等举措，营造绿色施工氛围。

3）通过加强管理人员培训学习，将绿色施工意识在普通员工中普及，在施工阶段，应定期对操作人员进行宣传教育等措施，增强职工绿色施工意识以及对绿色施工的承担和参与。

4）宜借助信息化技术，在企业信息化平台上开发绿色施工管理模块，对项目绿色施工实施情况进行监督、控制和评价等工作。

5）应定期记录、收集和整理绿色施工资料，及时总结绿色施工措施实施成效，提出持续性改进措施。

（4）评价管理

1）应对照本导则的指标体系，结合工程特点，对绿色施工的效果及采用的"四新"技术进行评价。评价阶段应按地基与基础工程、主体结构工程、装饰装修和机电安装三个阶段进行，评价次数每月不得少于 1 次，且每个阶段不应少于 1 次。

2）评价方法和程序符合《建筑工程绿色施工评价标准》GB/T 50640—2010 的相关要求。

3）应对绿色施工方案、实施过程至项目竣工，进行综合评估。

（5）人员安全与健康管理

1）应制订施工防尘、防毒、防辐射、防噪声、防高温等职业危害的措施，保障施工人员的长期职业健康。

2）应合理布置施工场地，保护生活及办公区不受施工活动的有害影响。施工现场应建立卫生急救、保健防疫制度，在安全事故和疾病疫情出现时提供及时救助。

3）应提供卫生、健康的工作与生活环境，加强对施工人员的住宿、膳食、饮用水等生活与环境卫生等管理，明显改善施工人员的生活条件。

4）应根据不同施工阶段和周围环境、气候变化，采取相应的安全措施。

四、建筑施工现场装配化

随着国民经济的持续快速发展，产业现代化的升级，节能环保要求的提高，劳动力成本的不断增长，推进施工现场装配化已是大势所趋。施工现场装配化就是把通过工业化方法在工厂制造的工业产品（构件、配件、部件），在工程现场通过机械化、信息化等工程技术手段，按不同要求进行组合和安装，建成特定建筑产品的一种建造方式。

施工现场实现装配化要求，至少应包括并实现以下几个方面：

1. 临时建造设施装配化

临时施工现场生活区如宿舍区、休息室、办公室等各项简易设施可在工厂预制，再到施工现场进行装配化使用，可大幅减少建造临时设施的成本，并可重复使用，这是绿色施工现场装配化的重要改革。

2. 结构构件装配化

将在工厂预制好结构构件，在施工现场进行装配安装以构成建筑主体，此过程是施工现场装配化的主体部分。

3. 配件安装整体化

建筑的某些配件（如厨房、卫生间等），预先组装成一个整体后，再运送到施工现场与建筑主体进行装配。

4. 现场施工机械化

根据工程现场实际情况采取与工程状况相适应的组合机具，用以减轻或解放人工劳动，完成人工所难以完成的装配安装任务，如图 7-2 所示。

图 7-2　施工现场装配化

5. 现场管理信息化

通过信息化手段处理后的影像信息与数据信息在施工过程辅助现场工程人员进行科学化管理与应用，例如各项构配件定位信息化、可视化，构件组装信息化、流程协同信息化等。

6. 操作人员专业化

由于各项新技术与建筑信息化的需求，各项装配化施工需要专业化技术人员进行操作，所以为了保证建筑施工质量，应通过内部或外部的训练过程确实提高各层级的工程管理人员、施工人员的知识性与专业性，如图 7-3 所示。

图 7-3　工厂预制建筑结构构件

此外，为保证施工现场装配化的实施，需要政府与相关方在构配件生产的工业布局、工程立项策划、设计和施工的建造过程以及构配件的监制等方面进行全面谋划，以营造良好的施工现场装配化条件[3][4]。

1. 建立标准化建筑设计的统一建筑模数

以标准化建筑模数为基础，形成标准的建筑模块，促进构配件的通用性和互换性。设计标准化的基础工作是针对影响装配化实施的重大难题，应进行技术上突破，并制定相应的产品和建设标准，建立适应装配化需求的标准化体系。

2. 构配件工业化、自动化生产

各种建筑构、配、部件采用现代化流水线设施，以生产出成本合理化、质量高优化的产品，并充分满足高效率生产，满足现场实现装配化要求的各类产品。

3. 设备管道集成化

在建筑工程设计中，必须考虑设备管道的布置，利用 BIM 技术能将各种管线预先集成为相应的部品，并解决管线碰撞问题，通过科技手段能预先集成为相应的部品，满足工厂化制造和大件机械化安装的需求。

4. 建筑形式多样化

建筑设计应从标准化与多样化两方面发展，应要满足各项使用与应用需求，还必须兼顾视觉性、特色性、整体性，丰富城市景观与体现时代与特色。

5. 构配件预制化与供应配套化

构配件在建筑工程必须能有相对应的配套与供应配套，构配件的供应要能配合建筑多样化的需求与相适性；构配件的预制化规模与装配化规模相适应，政策激励方向与措施落地相适应。

第二节　装配式建筑与环境保护

一、扬尘控制

建设工程施工现场环境管理应依据《建设工程施工现场环境与卫生标准》JGJ 146—2013 执行[5][6]：

1. 运送土方、垃圾、设备及建筑材料等，运输装载须低于槽帮 15cm，并采取有效措施封闭严密，杜绝遗撒污染道路。施工现场出口应设置洗车槽。

2. 土方作业阶段，应采取洒水、覆盖等措施，达到作业区目测扬尘高度小于 1.5m，不扩散到场区外。按照《广东省人民政府办公厅关于印发珠江三角洲区域大气重污染应急预案的通知》的有关精神，启动 II 级预警时，应当停止土方施工作业，并在作业处覆盖防尘网，增加洒水降尘频次。

3. 结构施工、安装装饰装修阶段，作业区目测扬尘高度小于 0.5m。对易产生扬尘的堆放材料应采取覆盖措施；对粉末状材料应封闭存放；场区内可能引起扬尘的材料及建筑垃圾搬运应有降尘措施，如覆盖、洒水等；浇筑混凝土前清理灰尘和垃圾时应尽量使用吸尘器，避免使用吹风器等易产生扬尘的设备；机械剔凿作业时可用局部遮挡、掩盖、水淋等防护措施；木模板应统一在封闭式车间加工，并在圆盘锯旁边安放粉末收尘器；高层或多层建筑清理垃圾应搭设封闭性临时专用道或采用容器吊运。

4. 管线安装施工的砖墙沟槽切割，应采用湿作业法进行施工。在楼层外排栅应采用喷雾安装降尘系统，减少扬尘污染。装饰工程所用石材应优先组织半成品进入施工现场，实施装配式施工，减少因石材切割、加工所造成的扬尘污染。现场石材切割加工应设置专用封闭式作业间，操作人员必须佩带防尘口罩。

5. 施工现场非作业区达到目测无扬尘的要求。对现场易飞扬物质应采取有效措施，如洒水、地面硬化、围挡、密网覆盖、封闭等，防止扬尘产生。

6. 构筑物机械拆除前，须做好扬尘控制计划。可采取清理积尘、洒水、设置隔挡等措施。支护结构内支撑拆除宜优先采用切割工艺，避免采用打凿等扬尘大的工艺。

7. 构筑物爆破拆除前，须做好扬尘控制计划。可采用清理积尘、淋湿地面、预湿墙体、屋面敷水袋、楼面蓄水、建筑外设高压喷雾状水系统、搭设防尘排栅和直升机投水弹等综合降尘措施。爆破作业应选择风力小的天气进行。

8. 施工现场宜使用清洁燃料。不得在施工现场融化沥青或焚烧油毡、油漆以及其他产生有毒、有害烟尘和恶臭气体的物质。

二、噪声与振动控制

1. 对施工现场场界噪声应按国家标准《建筑施工厂界环境噪声排放标准》GB 12523—2011 的相关要求进行监测和记录，施工厂界环境噪声排放昼间不应超过 70dB（A），夜间不应超过 55dB（A）。

2. 施工现场的强噪声设备宜设置在远离居民区的一侧；运输材料的车辆进入施工现场，严禁鸣笛；卸装材料应做到轻拿轻放。

3. 施工现场应使用低噪音、低振动的机具，对现场的电锯、电刨、搅拌机、固定式混凝土输送泵、大型空气压缩机等强噪声设备应搭设封闭式机棚。用低噪声施工工艺代替高噪声施工工艺，如桩施工中将垂直振打施工工艺改变为螺旋、静压、喷注式打桩工艺。

三、光污染控制

1. 施工现场应尽量避免夜间施工。夜间室外照明灯应加设灯罩，光照方向集中在施工范围内。

2. 灯具选择应以日光型为主，尽量减少射灯及石英灯的使用。

3. 钢筋应尽量采用机械连接，电焊作业应采取遮挡措施，避免电焊弧光外泄。

四、水污染控制

1. 施工现场污水排放应符合现行行业标准《污水排入城镇下水道水质标准》CJ 343—2010 的有关要求。

2. 在施工现场应针对不同的污水，设置相应的处理设施，如隔油池、化粪池等，并做防渗处理及定期清洗。禁止不经处理直接排入市政管道。

3. 使用非传统水源和现场循环水时，应根据实际情况对水质进行检测。

4. 保护地下水环境。应采用隔水性能好的边坡支护技术。当基坑开挖抽水量大于 50 万 m³ 时，应进行地下水回灌，并避免地下水被污染。

5. 对于化学溶剂等有毒材料、油料的储存地，应设专门库房，地面应做防渗漏处理，同时做好渗漏液收集和处理。废弃的油料和化学溶剂应集中处理，不得随意倾倒。

6. 易挥发、易污染的液态材料，应使用密闭容器存放。

7. 施工现场宜设置移动式厕所，并做定期清理。固定厕所设化粪池应做抗渗处理。

8. 施工现场雨水、污水应分开排放、收集。

五、土壤保护

1. 保护地表环境，防止土壤侵蚀、流失。非施工作业面的裸露土或临时存放的土堆闲置 3 个月内的，应采用密目网或彩布进行覆盖、压实、洒水等降尘措施；裸露地面或临时存放的土堆闲置在 3 个月以上的，应对其裸露泥地进行临时绿化或者铺装；因施工造成容易发生地表径流土壤流失的情况，应采取设置地表排水系统、稳定斜坡、植被覆盖等措施，减少土壤流失。施工后应恢复施工活动破坏的植被（一般指临时占地）。

2. 沉淀池、隔油池、化粪池等不应发生堵塞、渗漏、溢出等现象。且应及时清除各类池内沉淀物，并委托有资质的单位清运。

3. 对于有毒有害废弃物如电池、墨盒、油漆、涂料等应回收后交有资质的单位处理，不能作为建筑垃圾外运，避免污染土壤和地下水。

4. 施工现场使用机油、黄油、柴油的设备或工艺工序，应根据不同情况制定相应的防范措施。

六、建筑垃圾管理

1. 应制定建筑垃圾减量计划，尽可能减少建筑垃圾的排放。

2. 建筑垃圾的回收利用应符合现行国家标准《工程施工废弃物再生利用技术规范》GB/T 50743—2012 的规定。建筑垃圾的回收及再利用情况应及时分析，并将结果公示，发现与目标值偏差较大时，应及时采取纠正措施。

3. 施工现场生活区应设置封闭式垃圾容器，施工场地生活垃圾应实行袋装化，及时清运。应对建筑垃圾进行分类，并收集到现场围蔽式垃圾站，集中运出。生活区、办公区垃圾不得与建筑垃圾混合运输、消纳。

4. 有毒有害废弃物的分类应达到 100%；对有可能造成二次污染的废弃物应单独储存，并设置醒目标识。

5. 鼓励在施工现场对土方及建筑废弃物进行加工处理，制作可用于市政道路维修的回填料、路基石、围蔽使用的再生骨料、环保免烧砖等产品。处理产生的回填材料可用于基坑回填、地下室垫层、市政道路垫层、小区道路垫层；也可制作环保免烧砖，用于地下室砖模、地下室隔墙。

七、地下和周边设施、文物和资源保护

1. 施工前应调查清楚地下及周边各种设施，制定专项施工方案，设置明显的、不易被破坏的施工现场管线保护标识，做好保护计划，保证施工场地地下及周边的各类管道、管线、建筑物、构筑物的安全运行。

2. 应指定地下管线保护责任人并落实相关责任，并做好地下管线安全保护技术交底，对可能损害地下管线的施工作业，应采取跟班作业，现场指导。

3. 涉及油气等危险化学品、高压电缆、给水主管及大型排水箱涵等地下管线施工作业 7 日前，应书面通知建设单位协调相关管线权属单位指派专人到现场监护和指导。严禁未经管线权属单位同意和在情况不明时盲目进行施工。

4. 施工过程中一旦发现文物古迹，应立即停止施工，保护现场及通报文物部门并协助做好相关工作。

5. 应避让、保护施工场区及周边的古树名木。

第三节 装配式建筑与资源节约

一、节材与材料利用

1. 选用绿色建材和设备

（1）应鼓励使用建筑垃圾砖、再生骨料混凝土、再生骨料砂浆等再生建材。

（2）应鼓励使用新型干法工艺技术生产高质量水泥材料，具有优异功能的新型复合墙体，高性能混凝土，多功能玻璃、陶瓷、涂料等新型环保材料。

（3）应鼓励使用工具化、定型化、装配化、标准化的施工材料和设备。

2. 节材措施

（1）应制定材料使用的减量计划，材料损耗率比定额损耗率降低 30％。

（2）应根据施工进度、材料使用时点、库存情况等制定材料的采购和使用计划，减少库存。

（3）现场材料应堆放有序，并满足材料储存及质量保持的要求。

（4）材料运输工具适宜，装卸方法得当，防止损坏和遗洒。根据现场平面布置情况就近卸载，避免和减少二次搬运。

（5）应采取技术和管理措施提高模板、脚手架等的周转次数。

（6）应对综合管线进行优化设计，且应对安装工程的预留、预埋、管线路径等方案进行优化，推广机电安装的工厂化预制加工和制作。

（7）应就地取材，现场主要以当地建筑材料为主，当地建筑材料应占该类型的建筑材料总费用的 80％以上。

（8）宜利用 BIM 等技术进行预排版，优化下料方案。

3. 结构材料

（1）应推广使用预拌混凝土和商品砂浆。准确计算采购数量、供应频率、施工速度等，在施工过程中动态控制。结构工程应使用散装水泥。

（2）应推广使用高强钢筋和高性能混凝土，减少资源消耗。

（3）应推广钢筋专业化加工和配送，或在现场配置数控钢筋锯切机。

（4）钢筋宜采用专用软件优化放样下料，根据优化配料结果确定进场钢筋的定尺长度；施工现场宜采用专业化生产的成型钢筋。

（5）钢结构深化设计时，应结合加工、运输、安装方案和焊接工艺要求，确定分段、分节数量和位置，优化节点构造，减少钢材用料。大型钢结构宜采用工厂制作，现场拼装；宜采用起重机吊装、整体提升、滑移、顶升等安装方法。

（6）宜采取数字化技术，对大体积混凝土、大跨度结构等专项施工方案进行优化。

（7）应充分利用商品混凝土的余料制成浇制预制盖板等小型预制件。

（8）在混凝土配合比设计时，应利用粉煤灰、矿渣、外加剂等新材料降低混凝土和砂浆中的水泥用量。

4. 围护材料

（1）门窗、屋面、外墙等围护结构应选用耐候性及耐久性良好的材料，施工应确保密封性、防水性和保温隔热性。

（2）门窗应采用密封性、热工性能、隔音性能良好的型材和玻璃等材料。

（3）屋面材料、外墙材料应具有良好的防水性能和保温隔热性能。

（4）当屋面或墙体等部位采用基层加设保温隔热系统的方式施工时，应选择高效节能、耐久性好的保温隔热材料，以减小保温隔热层的厚度及材料用量。

（5）屋面或墙体等部位的保温隔热系统应采用专用的配套材料，以加强各层次之间的黏结或连接强度，确保系统的安全性和耐久性。

（6）应加强保温隔热系统与围护结构的节点处理，尽量降低热桥效应。针对建筑物的不同部位保温隔热特点，应选用不同的保温隔热材料及系统，做到经济适用。

（7）应积极推广使用预制多功能围护板墙。

5. 装饰装修材料

（1）施工前，块材、板材和卷材应进行排版优化设计。

（2）面材、块材施工前，应预先按照施工图纸进行深化设计和排版，绘制配模图，并在车间集中切割加工后配送至作业面。

（3）应采用非木质的新材料或人造板材代替木质板材。

（4）防水卷材、壁纸、油漆及各类涂料基层必须符合要求，避免起皮、脱落。各类油漆及黏结剂应随用随开启，不用时及时封闭。

（5）幕墙及各类预留预埋应与结构施工同步。

（6）木制品及木装饰用料、玻璃等各类板材等宜在工厂采购或定制。

（7）应采用自粘类片材，减少现场液态黏结剂的使用量。

6. 周转材料

（1）应选用耐用、维护与拆卸方便的周转材料和机具。

（2）优先选用制作、安装、拆除一体化的专业队伍进行模板工程施工。

（3）模板应以节约自然资源、可重复利用和回收为原则，推广使用定型钢模、钢框竹模、铝模板、竹胶板、塑料模板等；现场木模板或竹夹板的周转次数应不少于5次；推广采用无梁楼盖体系，并配套采用早拆模板施工技术施工。

（4）施工前应对模板工程的方案进行优化，预先按照施工图纸进行深化设计和排版，绘制配模图，并在车间集中切割加工后配送至作业面。多层、高层建筑使用可重复利用的模板体系，模板支撑宜采用工具式支撑。

（5）应优化高层建筑的外脚手架方案，采用整体提升、分段悬挑等方案。

（6）基坑周边围护宜使用可周转使用的可拆装式防护栏杆。

（7）现场办公和生活用房应采用周转式或整体吊装式活动房。现场围挡应最大限度地利用已有围墙，或采用装配式可重复使用围挡封闭。力争工地临房、临时围挡材料的可重复使用率达到70%。

二、节水与水资源利用

1. 提高用水效率

（1）施工中应采用先进的节水施工工艺。

（2）施工现场喷洒路面、绿化浇灌不宜使用市政自来水。现场搅拌用水、养护用水应采取有效的节水措施，严禁无措施浇水养护混凝土。现场水平结构混凝土可采取覆盖薄膜的养护措施，竖向结构采取包裹或喷洒养护液养护。

（3）施工现场供水管网应设计合理，并采取管网和用水器具防渗漏的措施。

（4）现场机具、设备、车辆冲洗用水必须设立循环用水装置。施工现场办公区、生活区的生活用水应采用节水系统和节水器具，节水器具配置率应达到100%。项目临时用水应使用节水型产品，安装计量装置，采取针对性的节水措施。

（5）施工现场及生活区应建立可再利用水的收集处理系统，如将生活区生活废污水（厨房洗菜中水、洗漱间的洗衣等用水）集中处理后，用于生活区的绿化浇灌、道路冲洗、冲洗厕所，或用于楼层外排栅采用喷雾降尘系统、工地现场器具、设备、运输车辆的清洗等，使水资源得到梯级循环利用。

（6）施工现场应分别对生活用水与工程用水确定用水定额指标，并分别计量考核。

（7）施工现场应对混凝土搅拌站点等用水集中的区域和工艺点进行专项计量考核。

（8）大型工程的不同单项工程、不同标段、不同分包生活区，应分别计量用水量。在签订不同标段分包或劳务合同时，应将节水指标纳入合同条款，进行计量考核。

（9）施工现场应建立雨水、中水或可再利用水的收集利用系统。

2. 非传统水源利用

（1）应优先采用中水搅拌、中水养护，有条件的工程应收集雨水养护。

（2）处于基坑降水阶段的工地，基坑降水应存储使用，可作为混凝土搅拌用水、养护用水、冲洗用水和部分生活用水。

（3）现场机具、设备、车辆冲洗、喷洒路面、绿化浇灌等用水，应优先采用非传统水源。

（4）施工现场及生活区、办公区应建立雨水收集利用系统。

（5）施工中非传统水源和循环水的再利用量应大于30％。

（6）非传统水源和现场循环再利用水的使用过程中，应制定有效的水质检测与卫生保障措施，确保避免对人体健康、工程质量以及周围环境产生不良影响。

三、节能与能源利用

1. 应制订合理施工能耗指标，提高施工能源利用率。

（1）施工现场应按生产、生活、办公制定用电控制指标，并建立计量管理机制。

（2）大型工程分不同单项工程、不同标段、不同阶段、不同分包生活区，应分别制定能耗定额指标，并采取不同的计量考核机制。

（3）进行现场教育和技术交底时，应将能耗定额指标一并交底，并在施工过程中计量考核。

（4）对于如塔式起重机、电梯等大型施工机械应进行专项能耗考核。

（5）应定期对计量结果进行核算、对比分析，并制定预防与纠正措施。

2. 应优先使用国家、行业推荐的节能、高效、环保的施工设备和机具，如选用数控弯箍机、钢筋加工机等变频技术的节能施工设备及电动运输车、喷涂机械等高效设备。

3. 在施工组织设计中，应合理安排施工顺序、工作面，以减少作业区域的机具数量，相邻作业区充分利用共有的机具资源。安排施工工艺时，应优先考虑耗用电能的或其他能耗较少的施工工艺。避免设备额定功率远大于使用功率或超负荷使用设备的现象。

4. 应充分利用太阳能、风能、空气能等新能源，如太阳能照明、太阳能热水器、空气能热水器等。

四、节地与土地资源保护

1. 临时用地指标

（1）应根据施工规模及现场条件等因素合理确定临时设施，如临时加工厂、现场作业棚及材料堆场、办公生活设施等的占地指标。临时设施的占地面积应按用地指标所需的最低面积设计。

（2）平面布置应合理、紧凑，在满足环境、职业健康与安全及文明施工要求的前提下尽可能减少废弃地和死角，临时设施占地面积有效利用率应大于90％。

2. 临时用地保护

（1）应对深基坑施工方案进行优化，减少土方开挖和回填量，最大限度地减少对周边土地的扰动，保护周边自然生态环境。

（2）红线外临时占地应尽量使用荒地、废地，少占用农田和耕地。工程完工后，应及时对红线外占地恢复原地形、地貌，使施工活动对周边环境的影响降至最低。

（3）应按经批准的时间、地点、范围和要求占用道路，协助维护占路范围周围的交通秩序，并满足施工作业区周边居民的基本出行要求，允许通行的车道或临时便道应满足安全通行的最小宽度要求；占用道路期满，应及时腾出所占道路，并清理现场，恢复道路原状。

（4）应利用和保护施工用地范围内原有绿色植被。对于施工周期较长的现场，应按建筑永久绿化的要求，安排场地新建绿化。

3. 施工总平面布置

（1）施工总平面布置应做到科学、合理并实施动态管理，充分利用原有建筑物、构筑物、道路、管线为施工服务。

（2）施工现场搅拌站、仓库、加工厂、作业棚、材料堆场等布置应尽量靠近已有交通线路或即将修建的正式或临时交通线路，缩短运输距离。

（3）临时办公和生活用房应采用经济、美观、占地面积小、对周边地貌环境影响较小，且适合于施工平面布置动态调整的多层轻钢活动板房、钢骨架水泥活动板房等标准化装配式结构。生活区与生产区应分开布置，并设置标准的分隔设施。

（4）须对施工现场进行围蔽（围蔽高度中心市区不少于2.5m，其他不少于1.8m），确保围蔽安全稳固；围蔽外侧应同时建设不少于1m宽的绿化带，场地条件不允许的，围蔽外侧和硬路面衔接处应采取硬化铺装措施。

（5）施工现场道路按照永久道路和临时道路相结合的原则布置，道路应对荷载有限制，施工期间不得破坏永久道路。在满足路面荷载条件下，临时道路应采用预制块铺设或钢板敷设，道路路基应采用永久路基施工，市政雨水、污水管网应提前投入使用。施工现场内应形成环形通路，减少道路占用土地。

（6）临时设施布置应注意远近结合（本期工程与下期工程），努力减少和避免大量临时建筑拆迁和场地搬迁。

4. 提高施工现场的资源利用率

工程建设几乎都需要挖填土方，甚至大量弃土或借土，如此将严重破坏生态环境，因此施工时应尽量依既有地面建造构造物如图7-4所示，避免大量挖填方，必要时则以土方平衡方式施工，使废土量或借土量减至最低，以达到绿营建的目的。土方平衡系

挖填坡面建造构造物　　　　依坡面建造构造物

图7-4 坡面的构造物[8]

指从事开挖、回填等土方工程（Earth Work）时，当开挖土方等于回填土方而无须运弃废土或借土回填，使挖填达到平衡状态[7][8]。

第四节　智能建筑与信息化

美国在 20 世纪 80 年代开始发展出智能建筑的概念，首栋智能大厦于 1984 年在美国哈特福德（Hartford）市建成，反观中国于 20 世纪 90 年代才起步，但迅猛发展势头令世人瞩目。智能建筑是信息时代的必然产物，建筑物智能化程度随科学技术的发展而逐步提高。当今世界科学技术发展的主要标志是 4C 技术（即 Computer 计算器技术、Control 控制技术、Communication 通信技术、CRT 图形显示技术）。将 4C 技术综合应用于建筑物之中，在建筑物内建立一个计算器综合网络，使建筑物智能化。4C 技术仅仅是智能建筑的结构化和系统化[9][10]。

一、智能建筑的概念

我国最新出版的《智能建筑设计标准》GB/T 50314—2015 中，定义智能建筑（Intelligent Building）是指以建筑物为平台，基于对各类智能化信息的综合应用，集架构、系统、应用、管理及优化组合为一体，具有感知、传输、记忆、推理、判断和决策的综合智慧能力，形成以人、建筑、环境互为协调的整合体，为人们提供安全、高效、便利及可持续发展功能环境的建筑。其领域包括安防、消防、楼宇自控、电话、电视、计算器、网络、信息通信、自动化控制、建筑电气等技术领域。它能够帮助大厦的主人、财产的管理者和拥有者等在诸如费用开支、生活舒适、商务活动和人身安全等方面得到最大利益的回报。

智能建筑系统集成（Intelligent Building System Integration），指以搭建建筑主体内的建筑智能化管理系统为目的，利用综合布线技术、楼宇自控技术、通信技术、网络互联技术、多媒体应用技术、安全防范技术等将相关设备、软件进行集成设计、安装调试、界面定制开发和应用支持。智能建筑系统集成实施的子系统的包括综合布线、楼宇自控、电话交换机、机房工程、监控系统、防盗报警、公共广播、门禁系统、楼宇对讲、一卡通、停车管理、消防系统、多媒体显示系统、远程会议系统。对于功能近似、统一管理的多幢住宅楼的智能建筑系统集成，又称为智能小区系统集成。

智能建筑能够通过许多方式来达成，例如采用智能建材或智能控制系统；智能建材是汇集物理、材料、电子、电机、通讯以及自动控制等领域，开发出创新的材料与控制的方法，使建材具有生物体才有的功能。目前的智能建材应用范畴，多集中于节能舒适应用方面，诸如电控调光玻璃、节能窗、储能百叶窗、发电地板以及外墙发电风铃，已被融入到住宅小区、商务大楼、旅馆、百货商场以及展场，应用相当广泛。智能建筑在通讯、运算与感测三大元素结合之下，未来发展的三大重要趋势，包括绿能环保、智能感测与万物互联等。智能感测重于将更多传感器布建于建筑物的各角落中，来获取更多不同的数据信息，并进行必要的控管；绿能环保则更强调让建筑物的能源的节约与再生；万物互联则是通过网络，将所有信息统一进行智能化分析，并做出最佳的处理方式。

二、智能建筑的设计标准

国家标准《智能建筑设计标准》GB/T 50314—2000 对智能建筑定义为"以建筑为平台，兼备建筑自动化设备、办公自动化及通信网络系统，集结构、系统、服务、管理及最优化、最适合的组合，提供一个安全、高效、舒适、便利的建筑环境"[10][11]。

2006 年修订版的国家标准《智能建筑设计标准》GB/T 50314—2006 对智能建筑定义为"以建筑物为平台，兼备信息设施系统、信息化应用系统、建筑设备管理系统、公共安全系统等，集结构、系统、服务、管理及其优化组合为一体，向人们提供安全、高效、便捷、节能、环保、健康的建筑环境"。

而 2015 年修订的《智能建筑设计标准》GB/T 50314—2015 是目前最新版本，对智能建筑的分类作了相应的调整，一级分类从 9 个增加至 14 个，二级分类则从原先的根据建筑的用途分类调整为按规模、级别来区分（如：医院由综合性医院、专科医院、特殊病医院调整为一级、二级、三级医院）。值得注意的是，相比旧标准，新版标准在"观演建筑"、"商店建筑"、"文化建筑"的阐述更加详细。根据《智能建筑设计标准》GB/T 50314—2015，建筑智能化工程的系统配置应符合下列规定：

1. 应以建筑的业态形式、设计等级和架构规划为依据。
2. 应按建筑整体功能需求配置基础设施的智能化系统。
3. 应以基础设施的智能化系统为支撑条件，配置满足不同功能类别单体或局部建筑的信息服务设施和信息化应用设施的智能化系统。
4. 应以各单体或局部建筑的基础设施和信息服务设施整合为条件，配置满足建筑实施整体运营和全局性管理模式需求的信息化应用设施的智能化系统。

三、信息化应用系统

国家标准《智能建筑设计标准》GB/T 50314—2015 中将信息化应用系统（Information Application System）定义为以信息设施系统和建筑设备管理系统等智能化系统为基础，为满足建筑物的各类专业化业务、规范化运营及管理的需要，由多种类信息设施、操作程序和相关应用设备等组合而成的系统。

信息设施系统应为建筑功能化系统工程提供信息资源整合，并具有综合服务功能的基础支撑设施。依据现有信息设施的技术状况，本标准对建筑内的各类信息化应用功能需要的信息设施所涵盖的系统做了罗列，并以智能化系统工程设计标准、架构规划、系统配置为依据，分别从信息通信基础设施（信息接入系统、布线系统、移动通信室内信号覆盖系统、卫星通信系统）、语音应用支撑设施（用户电话交换系统、无线对讲系统）、数据应用支撑设施（信息网络系统）、多媒体应用支撑设施（有线电视及卫星电视接收系统、公共广播系统、会议系统、信息导引及发布系统、时钟系统）等，对各系统提出满足建筑智能化系统工程设计所需的要求。各系统应适应数字技术发展及网络化传输的必然趋向，推行以信息网络融合及资源集聚共享的方式作全局性统一性规划和系统建设[11]。

智能化系统程的信息网络系统，根据承载业务的需要一般划分为业务信息网和智能化设施信息网，其中智能化设施信息网用于承载公共广播、信息引导及发布、视频安防监控、出入口控制、建筑设备监控等智能化系统设施信息，该信息网可采用单独组网或统一组网的系统架构。并根据各系统的业务流量状况等，通过 VLAN、QoS 等保障策略提供可靠、实时和安全的传输承载服务。信息网络系统应包括物理线缆层、链路交换层、网络交换层、安全及安全管理系统、运行维护管理系统五个部分的设计及其部署实施。系统应支持建筑内语音、数据、图像等多种类信息的端到端传输，并确保安全管理、服务质量（QoS）管理、系统的运行维护管理等。各类建筑或综合体建筑，核心设备应设置在中心机房；汇聚和接入设备宜设置在弱电（电信）间，核心、汇聚（若有人接入等）设备之间宜采用光纤布线。终端设备可以采用有线、无线或组合方式连接。信息网络系统外联到其他系统，出口位置宜采用具有安全防护功能和路由功能的设备。系统网络拓扑架构应满足各类别建筑使用功能的构成状况、业务需求特征及信息传输要求。系统中的 IP 相关设备应同时支持 IPv4、IPv6 协议。系统中的 IP 相关设备应支持通过标准协议将自身的各种运行信息传送到信息设施管理系统。

各类建筑物的智能化需求越来越趋于信息化，顺应了物联网、云计算、大数据、智能城市等信息交互多元化和新应用的发展。智能建筑经历多年发展，已经从数字化、智能化过渡到涵盖多种新技术、新理念，以服务为主、以用户为中心的新型商业模式的落脚点。智能建筑的解决方案，从宽带中国、智能城市等宏观政策的落地的角度出发，将硬设备、系统、软件平台、运营模式相结合，在技术层面上囊括了云计算、物联网、移动因特网等多种当前热点技术，在运营层面，则从提升用户满意度、增强用户体验等角度，为用户提供家庭、小区、周边商圈的一站式服务，是一种符合未来发展趋势、可持续运营的新模式。

建筑智能化结构是由三大系统组成：即建筑设备自动化（Building Automation, BA）、通信自动化（Communication Automation，CA）和办公自动化（Office Automation, OA），它们是智能化建筑中最基本的且是必须具备的基本功能，从而形成"3A"智能建筑。它们是智能化建筑中最主要的系统组成，且是必须具备的基本功能。建筑智能化的 3A 系统，分为 BAS、CAS、OAS 即楼宇控制系统、通信自动化系统和办公自动化系统。

其中，楼宇自动化（BA）是对智能化建筑中各种设备情况进行集中监控管理，及时自动处理，应具有安全保安监控功能、消防灭火报警监控功能和公用设施监控功能。通信自动化（CA）主要由三大部分组成，即语（话）音、图文和数据，如从应用设备系统的角度细分，包括以下系统：电话系统、传真系统（包括传真存储—转发）、会议电视和会议电话系统（简称视讯系统）、闭路电视系统、可视图文系统、电子邮件信箱系统、数据传输系统、计算机局域网络、卫星通信系统、移动通信系统、广播系统、时钟系统等。办公自动化（OA）通常以计算机为中心，配置传真机、电话机、各类终端设备、文字处理机、复印机、打印机和声音、图像存储装置等一系列现代化的办公和通信设备及相应软件，所能提供的基本功能按业务性质来分，主要有电子数据处理和视听系统、信息管理系统和支持管理决策系统三部分。

例如，商务办公楼建筑都应设计"公共服务系统、智能卡应用系统、物业管理系统、信息设施运行管理系统、信息安全管理系统"信息化服务系统。住宅小区更加倾向于智能小区，不仅仅有常规系统设计，它还将物业服务、信息通知、物业缴费、周边商铺、小区活动、小区圈子等诸多生活帮助信息及服务整合入移动终端，让智能小区更加适宜生活。

四、建筑信息模型与智能建筑结合

建筑技术朝着绿色节能与智能化方向发展，逐渐推动更多仪电与信息设备加入建筑的内涵。根据研究显示，在2005年绿色建筑在美国在建筑产业中开始受到了重视，该年度有2%的新建项目成为绿色建筑。到了2008年，新建项目中已有12%的商业建筑项目和8%的住宅建筑项目成为绿色建筑。该期间，通过各项技术的进步，绿色建筑的运营成本下降了13.6%，而这些建筑成为绿色建筑后，综合价值上升了10.9%。显然的，BIM正是适应新世代智能绿色建筑需求，提供具体可行的整合及运作管理平台，未来营运也能提供人们舒适便利的居住环境[12]。

随着绿色建筑在美国建筑市场的比重不断扩大，以及由绿色建筑设计带来的项目运营成本下降和综合价值提升，业主越发重视绿色BIM在项目中的运用。而业主对绿色BIM的要求的提升，也成了美国建筑企业将BIM运用于绿色建筑工程项目的关键动力。根据麦格劳－希尔建筑信息公司（McGraw-Hill Construction）2010年美国绿色BIM市场调查报告显示，对于36%的尚未使用过绿色BIM技术的建筑企业，业主对绿色BIM的要求成了最为重要的驱动力，而期望提升企业的市场竞争力也是这些企业准备进入绿色BIM领域的一个重要原因，如图7-5所示。

美国越来越多的地方法律将提高建筑（包括新建、改造和翻新建筑）效能、资源利

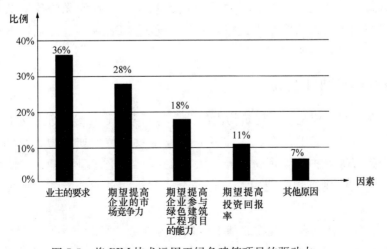

图7-5　将BIM技术运用于绿色建筑项目的驱动力

用率并降低建筑物碳排放确定为强制性标准，迫使项目设计实践中必须进一步重视项目可持续性属性与功能。而 BIM 强大的能耗模拟功能，使建筑师与工程师可以在项目设计阶段通过模拟能耗数据并在此基础上进行充分比选，得到更加合理的项目设计方案，这对施工阶段资源的高效利用将产生十分重大的影响。因此，目前在美国，鉴于法律、政策的积极影响，BIM 在绿色建筑中的运用得到了更为广泛的重视，绿色 BIM 也由此得到了进一步的推广[13]。

BIM 作为项目全寿命期的数据库，其模型包含了建筑所使用材料的属性，同时也能反映建筑在各个阶段的能源消耗状况。而无论在项目建设还是拆除的过程中，尽可能地利用可再生能源并选用可回收建筑材料，是减少建筑垃圾，进而实现建筑工程全寿命期绿色化十分重要的环节。因此，进一步加强绿色 BIM 在项目设计、施工阶段对建筑材料和可再生能源选用分析中的作用，应成为未来绿色 BIM 应用和技术发展的重要目标[14]。

台湾地区定义的建筑物智能化应该包含"主动感知的能力"、"最佳的解决途径"及"友善的人机界面"三大精神，为使智能建筑的评估更加符合建筑物智能化精神，新版智能建筑指标架构依据各指标的性质区分为"基础设施指标群"与"功能选项指针群"。基础设施指标群包含信息通信、综合布线、系统整合及设施管理四项指标，其关系建筑物智能化功能呈现的各项基础环境的建设及管理维护机制；功能选项指标群包含安全防灾、健康舒适、贴心便利及节能管理四项指标，其为建筑物智能化功能的具体呈现，并得以清楚显示智能建筑的具体效益。其中安全防灾可运用 BIM 提供防灾应变计划（Response Plan）及安全防灾检核系统的建立；健康舒适指针可运用 BIM 做前周期空间舒适度分析验证及后周期传感器数据收集与演算，以提供 3D 可视化互动展示舒适度的检算结果；节能管理指针可运用 BIM 于前周期从模型分析建筑最佳节能配置，解析能耗弱点，进行配置调整及建置后周期管理系统[13]。

过去传统的自动控制是建立在确定的模型基础上的，而智能控制的对象则存在模型严重的不确定性，即模型未知或知之甚少者模型的结构和参数在很大的范围内变动，比如工业过程的病态结构问题、某些干扰的无法预测，致使无法建立其模型，这些问题对基于模型的传统自动控制来说很难解决。通过 BIM 模型建立后，改变了物业传统的营运方式，有三点说明如下。

1. 传统物业管理问题剖析

传统物业管理主要是提供建筑物内的劳务与服务，以延续建筑物寿命与基本使用需求，项目主要包括：警卫保全、清洁劳务及设备设施类，如电力、空调、升降机、给排水、安全系统等维护、修理、保养三大类工作。物业管理与建筑物使用的管理服务息息相关，它能使建筑物的使用者享有安全、健康、舒适、清洁、环保、便利及良好生活机能的生活空间。

然而，管理工作需要建筑物的基本信息作为参考，来源大多是由建设公司移交时所提供的设施设备使用维护手册及厂商数据、使用执照誊本、竣工图说明、水电、机械设施、消防及管线图说明。无论是纸质材料或者是电子文件，历经物业管理公司及管理人员不断更迭，大部分物业管理人员是凭借交接手册或长久管理经验来应对。因此，检修及维护信息经常出现数据缺漏、遗失甚至错误等问题，时间越久误差越大甚至信息完全断层，管理也就越加困难。

2. 以 BIM 竣工模型为基础的设施管理

传统的物业管理设施运维均以 2D 图说为基础信息，而 2D 图说是以平面几何图形为主，一般人无法直接了解图说符号所代表的意义（例如门窗符号、填充图案等），须经专业人员判读才能转为有意义的信息；而 BIM 技术则是通过 3D 的方式呈现其视觉形态，并且将相关信息装载在该模型中，选取模型构件之同时亦取得相关详细信息，达成所见即所得之境界。BIM 竣工模型可说是经过设计与施工过程信息的修订验证与整合的结果。营运阶段的管理，若能有效利用 BIM 模型进行回溯、查询确认、整合记录及相关管理应用，则在 BIM 可视化、直觉化操作接口下，将使建筑设施管理作业事半功倍。

3. 新形态设施管理的基本思路

通过 BIM 模型来达成设施管理的主要目的，是希望快速、便捷及完整地提供管理人员所需信息，并辅助物业管理人员确保建筑物及设备能被使用者正常使用。可是当物业管理人员取得 BIM 模型时，处理模型所包藏的大量专业信息，相信比使用 2D 竣工图说明更加无所适从。工程专业人员费尽心力所完成的 BIM 竣工模型，信息虽然详尽，但无疑对非工程背景的用户或物业管理人员来说，是不知从何下手的。如果要求一般使用者或管理人员必须要先学会专业 BIM 工程应用软件，必须学习足够的专业知识，这似乎是缘木求鱼，实际上无法通过 BIM 模型进行设施管理。以 BIM 竣工模型为基础，以营运管理阶段各使用者和管理者的可操作性为前提，发展能够发挥 BIM 信息完备及可视化、直觉化操作性能的管理平台，让不同专业背景的使用者得以便捷、准确、高效地开展专业管理工作，如图 7-6 所示[14]。

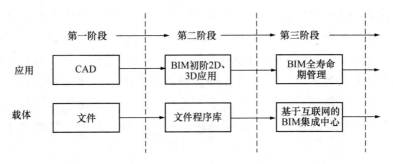

图 7-6　BIM 设施管理的应用阶段

第五节　建筑信息模型与未来技术

BIM 技术为装配式建筑的建设与运营维护提供了良好的技术平台，实现类似于制造业的标准化设计、精细化施工，信息化管理。利用 BIM 技术模拟装配式建筑全生命周期的碳排放数据，运用先进技术手段重新调配资源，有效地利用自然资源、可再生能源等，改善建筑物全生命周期的碳排放及能源消耗，达到节约能源消耗，减少碳排放的目的。BIM 技术是装配式建筑成为绿色建筑的重要支撑。

建筑信息模型促进建筑业生产方式的改变。BIM 技术有力地支持设计与施工一体化，减少建筑工程出错、管线碰撞、缺件、漏水等现象的发生，从而可以减少建筑工程全生命期的浪费，带来巨大的经济和社会效益。美国斯坦福大学 CIFE 中心根据 32 个项目总结了使用 BIM 技术的以下优势：消除 40％预算外更改；造价估算控制在 3％精确度范围内；造价估算耗费的时间缩短 80％；通过发现和解决冲突，将合同价格降低 10％；项目工期缩短 7％。恒基北京世界金融中心通过 BIM 技术应用在施工图纸中发现了 7753 个冲突，如果这些冲突到施工时才发现，估算不仅给项目造成超过 1000 万元的浪费及 3 个月的工期延误，而且会大大影响项目的质量和开发商的品牌[1][15][16]。

BIM 技术促进建筑行业的工业化发展。建设项目本质上是工业化制造和现场施工安装结合的产物，提高工业化制造在建设项目中的比例是建筑行业工业化的发展方向和目标。BIM 技术引进，通过设计制图、工厂制造、运输储存、现场装配等环节，解决了建筑行业的工业化信息创建、管理、传递的问题，同时工业化还为自动化生产加工奠定了基础，自动化不但能够提高产品质量和效率，利用 BIM 模型数据和数控机床的自动集成，还能完成通过传统的"二维图纸－深化图纸－加工制造"流程；BIM 技术的产业化应用将大大推动和加快建筑行业工业化进程。[1]

BIM 技术把建筑产业链紧密联系起来。建筑工程的产业链包括业主、勘察、设计、施工、项目管理、监理、部品、材料、设备等，一般项目都有数十个参与方，大型项目的参与方可以达到几百个甚至更多。过去几百年二维图纸作为产业链成员之间传递沟通信息的载体，随着项目复杂性和市场竞争的日益加大，二维图纸已无法满足建造业的需求，BIM 技术就是全球建筑行业专家同仁为解决未来的挑战而进行探索的成果。通过 BIM 的信息共享，将建筑工程中的业主、开发商、建商、供货商，从设计和施工与运营等过程中串联起来，甚至未来材料供应商逐步把产品目前提供的二维图纸资料改进为提供设备的建筑信息模型，供业主、设计单位和施工单位直接使用，不仅促进了这三方的工作效率和质量，另一方面也对供应商本身产品的销售提供了更多更好的方式和渠道[1][16]。

一、BIM 技术与绿色建造结合

LEED 是由美国绿色建筑委员会（U. S. Green Building Council）提出并得到国际公认的绿色建筑认证体系，而 BIM 与 LEED 的有机结合将使建筑师与工程师能在设计阶段更好地了解其所设计的建筑达到何种绿色建筑等级。目前，已有部分 BIM 软件提供了 LEED 评分功能。但据调查，对现有 BIM 软件的 LEED 评分功能，只有 12％的绿色 BIM 实践者认为其十分有效；而对其自动化水平，则仅有 5％的用户认为这类软件达到较高水平。根据调查分析结果，其原因在于要使 BIM 与 LEED 更好地结合，就必须将绿色建筑概念在 BIM 软件中予以强化，完善软件中的 LEED 评分功能，并提高其易用性。可以预见，绿色 BIM 软件与 LEED 评分机制的有机结合将为建筑师与工程师提供更加轻松快捷的绿色建筑项目设计体验，并造就更多优秀的绿色建筑[1][16]。

发展 BIM 技术应加强信息技术应用，如绿色施工的虚拟现实技术、三维建筑模型的工程量自动统计、绿色施工组织设计数据库建立与应用系统、数字化工地、基于电子商务的建筑工程材料、设备与物流管理系统等。通过应用信息技术，进行精密规划、设计、精心建造和优化集成，实现与提高绿色施工的各项指标。

采用 BIM 技术进行土建结构、钢结构、幕墙、电梯、机电、人防、精装修、景观绿化等专业的碰撞检查和深化设计，提取所需的工程量、成本估算、能耗分析、建筑材料、机电设备等相关信息，进行高效的建筑能耗、建筑材料、声光电或施工模拟使用 BIM 技术进行施工平面布置，利用 BIM 模型进行动态管理；以实现材料"零库存"为目标，利用 BIM 和物联网技术，对进场大宗物资、机电设备、钢结构、PC 构件、取样试件等进行物料跟踪管理；利用 BIM 技术，实现建筑、结构、机电等构件的预制化。

采用 BIM 技术与网络系统建立有追溯功能的电子表格，能迅速建立工地日志、监察报告、口头指示认可及安全报告等文件，令使用者即可大大提高工作效率，又可更有效的监察工程进度及工地状况。所有最新的工程图纸、照片及文件均可通过该网上管理平台浏览，先进的电子表格及数字影像传输，网络化简化了建筑业的繁复工序，即能降低营运成本、节省时间，又可提升使用者的竞争力。信息技术能使图纸设计及其管理的全部流程得到了优化整合，有利于提升整体工程的质量。该软件将人工智能技术用于图纸的识别和理解，能从图中自动抽取可供检索的信息，并提供多种查询方式和完善的版本控制机制，以协助用户进行图档管理；它充分考虑了设计人员在图纸设计过程中的各种需求，利用多种网络通信手段协助用户进行图纸设计，使设计与审核等不同用户能在网上能方便地交流对图档细节的意见并直接完成图纸设计。[1][15]

此外，应运用建筑知识模型（Building Knowledge Modeling），加强模型的信息归档。从项目层面上，促使项目各阶段所需信息的分类更加明确；从企业层面上，便于整理不同类别的项目相关信息以建立不同类别项目所需信息的数据库；从行业层面上，有助于将相关法律、规范信息与 BIM 软件相结合，以使项目参与各方在使用 BIM 平台时更加明确自身目标。同时，利用网络技术加强 BIM 平台的适时通信能力和不同语种的沟通能力，这也是 BIM 软件服务应用于国际工程项目中的重要目标。只有 BIM 软件的不断集成和优化，才能使各专业的工作更好地整合，从而更为有效地控制成本、减少浪费。

二、BIM 技术与虚拟现实结合

BIM 技术的基本作用之一就是有力支持建设项目信息在规划、设计、建造和运行维护全过程充分共享，无损传递，从而使建筑工程全生命期得到有效的管理，使得信息参与协同工作更加容易。应用 BIM 技术可以使建设项目的所有参与方在项目从概念产生到完全拆除的整个生命期内都能够在模型中操作信息和在信息中操作模型，进行协同工作。[1]在国外建筑产业里也开始有增强现实 AR（Augmented Reality）技术的应用研究，并与 BIM 相结合。美国软件公司 Bentley 于 2011 年起针对增强现实技术的应用作了许多研究。当虚拟环境与信息能在视觉上清楚明确且具意义的呈现时，能增进使用者的感知，技术上除了虚拟三维场景的需求外，常搭配可计算摄影机影像地址与角度的技术，或需依赖画面中的辅助标记、陀螺仪等，其目的是希望对应虚拟与真实环境的空间位置并进行结合。

1. 标示或显示隐藏管线

建筑工程中许多对象（如管线）在空间上是交叉重叠的，若能将虚拟管线直接结合于真实影像中，可让用户感受到管线埋于建物或平面空间下的空间感。所以已有研究成果可以将 BIM 模型结合实境影像显示管线位置结果或摆设虚拟管线，工程人员可借由扩增实境画面了解管线之复杂性以判别施工上可能遭遇的问题。

2. 迭加虚拟对象于实体空间中

另外 AR 技术能将实际尺寸的二维图说与现场画面，借由行动装置迭加呈现，以方便工程人员了解与比较画面与现况，这等同于实时的放样，利用扩增实境的特性，直接把虚拟的模型与实体空间巧妙结合。这也解决了建造业一直以来的问题，即二维图纸如何转换成三维图面？过去，工程师必须同时参考多个图面才能正确理解，并在头脑中呈现三维的施工样貌，三维的图面多而烦琐，常须了解图与图之间的关系才能在脑海中建构出三维样貌，AR 能将 BIM 与增强现实功能相结合，大大降低工程出错的概率。

3. 放样与记录自动化

增强现实技术除了协助现场人员对施工进行了解外，也有国外公司综合应用增强现实技术与建筑信息模型查核施工现场的问题。针对预先设定的施工查核点，再指派查核人员在现场根据指定位置与角度或是设置辅助标记拍摄照片后，直接与三维模型在同一位置的截图作影像重合与比对，以自动判别是否有施工缺失。例如，为检核门窗开孔位置的正确性，查核人员只需拍摄现实中开窗与门的照片，并和同姿态与位置的虚拟环境拍摄结果比对开孔大小、距离等，即可发现可能缺失并予以纠正。此方法不但能自动判别缺失的步骤，也可确实留下纪录，以避免人为判别可能产生的失误或通融行为。

三、网络信息的安全管理

我国建筑业的信息化与自动化等管理起步较晚，目前数字化、信息化进程已在我国的各行各业普遍展开，其共同特点是都建立在网络化信息管理平台之上。我国建筑工程的特点，就是每个阶段的参与者：如开发商、承建商、上级主管部门等不同参与者，均自定义自己内部的管理流程，并有其独立加密方法与文件管理流程，再通过网络与计算器连结到一个虚拟的平台上，实现"点对点"保密的文档交换和信息交流，有效保证各自信息的安全性。现代化建筑管理需要相互交换处理的信息量十分庞大，例如：设计阶段的各种图纸、进度控制；施工阶段的人员、物料、进度、质量和经济等数据，以及各类政府批文和法律文件等。建设单位繁多，高效的信息交流与共享管理，已成为优质完成现代化建筑工程的关键之一。所以势必需要一个整合性的信息系统，工程相关的信息才能很好地保存起来与共享，并转化成有用的知识以供将来借鉴。

现在互联网技术已被广泛应用在建筑业，从而大大加速和简化在不同建设项目参与者之间的通信联系与信息共享；但是随着网络的广泛应用，也产生信息的安全问题。建筑工程或公司内部数据与信息有可能因人为有意或无意的错误，如疏忽、跳槽等原因进行破坏，或者也可能因外部竞争对手的不正当竞争手段，以商业诈骗、盗窃、网络攻击等造成公司的信息毁灭、转移、消失，造成企业蒙受不可补救的损失，所以网络安全与信息保护措施是未来建筑产业需要克服的工作，许多国外大型建设公司除了内部建立信息安全部门，另外委托专业的网络安全公司进行网络信息监控、安全侦测与数据传输管控，并对内部各项电子邮件、信息软件进行监控，为的就是保护公司资产，确保市场竞争力[1][16]。

四、发展装配式建筑亟须解决的问题

虽然装配式建筑已经在我国开始试点和推广，但仍处于起步阶段，在各方面还需要有更多重大突破。推进施工现场装配化适应建筑业发展需要，但应从我国经济发展现状出发，力求在近几年内取得新的进展。为了更好地推进建筑装配化，需要强化以下几方面的研究[1][2]：

1. 混凝土节点的收缩及防水的综合技术研究

预制外围护结构在节点处往往存在缺陷，新老混凝土在节点连接处时常出现的微细裂缝（干燥收缩、温度收缩和碳化收缩等）是影响预制装配式建筑节能性能重要因素，也影响了装配式建筑的广泛推广。外墙在节点处的防渗水方面也容易有缺失，外围护结构的节点受力性能与混凝土收缩性能、热工性能和防水性能等跨学科的综合技术研究还需努力突破。

2. 装配式结构体系的整体抗震性能研究

预制结构整体性和抗震性能是制约装配式结构在高层和超高层建筑中推广应用的一个重要因素，应该进行系列试验研究，了解预制体系的抗震性能，并充分考虑施工因素，制定出更具操作性的规范规程。

3. 预制体系模数化和标准化研究

装配化施工应以建筑模数化和标准化为基础和前提，需加强设计模数化和建造标准化、模块化分解和组合的装配化的相关技术研究。而构配件工厂化生产也是施工现场装配化的基础，而自动化的预制生产成套设备的创造和制造是提高工厂预制效率和构配件生产质量的重要支撑。未来国内应加强构配件生产工业化、信息化、自动化的成套装备的技术研究。

4. 基于绿色建造的装配化施工技术研究

现场装配化是系统工程，应从顶层进行科学、系统、全面部署。装配化施工是建筑产品建造全过程中消耗资源最集中，对场地周边环境影响最突出，废弃物排放权重最大的阶段。当前，在强化绿色施工和与之相关的创新技术研究，特别是对于目前我国发展相对滞后的施工现场装配化的设计施工协调、装配化临建设施、整体化配件安装、机械化和信息化施工等协同技术和施工技术的强化研究方面存在缺口较大，应予以重点关注。

5. 现场施工装配化配套政策及法规研究

为加快施工现场装配化的推进和实施，应制定绿色建造相关法规政策、标准规范和激励机制，培育和发展一体化绿色建造体制机制，有利于建筑设计标准化、构配件生产工业化、设备管道集成化等为前提的施工现场装配化的推进。因此，研究和审视现行不合理的建设法律法规体系和规章制度，强化基于绿色化发展导向的激励机制研究，是当前急需启动的重大研究课题。

推广装配式建筑应立足现在，放眼未来；应秉承绿色建造理念，坚持建筑产业现代化的方向，以施工现场装配化为抓手，注重技术研究，协同推进，实现建筑产业的快速转型，为建筑产业节约资源、减少污染、改善作业条件、减轻劳动强度做出积极努力，进而促进建筑产业可持续发展。

本章小结

发展装配式建筑是建造方式的重大变革，是新型城镇化发展的重要举措，能够有效节约资源能源、减少施工污染、提升劳动生产效率和质量安全水平。本章通过对绿色建造的现场施工、装配式建筑环境管理、装配式建筑节能与能源利用、智能建筑与信息化、建筑信息化模型与各项技术未来的挑战的介绍，详细阐述了装配式建筑未来发展的新趋势，以期对未来装配式建筑研究与实践提供参考。

参考文献

[1] 毛志兵. 发展 BIM 技术是推进绿色建造的重要手段[J]. 山西建筑业，2015，12(2)：4-5.

［2］　肖绪文.建筑工程绿色施工［M］.北京：中国建筑工业出版社，2013.

［3］　肖绪文，冯大阔.基于绿色建造的施工现场装配化思考［J］.施工技术，2016，45(4)：1-4.

［4］　肖绪文，冯大阔.建筑工程绿色施工现状分析及推进建议［J］.施工技术，2013，42(1)：12-15.

［5］　中国建设教育协会继续教育委员会，组织编写.绿色施工与现场标准化管理［M］.北京：中国建筑工业出版社，2016.

［6］　罗明祥.建筑工程绿色施工的问题及措施探讨［J］.工程技术：全文版：00074-00075.

［7］　李河清.永续发展的国际关系面向：全球环境治理［J］.全球变迁通讯杂志，2003，38(4)：21-25.

［8］　中国土木水利工程学会，组织编写.土木与环境［M］.台湾科技图书出版社，2005.

［9］　智能建筑的概念和楼宇自动化系统简介：http：//www.xchen.com.cn/tjlw/jstjlw/492876.html.

［10］　杨嗣信.关于建筑工业化问题的探讨［J］.施工技术，2011，40(8下)：1-3.

［11］　智能建筑：http：//www.twwiki.com/wiki/智能建筑.

［12］　杨宇，尹航.美国绿色BIM应用现状及其对中国建设领域的影响分析［J］.中国工程科学，2011，13(08)：103-112.

［13］　台湾内政部建筑研究所，组织编写.智慧建筑评估手册2016年版［M］.内政部建筑研究所，2016.

［14］　李万利，苏瑞育，林志全.以BIM竣工模型打造智能建筑之应用［J］.中华技术，2013，97(01)：92-103.

［15］　叶明，武洁青.关于推动新型建筑工业化发展的思考［J］.住宅产业，2013(Z1)：11-14.

［16］　张希黔，康明，黄乐鹏.对我国建筑工业化现状的了解和建议［J］.施工技术，2015，44(2月下)：5-13.

附录　国家及部分省市相关文件汇编

（1）关于印发《国家住宅产业化基地试行办法》的通知（建住房〔2006〕150号）

（2）《绿色建筑行动方案》（国办发〔2013〕1号）

（3）《住房城乡建设部关于开展建筑业改革发展试点工作的通知》（建市〔2014〕64号）

（4）《住房城乡建设部关于推进建筑业发展和改革的若干意见》（建市〔2014〕92号）

（5）《中共中央国务院关于进一步加强城市规划建设管理工作的若干意见》

（6）《李克强总理在第十二届全国人大上做2016年政府工作报告》

（7）《李克强总理主持召开国务院常务会议决定大力发展装配式建筑》

（8）《国务院办公厅关于大力发展装配式建筑的指导意见》（国办发〔2016〕71号）

（9）《安徽省人民政府关于促进建筑业转型升级加快发展的指导意见》（皖政〔2013〕4号）

（10）《湖南省人民政府关于推进住宅产业化的指导意见》（湘政发〔2014〕12号）

（11）《江苏省政府关于加快推进建筑产业现代化促进建筑产业转型升级的意见》（苏政发〔2014〕111号）

（12）《安徽省人民政府办公厅关于加快推进建筑产业现代化的指导意见》（皖政办〔2014〕36号）

（13）《湖北省人民政府关于加快推进建筑产业现代化发展的意见》（鄂政发〔2016〕7号）

关于印发《国家住宅产业化基地试行办法》的通知

建住房〔2006〕150号

各省、自治区、直辖市建设厅（建委），新疆生产建设兵团建设局：

建立住宅产业化基地，对于推动住宅产业现代化，大力发展节能省地型住宅，提高住宅质量、性能和品质，满足广大城乡居民改善和提高住房条件，具有重要意义。建设部将选择3—5个城市，十多个企业联盟或集团开展国家住宅产业化基地试点工作。为保证试点工作的顺利进行，我部在征求各方面意见的基础上，制定了《国家住宅产业化基地试行办法》，现印发给你们，请按要求做好相关工作。

为贯彻落实《国务院关于促进房地产市场持续健康发展的通知》（国发〔2003〕18号）和《国务院办公厅转发建设部等部门关于推进住宅产业现代化提高住宅质量的若干意见》（国办发〔1999〕72号）文件的精神，依据《建设事业技术政策纲要》（建科〔2004〕72号），制定本办法。

一、建立国家住宅产业化基地的指导思想与目的

（一）建立国家住宅产业化基地（以下简称"产业化基地"）要坚持科学发展观，依靠技术创新，提高住宅产业标准化、工业化水平，大力发展节能省地型住宅，促进粗放式的住宅建造方式的转变，增强住宅产业可持续发展能力。

（二）建立产业化基地，培育和发展一批符合住宅产业现代化要求的产业关联度大、带动能力强的龙头企业，发挥示范、引导和辐射作用。发展符合节能、节地、节水、节材等资源节约和环保要求的住宅产业化成套技术与建筑体系，满足广大城乡居民对提高住宅的质量、性能和品质的需求。

二、产业化基地的主要任务

（一）产业化基地应研发、推广符合居住功能要求的标准化、系列化、配套化和通用化的新型工业化住宅建筑体系、部品体系与成套技术，提高自主创新能力，突破核心技术和关键技术，走出一条科技含量高、经济效益好、资源消耗低、环境污染少、人力资源优势得到充分发挥的新型工业化发展道路，提升产业整体技术水平。

（二）鼓励一批骨干房地产开发企业与部品生产、科研单位组成联盟，选择对提高住宅综合性能起关键作用的核心技术，集中力量开发攻关，形成产学研相结合的技术创新体系，带动所在地区的住宅产业发展。

（三）产业化基地应当逐步发展成为所处领域内的技术研发中心，积极参与相关标准规范的编制与国家住宅产业经济、技术政策的研究。

（四）选择有条件的城市开展产业化基地的综合试点，积极研究推进住宅产业现代化的经济政策与技术政策，探索住宅产业化工作的推进机制、政策措施，建立符合地方特色的住宅产业发展模式和因地制宜的住宅产业化体系。支持和引导产业化基地的先进技术、成果在住宅示范工程以及其他住宅建设项目中推广应用，形成研发、生产、推广、应用相互促进的市场推进机制。

三、设立产业化基地应具备的条件

（一）申报产业化基地的单位，应是具备一定开发规模和技术集成能力的大型住宅开发建设企业为龙头，与住宅部品生产企业、科研单位等组成的产业联盟；或具备较高技术集成度和研发生产能力的大型住宅部品生产企业；以及产业联盟和大型住宅部品生产企业比较集中的城市。

（二）申报单位应具备较强的技术集成、系列开发、工业化生产、市场开拓与集约化供应的能力，建立生产、建造、科研相结合的创新机制，具有国内先进水平的专门研发机构，能为企业协作与行业发展提供服务，并在本领域起到示范、辐射的作用。

（三）申报单位应根据自身条件及优势，并结合国家推进住宅产业现代化的政策要求，编制发展规划，提出具体的发展目标、技术措施、保障条件及实施计划。

（四）申报单位应建立健全有效的管理体系和运行机制，通过质量体系认证，具有良好的市场信誉。

（五）申报单位的关键技术与成果应符合国家住宅产业现代化的发展方向，适应城乡住宅发展需求，符合"四节一环保"的要求，并具有一定的先进性和较高的系统集成，技术成熟可靠，便于推广应用。

关键技术领域主要包括：

1. 新型工业化住宅建筑结构体系；
2. 符合国家墙改政策要求的新型墙体材料和成套技术；
3. 满足国家节能要求的住宅部品和成套技术；
4. 符合新能源利用的住宅部品和成套技术；
5. 有利于水资源利用的节水部品和成套技术；
6. 有利于城市减污和环境保护的成套技术；
7. 符合工厂化、标准化、通用化的住宅装修部品和成套技术等。

（六）申报产业化基地的试点城市，一般为副省级或省会以上的城市，具有较好的住宅产业化工作基础，较强的科技开发、产业化生产组织能力，对全国住宅产业化工作的推进可以起到示范引导作用，并符合以下要求：

1. 确定适合本地区的住宅产业发展模式和发展规划；
2. 提出本地区住宅产业化发展政策框架，在技术经济政策和推进机制等方面有所创新；
3. 确定符合节能省地要求，以"四节一环保"为主要内容的住宅产业发展技术经济指标，选择确立适宜地区发展的新型工业化住宅建造体系。

四、产业化基地的申报、批准与管理

（一）国家产业化基地组织管理工作统一由建设部负责，产业化基地具体技术指导及日常管理工作由建设部住宅产业化促进中心负责。

（二）设立产业化基地实行自愿申报的原则。

（三）申报单位应填写《国家住宅产业化基地申报表》、编制《国家住宅产业化基地可行性报告》。经所在省、自治区、直辖市建委（建设厅）签署推荐意见后，报建设部住宅产业化促进中心。

（四）《国家住宅产业化基地可行性报告》主要内容是：单位概况；基地实施的总体目标；基地实施的基本条件与优势；基地实施的主要技术内容；主要技术成果的产业化分析；产业化辐射效果及示范作用；基地的组织管理与计划安排；基地实施的政策保证措施；产业化基地实施的经济效益与社会效益分析。

（五）建设部住宅产业化促进中心会同申报单位所在省、自治区、直辖市建委（建设厅），组织专家对申报项目实地考察，并对《国家住宅产业化基地可行性报告》进行论证，通过论证的，报建设部批准。

（六）批准设立产业化基地的单位，应与建设部住宅产业化促进中心签订《国家住宅产业化基地实施责任书》后实施。《国家住宅产业化基地实施责任书》由建设部住宅产业化促进中心依据本办法另行编制。

（七）对批准实施的产业化基地，由建设部住宅产业化促进中心会同所在地方建设行政主管部门进行指导，并定期组织检查和考核。

（八）已经批准的产业化基地，因特殊情况不能按计划组织实施的，实施单位应及时向建设部住宅产业化促进中心报告，并通报地方建设行政主管部门。建设部住宅产业化促进中心会同地方建设行政主管部门对其提出处理意见。

（九）对不能按照本办法和《国家住宅产业化基地实施责任书》要求组织实施的，或在规定整改期限内仍不能达到要求的，取消其产业化基地资格。

中华人民共和国建设部

2006 年 6 月 21 日

国务院办公厅关于转发发展改革委
住房城乡建设部绿色建筑行动方案的通知

国办发〔2013〕1号

各省、自治区、直辖市人民政府，国务院各部委、各直属机构：

发展改革委、住房城乡建设部《绿色建筑行动方案》已经国务院同意，现转发给你们，请结合本地区、本部门实际，认真贯彻落实。

绿色建筑行动方案

发展改革委　住房城乡建设部

为深入贯彻落实科学发展观，切实转变城乡建设模式和建筑业发展方式，提高资源利用效率，实现节能减排约束性目标，积极应对全球气候变化，建设资源节约型、环境友好型社会，提高生态文明水平，改善人民生活质量，制定本行动方案。

一、充分认识开展绿色建筑行动的重要意义

绿色建筑是在建筑的全寿命期内，最大限度地节约资源、保护环境和减少污染，为人们提供健康、适用和高效的使用空间，与自然和谐共生的建筑。"十一五"以来，我国绿色建筑工作取得明显成效，既有建筑供热计量和节能改造超额完成"十一五"目标任务，新建建筑节能标准执行率大幅度提高，可再生能源建筑应用规模进一步扩大，国家机关办公建筑和大型公共建筑节能监管体系初步建立。但也面临一些比较突出的问题，主要是：城乡建设模式粗放，能源资源消耗高、利用效率低，重规模轻效率、重外观轻品质、重建设轻管理，建筑使用寿命远低于设计使用年限等。

开展绿色建筑行动，以绿色、循环、低碳理念指导城乡建设，严格执行建筑节能强制性标准，扎实推进既有建筑节能改造，集约节约利用资源，提高建筑的安全性、舒适性和健康性，对转变城乡建设模式，破解能源资源瓶颈约束，改善群众生产生活条件，培育节能环保、新能源等战略性新兴产业，具有十分重要的意义和作用。要把开展绿色建筑行动作为贯彻落实科学发展观、大力推进生态文明建设的重要内容，把握我国城镇化和新农村建设加快发展的历史机遇，切实推动城乡建设走上绿色、循环、低碳的科学发展轨道，促进经济社会全面、协调、可持续发展。

二、指导思想、主要目标和基本原则

（一）指导思想

以邓小平理论、"三个代表"重要思想、科学发展观为指导，把生态文明融入城乡建设的全过程，紧紧抓住城镇化和新农村建设的重要战略机遇期，树立全寿命期理念，切实转变城乡建设模式，提高资源利用效率，合理改善建筑舒适性，从政策法规、体制机制、规划设计、标准规范、技术推广、建设运营和产业支撑等方面全面推进绿色建筑行动，加快推进建设资源节约型和环境友好型社会。

（二）主要目标

1. 新建建筑。城镇新建建筑严格落实强制性节能标准，"十二五"期间，完成新建绿色建筑 10 亿平方米；到 2015 年末，20%的城镇新建建筑达到绿色建筑标准要求。

2. 既有建筑节能改造。"十二五"期间，完成北方采暖地区既有居住建筑供热计量和节能改造 4 亿平方米以上，夏热冬冷地区既有居住建筑节能改造 5000 万平方米，公共建筑和公共机构办公建筑节能改造 1.2 亿平方米，实施农村危房改造节能示范 40 万套。到 2020 年末，基本完成北方采暖地区有改造价值的城镇居住建筑节能改造。

（三）基本原则

1. 全面推进，突出重点。全面推进城乡建筑绿色发展，重点推动政府投资建筑、保障性住房以及大型公共建筑率先执行绿色建筑标准，推进北方采暖地区既有居住建筑节能改造。

2. 因地制宜，分类指导。结合各地区经济社会发展水平、资源禀赋、气候条件和建筑特点，建立健全绿色建筑标准体系、发展规划和技术路线，有针对性地制定有关政策措施。

3. 政府引导，市场推动。以政策、规划、标准等手段规范市场主体行为，综合运用价格、财税、金融等经济手段，发挥市场配置资源的基础性作用，营造有利于绿色建筑发展的市场环境，激发市场主体设计、建造、使用绿色建筑的内生动力。

4. 立足当前，着眼长远。树立建筑全寿命期理念，综合考虑投入产出效益，选择合理的规划、建设方案和技术措施，切实避免盲目的高投入和资源消耗。

三、重点任务

（一）切实抓好新建建筑节能工作

1. 科学做好城乡建设规划。在城镇新区建设、旧城更新和棚户区改造中，以绿色、节能、环保为指导思想，建立包括绿色建筑比例、生态环保、公共交通、可再生能源利用、土地集约利用、再生水利用、废弃物回收利用等内容的指标体系，将其纳入总体规划、控制性详细规划、修建性详细规划和专项规划，并落实到具体项目。做好城乡建设规划与区域能源规划的衔接，优化能源的系统集成利用。建设用地要优先利用城乡废弃地，积极开发利用地下空间。积极引导建设绿色生态城区，推进绿色建筑规模化发展。

2. 大力促进城镇绿色建筑发展。政府投资的国家机关、学校、医院、博物馆、科技馆、体育馆等建筑，直辖市、计划单列市及省会城市的保障性住房，以及单体建筑面积超过 2 万平方米的机场、车站、宾馆、饭店、商场、写字楼等大型公共建筑，自2014 年起全面执行绿色建筑标准。积极引导商业房地产开发项目执行绿色建筑标准，鼓励房地产开发企业建设绿色住宅小区。切实推进绿色工业建筑建设。发展改革、财政、住房城乡建设等部门要修订工程预算和建设标准，各省级人民政府要制定绿色建筑工程定额和造价标准。严格落实固定资产投资项目节能评估审查制度，强化对大型公共建筑项目执行绿色建筑标准情况的审查。强化绿色建筑评价标识管理，加强对规划、设计、施工和运行的监管。

3. 积极推进绿色农房建设。各级住房城乡建设、农业等部门要加强农村村庄建设整体规划管理，制定村镇绿色生态发展指导意见，编制农村住宅绿色建设和改造推广图集、村镇绿色建筑技术指南，免费提供技术服务。大力推广太阳能热利用、围护结构保温隔热、省柴节煤灶、节能炕等农房节能技术；切实推进生物质能利用，发展大中型沼气，加强运行管理和维护服务。科学引导农房执行建筑节能标准。

4. 严格落实建筑节能强制性标准。住房城乡建设部门要严把规划设计关口，加强建筑设计方案规划审查和施工图审查，城镇建筑设计阶段要100%达到节能标准要求。加强施工阶段监管和稽查，确保工程质量和安全，切实提高节能标准执行率。严格建筑节能专项验收，对达不到强制性标准要求的建筑，不得出具竣工验收合格报告，不允许投入使用并强制进行整改。鼓励有条件的地区执行更高能效水平的建筑节能标准。

（二）大力推进既有建筑节能改造

1. 加快实施"节能暖房"工程。以围护结构、供热计量、管网热平衡改造为重点，大力推进北方采暖地区既有居住建筑供热计量及节能改造，"十二五"期间完成改造4亿平方米以上，鼓励有条件的地区超额完成任务。

2. 积极推动公共建筑节能改造。开展大型公共建筑和公共机构办公建筑空调、采暖、通风、照明、热水等用能系统的节能改造，提高用能效率和管理水平。鼓励采取合同能源管理模式进行改造，对项目按节能量予以奖励。推进公共建筑节能改造重点城市示范，继续推行"节约型高等学校"建设。"十二五"期间，完成公共建筑改造6000万平方米，公共机构办公建筑改造6000万平方米。

3. 开展夏热冬冷和夏热冬暖地区居住建筑节能改造试点。以建筑门窗、外遮阳、自然通风等为重点，在夏热冬冷和夏热冬暖地区进行居住建筑节能改造试点，探索适宜的改造模式和技术路线。"十二五"期间，完成改造5000万平方米以上。

4. 创新既有建筑节能改造工作机制。做好既有建筑节能改造的调查和统计工作，制定具体改造规划。在旧城区综合改造、城市市容整治、既有建筑抗震加固中，有条件的地区要同步开展节能改造。制定改造方案要充分听取有关各方面的意见，保障社会公众的知情权、参与权和监督权。在条件许可并征得业主同意的前提下，研究采用加层改造、扩容改造等方式进行节能改造。坚持以人为本，切实减少扰民，积极推行工业化和标准化施工。住房城乡建设部门要严格落实工程建设责任制，严把规划、设计、施工、材料等关口，确保工程安全、质量和效益。节能改造工程完工后，应进行建筑能效测评，对达不到要求的不得通过竣工验收。加强宣传，充分调动居民对节能改造的积极性。

（三）开展城镇供热系统改造

实施北方采暖地区城镇供热系统节能改造，提高热源效率和管网保温性能，优化系统调节能力，改善管网热平衡。撤并低能效、高污染的供热燃煤小锅炉，因地制宜地推广热电联产、高效锅炉、工业废热利用等供热技术。推广"吸收式热泵"和"吸收式换热"技术，提高集中供热管网的输送能力。开展城市老旧供热管网系统改造，减少管网热损失，降低循环水泵电耗。

（四）推进可再生能源建筑规模化应用

积极推动太阳能、浅层地能、生物质能等可再生能源在建筑中的应用。太阳能资源适宜地区应在 2015 年前出台太阳能光热建筑一体化的强制性推广政策及技术标准，普及太阳能热水利用，积极推进被动式太阳能采暖。研究完善建筑光伏发电上网政策，加快微电网技术研发和工程示范，稳步推进太阳能光伏在建筑上的应用。合理开发浅层地热能。财政部、住房城乡建设部研究确定可再生能源建筑规模化应用适宜推广地区名单。开展可再生能源建筑应用地区示范，推动可再生能源建筑应用集中连片推广，到 2015 年末，新增可再生能源建筑应用面积 25 亿平方米，示范地区建筑可再生能源消费量占建筑能耗总量的比例达到 10％以上。

（五）加强公共建筑节能管理

加强公共建筑能耗统计、能源审计和能耗公示工作，推行能耗分项计量和实时监控，推进公共建筑节能、节水监管平台建设。建立完善的公共机构能源审计、能效公示和能耗定额管理制度，加强能耗监测和节能监管体系建设。加强监管平台建设统筹协调，实现监测数据共享，避免重复建设。对新建、改扩建的国家机关办公建筑和大型公共建筑，要进行能源利用效率测评和标识。研究建立公共建筑能源利用状况报告制度，组织开展商场、宾馆、学校、医院等行业的能效水平对标活动。实施大型公共建筑能耗（电耗）限额管理，对超限额用能（用电）的，实行惩罚性价格。公共建筑业主和所有权人要切实加强用能管理，严格执行公共建筑空调温度控制标准。研究开展公共建筑节能量交易试点。

（六）加快绿色建筑相关技术研发推广

科技部门要研究设立绿色建筑科技发展专项，加快绿色建筑共性和关键技术研发，重点攻克既有建筑节能改造、可再生能源建筑应用、节水与水资源综合利用、绿色建材、废弃物资源化、环境质量控制、提高建筑物耐久性等方面的技术，加强绿色建筑技术标准规范研究，开展绿色建筑技术的集成示范。依托高等院校、科研机构等，加快绿色建筑工程技术中心建设。发展改革、住房城乡建设部门要编制绿色建筑重点技术推广目录，因地制宜推广自然采光、自然通风、遮阳、高效空调、热泵、雨水收集、规模化中水利用、隔音等成熟技术，加快普及高效节能照明产品、风机、水泵、热水器、办公设备、家用电器及节水器具等。

（七）大力发展绿色建材

因地制宜、就地取材，结合当地气候特点和资源禀赋，大力发展安全耐久、节能环保、施工便利的绿色建材。加快发展防火隔热性能好的建筑保温体系和材料，积极发展烧结空心制品、加气混凝土制品、多功能复合一体化墙体材料、一体化屋面、低辐射镀膜玻璃、断桥隔热门窗、遮阳系统等建材。引导高性能混凝土、高强钢的发展利用，到 2015 年末，标准抗压强度 60 兆帕以上混凝土用量达到总用量的 10%，屈服强度 400 兆帕以上热轧带肋钢筋用量达到总用量的 45%。大力发展预拌混凝土、预拌砂浆。深入推进墙体材料革新，城市城区限制使用黏土制品，县城禁止使用实心粘土砖。发展改革、住房城乡建设、工业和信息化、质检部门要研究建立绿色建材认证制度，编制绿色建材产品目录，引导规范市场消费。质检、住房城乡建设、工业和信息化部门要加强建材生产、流通和使用环节的质量监管和稽查，杜绝性能不达标的建材进入市场。积极支持绿色建材产业发展，组织开展绿色建材产业化示范。

（八）推动建筑工业化

住房城乡建设等部门要加快建立促进建筑工业化的设计、施工、部品生产等环节的标准体系，推动结构件、部品、部件的标准化，丰富标准件的种类，提高通用性和可置换性。推广适合工业化生产的预制装配式混凝土、钢结构等建筑体系，加快发展建设工程的预制和装配技术，提高建筑工业化技术集成水平。支持集设计、生产、施工于一体的工业化基地建设，开展工业化建筑示范试点。积极推行住宅全装修，鼓励新建住宅一次装修到位或菜单式装修，促进个性化装修和产业化装修相统一。

（九）严格建筑拆除管理程序

加强城市规划管理，维护规划的严肃性和稳定性。城市人民政府以及建筑的所有者和使用者要加强建筑维护管理，对符合城市规划和工程建设标准、在正常使用寿命内的建筑，除基本的公共利益需要外，不得随意拆除。拆除大型公共建筑的，要按有关程序提前向社会公示征求意见，接受社会监督。住房城乡建设部门要研究完善建筑拆除的相关管理制度，探索实行建筑报废拆除审核制度。对违规拆除行为，要依法依规追究有关单位和人员的责任。

（十）推进建筑废弃物资源化利用

落实建筑废弃物处理责任制，按照"谁产生、谁负责"的原则进行建筑废弃物的收集、运输和处理。住房城乡建设、发展改革、财政、工业和信息化部门要制定实施方案，推行建筑废弃物集中处理和分级利用，加快建筑废弃物资源化利用技术、装备研发推广，编制建筑废弃物综合利用技术标准，开展建筑废弃物资源化利用示范，研究建立建筑废弃物再生产品标识制度。地方各级人民政府对本行政区域内的废弃物资源化利用负总责，地级以上城市要因地制宜设立专门的建筑废弃物集中处理基地。

四、保障措施

（一）强化目标责任

要将绿色建筑行动的目标任务科学分解到省级人民政府，将绿色建筑行动目标完成情况和措施落实情况纳入省级人民政府节能目标责任评价考核体系。要把贯彻落实本行动方案情况纳入绩效考核体系，考核结果作为领导干部综合考核评价的重要内容，实行责任制和问责制，对作出突出贡献的单位和人员予以通报表扬。

（二）加大政策激励

研究完善财政支持政策，继续支持绿色建筑及绿色生态城区建设、既有建筑节能改造、供热系统节能改造、可再生能源建筑应用等，研究制定支持绿色建材发展、建筑垃圾资源化利用、建筑工业化、基础能力建设等工作的政策措施。对达到国家绿色建筑评价标准二星级及以上的建筑给予财政资金奖励。财政部、税务总局要研究制定税收方面的优惠政策，鼓励房地产开发商建设绿色建筑，引导消费者购买绿色住宅。改进和完善对绿色建筑的金融服务，金融机构可对购买绿色住宅的消费者在购房贷款利率上给予适当优惠。国土资源部门要研究制定促进绿色建筑发展在土地转让方面的政策，住房城乡建设部门要研究制定容积率奖励方面的政策，在土地招拍挂出让规划条件中，要明确绿色建筑的建设用地比例。

（三）完善标准体系

住房城乡建设等部门要完善建筑节能标准，科学合理地提高标准要求。健全绿色建筑评价标准体系，加快制（修）订适合不同气候区、不同类型建筑的节能建筑和绿色建筑评价标准，2013 年完成《绿色建筑评价标准》的修订工作，完善住宅、办公楼、商场、宾馆的评价标准，出台学校、医院、机场、车站等公共建筑的评价标准。尽快制（修）订绿色建筑相关工程建设、运营管理、能源管理体系等标准，编制绿色建筑区域规划技术导则和标准体系。住房城乡建设、发展改革部门要研究制定基于实际用能状况，覆盖不同气候区、不同类型建筑的建筑能耗限额，要会同工业和信息化、质检等部门完善绿色建材标准体系，研究制定建筑装修材料有害物限量标准，编制建筑废弃物综合利用的相关标准规范。

（四）深化城镇供热体制改革

住房城乡建设、发展改革、财政、质检等部门要大力推行按热量计量收费，督导各地区出台完善供热计量价格和收费办法。严格执行两部制热价。新建建筑、完成供热计量改造的既有建筑全部实行按热量计量收费，推行采暖补贴"暗补"变"明补"。对实行分户计量有难度的，研究采用按小区或楼宇供热量计量收费。实施热价与煤价、气价联动制度，对低收入居民家庭提供供热补贴。加快供热企业改革，推进供热企业市场化经营，培育和规范供热市场，理顺热源、管网、用户的利益关系。

（五）严格建设全过程监督管理

在城镇新区建设、旧城更新、棚户区改造等规划中，地方各级人民政府要建立并严格落实绿色建设指标体系要求，住房城乡建设部门要加强规划审查，国土资源部门要加强土地出让监管。对应执行绿色建筑标准的项目，住房城乡建设部门要在设计方案审查、施工图设计审查中增加绿色建筑相关内容，未通过审查的不得颁发建设工程规划许可证、施工许可证；施工时要加强监管，确保按图施工。对自愿执行绿色建筑标准的项目，在项目立项时要标明绿色星级标准，建设单位应在房屋施工、销售现场明示建筑节能、节水等性能指标。

（六）强化能力建设

住房城乡建设部要会同有关部门建立健全建筑能耗统计体系，提高统计的准确性和及时性。加强绿色建筑评价标识体系建设，推行第三方评价，强化绿色建筑评价监管机构能力建设，严格评价监管。要加强建筑规划、设计、施工、评价、运行等人员的培训，将绿色建筑知识作为相关专业工程师继续教育培训、执业资格考试的重要内容。

鼓励高等院校开设绿色建筑相关课程，加强相关学科建设。组织规划设计单位、人员开展绿色建筑规划与设计竞赛活动。广泛开展国际交流与合作，借鉴国际先进经验。

（七）加强监督检查

将绿色建筑行动执行情况纳入国务院节能减排检查和建设领域检查内容，开展绿色建筑行动专项督查，严肃查处违规建设高耗能建筑、违反工程建设标准、建筑材料不达标、不按规定公示性能指标、违反供热计量价格和收费办法等行为。

（八）开展宣传教育

采用多种形式积极宣传绿色建筑法律法规、政策措施、典型案例、先进经验，加强舆论监督，营造开展绿色建筑行动的良好氛围。将绿色建筑行动作为全国节能宣传周、科技活动周、城市节水宣传周、全国低碳日、世界环境日、世界水日等活动的重要宣传内容，提高公众对绿色建筑的认知度，倡导绿色消费理念，普及节约知识，引导公众合理使用用能产品。

各地区、各部门要按照绿色建筑行动方案的部署和要求，抓好各项任务落实。发展改革委、住房城乡建设部要加强综合协调，指导各地区和有关部门开展工作。各地区、各有关部门要尽快制定相应的绿色建筑行动实施方案，加强指导，明确责任，狠抓落实，推动城乡建设模式和建筑业发展方式加快转变，促进资源节约型、环境友好型社会建设。

国务院办公厅
2013 年 1 月 1 日

住房城乡建设部关于开展建筑业改革发展试点工作的通知

建市〔2014〕64号

各省、自治区住房和城乡建设厅，直辖市建委（建设交通委），新疆生产建设兵团建设局，深圳市建设局，合肥、绍兴、常州、广州、西安市建委：

为贯彻落实党的十八届三中全会精神，推进建筑业改革发展，保障工程质量安全，经研究，决定在部分省市先行开展建筑业改革发展试点工作，探索一批各具特色的典型经验和先进做法，为全国建筑业改革发展提供示范经验。现将有关事项通知如下：

一、试点内容

（一）建筑市场监管综合试点

试点地区是吉林、广东、江苏、安徽省。通过进一步开放建筑市场，强化对建设单位行为监管，改革招标投标监管方式，推进建筑市场监管信息化和诚信体系建设，改革行政审批制度，完善工程监理及总承包制度，转变政府职能，提高建筑市场监管水平和效率。

（二）建筑劳务用工管理试点

试点地区是北京、天津、重庆和河北、陕西省。通过完善建筑劳务用工管理政策，落实施工总承包企业责任，健全建筑劳务实名制管理制度，完善实名制管理信息系统，开展实名制信息互通共享，为加强全国建筑劳务用工管理提供借鉴。

（三）建设工程企业资质电子化审批试点

试点地区是上海市。以信息化为载体，完善日常监管信息采集和审核机制，简化企业申报材料，优化资质审批程序，减少人工审查内容，试行电子资质证书，探索建立高效、透明、便捷的电子化资质审批平台，实现建设工程企业资质审批的标准化和信息化。

（四）建筑产业现代化试点

试点地区是辽宁、江苏省和合肥、绍兴市。通过推行建筑产业现代化工作，研究探讨企业设计、施工、生产等全过程技术、管理模式，完善政府在设计、施工阶段的质量安全监管制度，总结推广成熟的先进技术与管理经验，引导推动建筑产业现代化在全国范围内的发展。

（五）建筑工程质量安全管理试点

1. 试点地区是安徽、湖北省。通过以质量行为标准化和工程实体质量控制标准化为重点，强化企业对工程项目的质量管理，强化施工过程质量控制，提高工程质量水平。建立工程质量管理标准化制度，加强企业质量保证体系和工程项目质量管控能力建设，减少质量事故质量问题的发生。

2. 试点地区是上海、深圳市。通过以建筑施工项目安全生产标准化考评结果为主要依据，全面规范实施建筑施工企业和施工项目安全生产标准化考评工作。实施建筑施工安全生产标准化考评工作，产生良好示范效应，督促企业加强项目安全生产管理，提高建筑施工安全生产管理水平。

3. 试点地区是福建省、常州市。通过推进建筑起重机械租赁、安装、使用、拆除、维护保养一体化管理模式，提升专业化管理水平，更好适应市场发展需要；鼓励建筑起重机械一体化管理模式，落实全过程安全管理责任，减少建筑起重机械安全事故，逐步形成比较完善的管理制度和方式，制定推进建筑起重机械一体化管理的实施意见，提高建筑起重机械安全管理水平。

（六）城市轨道交通建设全过程安全风险控制管理试点

试点地区是北京、广州、西安市。建设单位聘用专业化机构为工程建设全过程安全风险防控提供咨询服务，有效控制安全风险；主管部门通过购买服务方式，委托专业机构作为辅助力量，解决安全风险防控需求和现有技术管理力量不足的问题，提高政府监管效能，引导、培育和规范咨询机构发展。

二、组织实施

（一）加强组织领导

试点省市住房城乡建设主管部门要紧密结合自身实际，建立相应的工作机制，切实加强对改革试点工作的组织领导，制定试点方案，推进试点实施，进行督促检查，开展宣传推广，确保组织到位、责任到位、保障到位。

（二）积极推进试点

各试点省可在全省范围内，也可以选择几个地级市进行试点。各试点省市住房城乡建设部门制订试点实施方案要充分听取各方意见，试点实施方案要突出针对性、操作性、实效性，立足解决重大现实问题，着力创新体制机制，明确试点目标、试点措施、进度安排、配套政策、责任主体、风险分析及应对措施等。

（三）及时沟通交流

试点工作启动后，要及时开展跟踪调研，了解分析进展情况，解决存在的问题，不断总结完善试点经验。对于实践中发现的好经验、好做法，以及实施过程中涉及的重大政策调整、出现的重大问题，要及时告住房城乡建设部建筑市场监管司和工程质量安全监管司。

（四）加大宣传引导

试点工作政策性强，社会关注度高。要充分发挥各方积极性、主动性、创造性，对在改革实践中涌现的新思路、新办法、新举措，只要有利于建筑业改革发展的，都应给予保护和支持。要坚持正确舆论导向，合理引导行业预期，多做宣传引导，增进共识、统一思想，营造全社会、全行业关心、重视、支持建筑业改革的良好氛围。

中华人民共和国住房和城乡建设部
2014 年 5 月 4 日

住房城乡建设部关于推进建筑业发展和改革的若干意见

建市 ［2014］ 92 号

各省、自治区住房城乡建设厅，直辖市建委（建设交通委），新疆生产建设兵团建设局：

为深入贯彻落实党的十八大和十八届三中全会精神，推进建筑业发展和改革，保障工程质量安全，提升工程建设水平，针对当前建筑市场和工程建设管理中存在的突出问题，提出如下意见：

一、指导思想和发展目标

（一）指导思想。以邓小平理论、"三个代表"重要思想、科学发展观为指导，加快完善现代市场体系，充分发挥市场在资源配置中的决定性作用和更好发挥政府作用，紧紧围绕正确处理好政府和市场关系的核心，切实转变政府职能，全面深化建筑业体制机制改革。

（二）发展目标。简政放权，开放市场，坚持放管并重，消除市场壁垒，构建统一开放、竞争有序、诚信守法、监管有力的全国建筑市场体系；创新和改进政府对建筑市场、质量安全的监督管理机制，加强事中事后监管，强化市场和现场联动，落实各方主体责任，确保工程质量安全；转变建筑业发展方式，推进建筑产业现代化，促进建筑业健康协调可持续发展。

二、建立统一开放的建筑市场体系

（一）进一步开放建筑市场。各地要严格执行国家相关法律法规，废除不利于全国建筑市场统一开放、妨碍企业公平竞争的各种规定和做法。全面清理涉及工程建设企业的各类保证金、押金等，对于没有法律法规依据的一律取消。积极推行银行保函和诚信担保。规范备案管理，不得设置任何排斥、限制外地企业进入本地区的准入条件，不得强制外地企业参加培训或在当地成立子公司等。各地有关跨省承揽业务的具体管理要求，应当向社会公开。各地要加强外地企业准入后的监督管理，建立跨省承揽业务企业的违法违规行为处理督办、协调机制，严厉查处围标串标、转包、挂靠、违法分包等违法违规行为及质量安全事故，对于情节严重的，予以清出本地建筑市场，并在全国建筑市场监管与诚信信息发布平台曝光。

（二）推进行政审批制度改革。坚持淡化工程建设企业资质、强化个人执业资格的改革方向，探索从主要依靠资质管理等行政手段实施市场准入，逐步转变为充分发挥社会信用、工程担保、保险等市场机制的作用，实现市场优胜劣汰。加快研究修订工程建设企业资质标准和管理规定，取消部分资质类别设置，合并业务范围相近的企业资质，合理设置资质标准条件，注重对企业、人员信用状况、质量安全等指标的考核，强化资质审批后的动态监管；简政放权，推进审批权限下放，健全完善工程建设企业资质和个人执业资格审查制度；改进审批方式，推进电子化审查，加大公开公示力度。

（三）改革招标投标监管方式。调整非国有资金投资项目发包方式，试行非国有资金投资项目建设单位自主决定是否进行招标发包，是否进入有形市场开展工程交易活动，并由建设单位对选择的设计、施工等单位承担相应的责任。建设单位应当依法将工程发包给具有相应资质的承包单位，依法办理施工许可、质量安全监督等手续，确保工程建设实施活动规范有序。各地要重点加强国有资金投资项目招标投标监管，严格控制招标人设置明显高于招标项目实际需要和脱离市场实际的不合理条件，严禁以各种形式排斥或限制潜在投标人投标。要加快推进电子招标投标，进一步完善专家评标制度，加大社会监督力度，健全中标候选人公示制度，促进招标投标活动公开透明。鼓励有条件的地区探索开展标后评估。勘察、设计、监理等工程服务的招标，不得以费用作为唯一的中标条件。

（四）推进建筑市场监管信息化与诚信体系建设。加快推进全国工程建设企业、注册人员、工程项目数据库建设，印发全国统一的数据标准和管理办法。各省级住房城乡建设主管部门要建立建筑市场和工程质量安全监管一体化工作平台，动态记录工程项目各方主体市场和现场行为，有效实现建筑市场和现场的两场联动。各级住房城乡建设主管部门要进一步加大信息的公开力度，通过全国统一信息平台发布建筑市场和质量安全监管信息，及时向社会公布行政审批、工程建设过程监管、执法处罚等信息，公开曝光各类市场主体和人员的不良行为信息，形成有效的社会监督机制。各地可结合本地实际，制定完善相关法规制度，探索开展工程建设企业和从业人员的建筑市场和质量安全行为评价办法，逐步建立"守信激励、失信惩戒"的建筑市场信用环境。鼓励有条件的地区研究、试行开展社会信用评价，引导建设单位等市场各方主体通过市场化运作综合运用信用评价结果。

（五）进一步完善工程监理制度。分类指导不同投资类型工程项目监理服务模式发展。调整强制监理工程范围，选择部分地区开展试点，研究制定有能力的建设单位自主决策选择监理或其他管理模式的政策措施。具有监理资质的工程咨询服务机构开展项目管理的工程项目，可不再委托监理。推动一批有能力的监理企业做优做强。

（六）强化建设单位行为监管。全面落实建设单位项目法人责任制，强化建设单位的质量责任。建设单位不得违反工程招标投标、施工图审查、施工许可、质量安全监督及工程竣工验收等基本建设程序，不得指定分包和肢解发包，不得与承包单位签订"阴阳合同"、任意压缩合理工期和工程造价，不得以任何形式要求设计、施工、监理及其他技术咨询单位违反工程建设强制性标准，不得拖欠工程款。政府投资工程一律不得采取带资承包方式进行建设，不得将带资承包作为招标投标的条件。积极探索研究对建设单位违法行为的制约和处罚措施。各地要进一步加强对建设单位市场行为和质量安全行为的监督管理，依法加大对建设单位违法违规行为的处罚力度，并将其不良行为在全国建筑市场监管与诚信信息发布平台曝光。

（七）建立与市场经济相适应的工程造价体系。逐步统一各行业、各地区的工程计价规则，服务建筑市场。健全工程量清单和定额体系，满足建设工程全过程不同设计深度、不同复杂程度、多种承包方式的计价需要。全面推行清单计价制度，建立与市场相适应的定额管理机制，构建多元化的工程造价信息服务方式，清理调整与市场不符的各类计价依据，充分发挥造价咨询企业等第三方专业服务作用，为市场决定工程造价提供保障。建立国家工程造价数据库，发布指标指数，提升造价信息服务。推行工程造价全过程咨询服务，强化国有投资工程造价监管。

三、强化工程质量安全管理

（一）加强勘察设计质量监管。进一步落实和强化施工图设计文件审查制度，推动勘察设计企业强化内部质量管控能力。健全勘察项目负责人对勘察全过程成果质量负责制度。推行勘察现场作业人员持证上岗制度。推动采用信息化手段加强勘察质量管理。研究建立重大设计变更管理制度。推行建筑工程设计使用年限告知制度。推行工程设计责任保险制度。

（二）落实各方主体的工程质量责任。完善工程质量终身责任制，落实参建各方主体责任。落实工程质量抽查巡查制度，推进实施分类监管和差别化监管。完善工程质量事故质量问题查处通报制度，强化质量责任追究和处罚。健全工程质量激励机制，营造"优质优价"市场环境。规范工程质量保证金管理，积极探索试行工程质量保险制度，对已实行工程质量保险的工程，不再预留质量保证金。

（三）完善工程质量检测制度。落实工程质量检测责任，提高施工企业质量检验能力。整顿规范工程质量检测市场，加强检测过程和检测行为监管，加大对虚假报告等违法违规行为处罚力度。建立健全政府对工程质量监督抽测制度，鼓励各地采取政府购买服务等方式加强监督检测。

（四）推进质量安全标准化建设。深入推进项目经理责任制，不断提升项目质量安全水平。开展工程质量管理标准化活动，推行质量行为标准化和实体质量控制标准化。推动企业完善质量保证体系，加强对工程项目的质量管理，落实质量员等施工现场专业人员职责，强化过程质量控制。深入开展住宅工程质量常见问题专项治理，全面推行样板引路制度。全面推进建筑施工安全生产标准化建设，落实建筑施工安全生产标准化考评制度，项目安全标准化考评结果作为企业标准化考评的主要依据。

（五）推动建筑施工安全专项治理。研究探索建筑起重机械和模板支架租赁、安装（搭设）、使用、拆除、维护保养一体化管理模式，提升起重机械、模板支架专业化管理水平。规范起重机械安装拆卸工、架子工等特种作业人员安全考核，提高从业人员安全操作技能。持续开展建筑起重机械、模板支架安全专项治理，有效遏制群死群伤事故发生。

（六）强化施工安全监督。完善企业安全生产许可制度，以企业承建项目安全管理状况为安全生产许可延期审查重点，加强企业安全生产许可的动态管理。鼓励地方探索实施企业和人员安全生产动态扣分制度。完善企业安全生产费用保障机制，在招标时将安全生产费用单列，不得竞价，保障安全生产投入，规范安全生产费用的提取、使用和管理。加强企业对作业人员安全生产意识和技能培训，提高施工现场安全管理水平。加大安全隐患排查力度，依法处罚事故责任单位和责任人员。完善建筑施工安全监督制度和安全监管绩效考核机制。支持监管力量不足的地区探索以政府购买服务方式，委托具备能力的专业社会机构作为安全监督机构辅助力量。建立城市轨道交通等重大工程安全风险管理制度，推动建设单位对重大工程实行全过程安全风险管理，落实风险防控投入。鼓励建设单位聘用专业化社会机构提供安全风险管理咨询服务。

四、促进建筑业发展方式转变

（一）推动建筑产业现代化。统筹规划建筑产业现代化发展目标和路径。推动建筑产业现代化结构体系、建筑设计、部品构件配件生产、施工、主体装修集成等方面的关键技术研究与应用。制定完善有关设计、施工和验收标准，组织编制相应标准设计图集，指导建立标准化部品构件体系。建立适应建筑产业现代化发展的工程质量安全监管制度。鼓励各地制定建筑产业现代化发展规划以及财政、金融、税收、土地等方面激励政策，培育建筑产业现代化龙头企业，鼓励建设、勘察、设计、施工、构件生产和科研等单位建立产业联盟。进一步发挥政府投资项目的试点示范引导作用并适时扩大试点范围，积极稳妥推进建筑产业现代化。

（二）构建有利于形成建筑产业工人队伍的长效机制。建立以市场为导向、以关键岗位自有工人为骨干、劳务分包为主要用工来源、劳务派遣为临时用工补充的多元化建筑用工方式。施工总承包企业和专业承包企业要拥有一定数量的技术骨干工人，鼓励施工总承包企业拥有独资或控股的施工劳务企业。充分利用各类职业培训资源，建立多层次的劳务人员培训体系。大力推进建筑劳务基地化建设，坚持"先培训后输出、先持证后上岗"的原则。进一步落实持证上岗制度，从事关键技术工种的劳务人员，应取得相应证书后方可上岗作业。落实企业责任，保障劳务人员的合法权益。推行建筑劳务实名制管理，逐步实现建筑劳务人员信息化管理。

（三）提升建筑设计水平。坚持以人为本、安全集约、生态环保、传承创新的理念，树立文化自信，鼓励建筑设计创作。树立设计企业是创新主体的意识，提倡精品设计。鼓励开展城市设计工作，加强建筑设计与城市规划间的衔接。探索放开建筑工程方案设计资质准入限制，鼓励相关专业人员和机构积极参与建筑设计方案竞选。完善建筑设计方案竞选制度，建立完善大型公共建筑方案公众参与和专家辅助决策机制，在方案评审中，重视设计方案文化内涵审查。加强建筑设计人才队伍建设，着力培养一批高层次创新人才。开展设计评优，激发建筑设计人员的创作激情。探索研究大型公共建筑设计后评估制度。

（四）加大工程总承包推行力度。倡导工程建设项目采用工程总承包模式，鼓励有实力的工程设计和施工企业开展工程总承包业务。推动建立适合工程总承包发展的招标投标和工程建设管理机制，调整现行招标投标、施工许可、现场执法检查、竣工验收备案等环节管理制度，为推行工程总承包创造政策环境。工程总承包合同中涵盖的设计、施工业务可以不再通过公开招标方式确定分包单位。

（五）提升建筑业技术能力。完善以工法和专有技术成果、试点示范工程为抓手的技术转移与推广机制，依法保护知识产权。积极推动以节能环保为特征的绿色建造技术的应用。推进建筑信息模型（BIM）等信息技术在工程设计、施工和运行维护全过程的应用，提高综合效益。推广建筑工程减隔震技术。探索开展白图替代蓝图、数字化审图等工作。建立技术研究应用与标准制定有效衔接的机制，促进建筑业科技成果转化，加快先进适用技术的推广应用。加大复合型、创新型人才培养力度。推动建筑领域国际技术交流合作。

五、加强建筑业发展和改革工作的组织和实施

（一）加强组织领导。各地要高度重视建筑业发展和改革工作，加强领导、明确责任、统筹安排，研究制定工作方案，不断完善相关法规制度，推进各项制度措施落实，及时解决发展和改革中遇到的困难和问题，整体推进建筑业发展和改革的不断深化。

（二）积极开展试点。各地要结合本地实际组织开展相关试点工作，把试点工作与推动本地区工作结合起来，及时分析试点进展情况，认真总结试点经验，研究解决试点中出现的问题，在条件成熟时向全国推广。要加大宣传推动力度，调动全行业和社会各方力量，共同推进建筑业的发展和改革。

（三）加强协会能力建设和行业自律。充分发挥协会在规范行业秩序、建立行业从业人员行为准则、促进企业诚信经营等方面的行业自律作用，提高协会在促进行业技术进步、提升行业管理水平、反映企业诉求、提出政策建议等方面的服务能力。鼓励行业协会研究制定非政府投资工程咨询服务类收费行业参考价，抵制恶意低价、不合理低价竞争行为，维护行业发展利益。

中华人民共和国住房和城乡建设部
2014 年 7 月 1 日

中共中央国务院关于进一步加强城市规划建设管理工作的若干意见

（2016 年 2 月 6 日）

城市是经济社会发展和人民生产生活的重要载体，是现代文明的标志。新中国成立特别是改革开放以来，我国城市规划建设管理工作成就显著，城市规划法律法规和实施机制基本形成，基础设施明显改善，公共服务和管理水平持续提升，在促进经济社会发展、优化城乡布局、完善城市功能、增进民生福祉等方面发挥了重要作用。同时务必清醒地看到，城市规划建设管理中还存在一些突出问题：城市规划前瞻性、严肃性、强制性和公开性不够，城市建筑贪大、媚洋、求怪等乱象丛生，特色缺失，文化传承堪忧；城市建设盲目追求规模扩张，节约集约程度不高；依法治理城市力度不够，违法建设、大拆大建问题突出，公共产品和服务供给不足，环境污染、交通拥堵等"城市病"蔓延加重。

积极适应和引领经济发展新常态，把城市规划好、建设好、管理好，对促进以人为核心的新型城镇化发展，建设美丽中国，实现"两个一百年"奋斗目标和中华民族伟大复兴的中国梦具有重要现实意义和深远历史意义。为进一步加强和改进城市规划建设管理工作，解决制约城市科学发展的突出矛盾和深层次问题，开创城市现代化建设新局面，现提出以下意见。

一、总体要求

（一）指导思想。全面贯彻党的十八大和十八届三中、四中、五中全会及中央城镇化工作会议、中央城市工作会议精神，深入贯彻习近平总书记系列重要讲话精神，按照"五位一体"总体布局和"四个全面"战略布局，牢固树立和贯彻落实创新、协调、绿色、开放、共享的发展理念，认识、尊重、顺应城市发展规律，更好发挥法治的引领和规范作用，依法规划、建设和管理城市，贯彻"适用、经济、绿色、美观"的建筑方针，着力转变城市发展方式，着力塑造城市特色风貌，着力提升城市环境质量，着力创新城市管理服务，走出一条中国特色城市发展道路。

（二）总体目标。实现城市有序建设、适度开发、高效运行，努力打造和谐宜居、富有活力、各具特色的现代化城市，让人民生活更美好。

（三）基本原则。坚持依法治理与文明共建相结合，坚持规划先行与建管并重相结合，坚持改革创新与传承保护相结合，坚持统筹布局与分类指导相结合，坚持完善功能与宜居宜业相结合，坚持集约高效与安全便利相结合。

二、强化城市规划工作

（四）依法制定城市规划。城市规划在城市发展中起着战略引领和刚性控制的重要作用。依法加强规划编制和审批管理，严格执行城乡规划法规定的原则和程序，认真落实城市总体规划由本级政府编制、社会公众参与、同级人大常委会审议、上级政府审批的有关规定。创新规划理念，改进规划方法，把以人为本、尊重自然、传承历史、绿色低碳等理念融入城市规划全过程，增强规划的前瞻性、严肃性和连续性，实现一张蓝图干到底。坚持协调发展理念，从区域、城乡整体协调的高度确定城市定位、谋划城市发展。加强空间开发管制，划定城市开发边界，根据资源禀赋和环境承载能力，引导调控城市规模，优化城市空间布局和形态功能，确定城市建设约束性指标。按照严控增量、盘活存量、优化结构的思路，逐步调整城市用地结构，把保护基本农田放在优先地位，保证生态用地，合理安排建设用地，推动城市集约发展。改革完善城市规划管理体制，加强城市总体规划和土地利用总体规划的衔接，推进两图合一。在有条件的城市探索城市规划管理和国土资源管理部门合一。

（五）严格依法执行规划。经依法批准的城市规划，是城市建设和管理的依据，必须严格执行。进一步强化规划的强制性，凡是违反规划的行为都要严肃追究责任。城市政府应当定期向同级人大常委会报告城市规划实施情况。城市总体规划的修改，必须经原审批机关同意，并报同级人大常委会审议通过，从制度上防止随意修改规划等现象。控制性详细规划是规划实施的基础，未编制控制性详细规划的区域，不得进行建设。控制性详细规划的编制、实施以及对违规建设的处理结果，都要向社会公开。全面推行城市规划委员会制度。健全国家城乡规划督察员制度，实现规划督察全覆盖。完善社会参与机制，充分发挥专家和公众的力量，加强规划实施的社会监督。建立利用卫星遥感监测等多种手段共同监督规划实施的工作机制。严控各类开发区和城市新区设立，凡不符合城镇体系规划、城市总体规划和土地利用总体规划进行建设的，一律按违法处理。用5年左右时间，全面清查并处理建成区违法建设，坚决遏制新增违法建设。

三、塑造城市特色风貌

（六）提高城市设计水平。城市设计是落实城市规划、指导建筑设计、塑造城市特色风貌的有效手段。鼓励开展城市设计工作，通过城市设计，从整体平面和立体空间上统筹城市建筑布局，协调城市景观风貌，体现城市地域特征、民族特色和时代风貌。单体建筑设计方案必须在形体、色彩、体量、高度等方面符合城市设计要求。抓紧制定城市设计管理法规，完善相关技术导则。支持高等学校开设城市设计相关专业，建立和培育城市设计队伍。

（七）加强建筑设计管理。按照"适用、经济、绿色、美观"的建筑方针，突出建筑使用功能以及节能、节水、节地、节材和环保，防止片面追求建筑外观形象。强化公共建筑和超限高层建筑设计管理，建立大型公共建筑工程后评估制度。坚持开放发展理念，完善建筑设计招投标决策机制，规范决策行为，提高决策透明度和科学性。进一步培育和规范建筑设计市场，依法严格实施市场准入和清出。为建筑设计院和建筑师事务所发展创造更加良好的条件，鼓励国内外建筑设计企业充分竞争，使优秀作品脱颖而出。培养既有国际视野又有民族自信的建筑师队伍，进一步明确建筑师的权利和责任，提高建筑师的地位。倡导开展建筑评论，促进建筑设计理念的交融和升华。

（八）保护历史文化风貌。有序实施城市修补和有机更新，解决老城区环境品质下降、空间秩序混乱、历史文化遗产损毁等问题，促进建筑物、街道立面、天际线、色彩和环境更加协调、优美。通过维护加固老建筑、改造利用旧厂房、完善基础设施等措施，恢复老城区功能和活力。加强文化遗产保护传承和合理利用，保护古遗址、古建筑、近现代历史建筑，更好地延续历史文脉，展现城市风貌。用5年左右时间，完成所有城市历史文化街区划定和历史建筑确定工作。

四、提升城市建筑水平

（九）落实工程质量责任。完善工程质量安全管理制度，落实建设单位、勘察单位、设计单位、施工单位和工程监理单位等五方主体质量安全责任。强化政府对工程建设全过程的质量监管，特别是强化对工程监理的监管，充分发挥质监站的作用。加强职业道德规范和技能培训，提高从业人员素质。深化建设项目组织实施方式改革，推广工程总承包制，加强建筑市场监管，严厉查处转包和违法分包等行为，推进建筑市场诚信体系建设。实行施工企业银行保函和工程质量责任保险制度。建立大型工程技术风险控制机制，鼓励大型公共建筑、地铁等按市场化原则向保险公司投保重大工程保险。

（十）加强建筑安全监管。实施工程全生命周期风险管理，重点抓好房屋建筑、城市桥梁、建筑幕墙、斜坡（高切坡）、隧道（地铁）、地下管线等工程运行使用的安全监管，做好质量安全鉴定和抗震加固管理，建立安全预警及应急控制机制。加强对既有建筑改扩建、装饰装修、工程加固的质量安全监管。全面排查城市老旧建筑安全隐患，采取有力措施限期整改，严防发生垮塌等重大事故，保障人民群众生命财产安全。

（十一）发展新型建造方式。大力推广装配式建筑，减少建筑垃圾和扬尘污染，缩短建造工期，提升工程质量。制定装配式建筑设计、施工和验收规范。完善部品部件标准，实现建筑部品部件工厂化生产。鼓励建筑企业装配式施工，现场装配。建设国家级装配式建筑生产基地。加大政策支持力度，力争用10年左右时间，使装配式建筑占新建建筑的比例达到30％。积极稳妥推广钢结构建筑。在具备条件的地方，倡导发展现代木结构建筑。

五、推进节能城市建设

（十二）推广建筑节能技术。提高建筑节能标准，推广绿色建筑和建材。支持和鼓励各地结合自然气候特点，推广应用地源热泵、水源热泵、太阳能发电等新能源技术，发展被动式房屋等绿色节能建筑。完善绿色节能建筑和建材评价体系，制定分布式能源建筑应用标准。分类制定建筑全生命周期能源消耗标准定额。

（十三）实施城市节能工程。在试点示范的基础上，加大工作力度，全面推进区域热电联产、政府机构节能、绿色照明等节能工程。明确供热采暖系统安全、节能、环保、卫生等技术要求，健全服务质量标准和评估监督办法。进一步加强对城市集中供热系统的技术改造和运行管理，提高热能利用效率。大力推行采暖地区住宅供热分户计量，新建住宅必须全部实现供热分户计量，既有住宅要逐步实施供热分户计量改造。

六、完善城市公共服务

（十四）大力推进棚改安居。深化城镇住房制度改革，以政府为主保障困难群体基本住房需求，以市场为主满足居民多层次住房需求。大力推进城镇棚户区改造，稳步实施城中村改造，有序推进老旧住宅小区综合整治、危房和非成套住房改造，加快配套基础设施建设，切实解决群众住房困难。打好棚户区改造三年攻坚战，到 2020 年，基本完成现有的城镇棚户区、城中村和危房改造。完善土地、财政和金融政策，落实税收政策。创新棚户区改造体制机制，推动政府购买棚改服务，推广政府与社会资本合作模式，构建多元化棚改实施主体，发挥开发性金融支持作用。积极推行棚户区改造货币化安置。因地制宜确定住房保障标准，健全准入退出机制。

（十五）建设地下综合管廊。认真总结推广试点城市经验，逐步推开城市地下综合管廊建设，统筹各类管线敷设，综合利用地下空间资源，提高城市综合承载能力。城市新区、各类园区、成片开发区域新建道路必须同步建设地下综合管廊，老城区要结合地铁建设、河道治理、道路整治、旧城更新、棚户区改造等，逐步推进地下综合管廊建设。加快制定地下综合管廊建设标准和技术导则。凡建有地下综合管廊的区域，各类管线必须全部入廊，管廊以外区域不得新建管线。管廊实行有偿使用，建立合理的收费机制。鼓励社会资本投资和运营地下综合管廊。各城市要综合考虑城市发展远景，按照先规划、后建设的原则，编制地下综合管廊建设专项规划，在年度建设计划中优先安排，并预留和控制地下空间。完善管理制度，确保管廊正常运行。

（十六）优化街区路网结构。加强街区的规划和建设，分梯级明确新建街区面积，推动发展开放便捷、尺度适宜、配套完善、邻里和谐的生活街区。新建住宅要推广街区制，原则上不再建设封闭住宅小区。已建成的住宅小区和单位大院要逐步打开，实现内部道路公共化，解决交通路网布局问题，促进土地节约利用。树立"窄马路、密路网"的城市道路布局理念，建设快速路、主次干路和支路级配合理的道路网系统。打通各类"断头路"，形成完整路网，提高道路通达性。科学、规范设置道路交通安全设施和交通管理设施，提高道路安全性。到 2020 年，城市建成区平均路网密度提高到 8 公里/平方公里，道路面积率达到 15％。积极采用单行道路方式组织交通。加强自行车道和步行道系统建设，倡导绿色出行。合理配置停车设施，鼓励社会参与，放宽市场准入，逐步缓解停车难问题。

（十七）优先发展公共交通。以提高公共交通分担率为突破口，缓解城市交通压力。统筹公共汽车、轻轨、地铁等多种类型公共交通协调发展，到 2020 年，超大、特大城市公共交通分担率达到 40％以上，大城市达到 30％以上，中小城市达到 20％以上。加强城市综合交通枢纽建设，促进不同运输方式和城市内外交通之间的顺畅衔接、便捷换乘。扩大公共交通专用道的覆盖范围。实现中心城区公交站点 500 米内全覆盖。引入市场竞争机制，改革公交公司管理体制，鼓励社会资本参与公共交通设施建设和运营，增强公共交通运力。

（十八）健全公共服务设施。坚持共享发展理念，使人民群众在共建共享中有更多获得感。合理确定公共服务设施建设标准，加强社区服务场所建设，形成以社区级设施为基础，市、区级设施衔接配套的公共服务设施网络体系。配套建设中小学、幼儿园、超市、菜市场，以及社区养老、医疗卫生、文化服务等设施，大力推进无障碍设施建设，打造方便快捷生活圈。继续推动公共图书馆、美术馆、文化馆（站）、博物馆、科技馆免费向全社会开放。推动社区内公共设施向居民开放。合理规划建设广场、公园、步行道等公共活动空间，方便居民文体活动，促进居民交流。强化绿地服务居民日常活动的功能，使市民在居家附近能够见到绿地、亲近绿地。城市公园原则上要免费向居民开放。限期清理腾退违规占用的公共空间。顺应新型城镇化的要求，稳步推进城镇基本公共服务常住人口全覆盖，稳定就业和生活的农业转移人口在住房、教育、文化、医疗卫生、计划生育和证照办理服务等方面，与城镇居民有同等权利和义务。

（十九）切实保障城市安全。加强市政基础设施建设，实施地下管网改造工程。提高城市排涝系统建设标准，加快实施改造。提高城市综合防灾和安全设施建设配置标准，加大建设投入力度，加强设施运行管理。建立城市备用饮用水水源地，确保饮水安全。健全城市抗震、防洪、排涝、消防、交通、应对地质灾害应急指挥体系，完善城市生命通道系统，加强城市防灾避难场所建设，增强抵御自然灾害、处置突发事件和危机管理能力。加强城市安全监管，建立专业化、职业化的应急救援队伍，提升社会治安综合治理水平，形成全天候、系统性、现代化的城市安全保障体系。

七、营造城市宜居环境

（二十）推进海绵城市建设。充分利用自然山体、河湖湿地、耕地、林地、草地等生态空间，建设海绵城市，提升水源涵养能力，缓解雨洪内涝压力，促进水资源循环利用。鼓励单位、社区和居民家庭安装雨水收集装置。大幅度减少城市硬覆盖地面，推广透水建材铺装，大力建设雨水花园、储水池塘、湿地公园、下沉式绿地等雨水滞留设施，让雨水自然积存、自然渗透、自然净化，不断提高城市雨水就地蓄积、渗透比例。

（二十一）恢复城市自然生态。制定并实施生态修复工作方案，有计划有步骤地修复被破坏的山体、河流、湿地、植被，积极推进采矿废弃地修复和再利用，治理污染土地，恢复城市自然生态。优化城市绿地布局，构建绿道系统，实现城市内外绿地连接贯通，将生态要素引入市区。建设森林城市。推行生态绿化方式，保护古树名木资源，广植当地树种，减少人工干预，让乔灌草合理搭配、自然生长。鼓励发展屋顶绿化、立体绿化。进一步提高城市人均公园绿地面积和城市建成区绿地率，改变城市建设中过分追求高强度开发、高密度建设、大面积硬化的状况，让城市更自然、更生态、更有特色。

（二十二）推进污水大气治理。强化城市污水治理，加快城市污水处理设施建设与改造，全面加强配套管网建设，提高城市污水收集处理能力。整治城市黑臭水体，强化城中村、老旧城区和城乡结合部污水截流、收集，抓紧治理城区污水横流、河湖水系污染严重的现象。到2020年，地级以上城市建成区力争实现污水全收集、全处理，缺水城市再生水利用率达到20％以上。以中水洁厕为突破口，不断提高污水利用率。

新建住房和单体建筑面积超过一定规模的新建公共建筑应当安装中水设施，老旧住房也应当逐步实施中水利用改造。培育以经营中水业务为主的水务公司，合理形成中水回用价格，鼓励按市场化方式经营中水。城市工业生产、道路清扫、车辆冲洗、绿化浇灌、生态景观等生产和生态用水要优先使用中水。全面推进大气污染防治工作。加大城市工业源、面源、移动源污染综合治理力度，着力减少多污染物排放。加快调整城市能源结构，增加清洁能源供应。深化京津冀、长三角、珠三角等区域大气污染联防联控，健全重污染天气监测预警体系。提高环境监管能力，加大执法力度，严厉打击各类环境违法行为。倡导文明、节约、绿色的消费方式和生活习惯，动员全社会参与改善环境质量。

（二十三）加强垃圾综合治理。树立垃圾是重要资源和矿产的观念，建立政府、社区、企业和居民协调机制，通过分类投放收集、综合循环利用，促进垃圾减量化、资源化、无害化。到 2020 年，力争将垃圾回收利用率提高到 35％以上。强化城市保洁工作，加强垃圾处理设施建设，统筹城乡垃圾处理处置，大力解决垃圾围城问题。推进垃圾收运处理企业化、市场化，促进垃圾清运体系与再生资源回收体系对接。通过限制过度包装，减少一次性制品使用，推行净菜入城等措施，从源头上减少垃圾产生。利用新技术、新设备，推广厨余垃圾家庭粉碎处理。完善激励机制和政策，力争用 5 年左右时间，基本建立餐厨废弃物、建筑垃圾回收和再生利用体系。

八、创新城市治理方式

（二十四）推进依法治理城市。适应城市规划建设管理新形势和新要求，加强重点领域法律法规的立改废释，形成覆盖城市规划建设管理全过程的法律法规制度。严格执行城市规划建设管理行政决策法定程序，坚决遏制领导干部随意干预城市规划设计和工程建设的现象。研究推动城乡规划法与刑法衔接，严厉惩处规划建设管理违法行为，强化法律责任追究，提高违法违规成本。

（二十五）改革城市管理体制。明确中央和省级政府城市管理主管部门，确定管理范围、权力清单和责任主体，理顺各部门职责分工。推进市县两级政府规划建设管理机构改革，推行跨部门综合执法。在设区的市推行市或区一级执法，推动执法重心下移和执法事项属地化管理。加强城市管理执法机构和队伍建设，提高管理、执法和服务水平。

（二十六）完善城市治理机制。落实市、区、街道、社区的管理服务责任，健全城市基层治理机制。进一步强化街道、社区党组织的领导核心作用，以社区服务型党组织建设带动社区居民自治组织、社区社会组织建设。增强社区服务功能，实现政府治理和社会调节、居民自治良性互动。加强信息公开，推进城市治理阳光运行，开展世界城市日、世界住房日等主题宣传活动。

（二十七）推进城市智慧管理。加强城市管理和服务体系智能化建设，促进大数据、物联网、云计算等现代信息技术与城市管理服务融合，提升城市治理和服务水平。加强市政设施运行管理、交通管理、环境管理、应急管理等城市管理数字化平台建设和功能整合，建设综合性城市管理数据库。推进城市宽带信息基础设施建设，强化网络安全保障。积极发展民生服务智慧应用。到 2020 年，建成一批特色鲜明的智慧城市。通过智慧城市建设和其他一系列城市规划建设管理措施，不断提高城市运行效率。

（二十八）提高市民文明素质。以加强和改进城市规划建设管理来满足人民群众日益增长的物质文化需要，以提升市民文明素质推动城市治理水平的不断提高。大力开展社会主义核心价值观学习教育实践，促进市民形成良好的道德素养和社会风尚，提高企业、社会组织和市民参与城市治理的意识和能力。从青少年抓起，完善学校、家庭、社会三结合的教育网络，将良好校风、优良家风和社会新风有机融合。建立完善市民行为规范，增强市民法治意识。

九、切实加强组织领导

（二十九）加强组织协调。中央和国家机关有关部门要加大对城市规划建设管理工作的指导、协调和支持力度，建立城市工作协调机制，定期研究相关工作。定期召开中央城市工作会议，研究解决城市发展中的重大问题。中央组织部、住房城乡建设部要定期组织新任市委书记、市长培训，不断提高城市主要领导规划建设管理的能力和水平。

（三十）落实工作责任。省级党委和政府要围绕中央提出的总目标，确定本地区城市发展的目标和任务，集中力量突破重点难点问题。城市党委和政府要制定具体目标和工作方案，明确实施步骤和保障措施，加强对城市规划建设管理工作的领导，落实工作经费。实施城市规划建设管理工作监督考核制度，确定考核指标体系，定期通报考核结果，并作为城市党政领导班子和领导干部综合考核评价的重要参考。

各地区各部门要认真贯彻落实本意见精神，明确责任分工和时间要求，确保各项政策措施落到实处。各地区各部门贯彻落实情况要及时向党中央、国务院报告。中央将就贯彻落实情况适时组织开展监督检查。

国务院办公厅

2016 年 2 月 6 日

李克强总理在第十二届全国
人大上做 2016 年政府工作报告（节选）

2016 年 3 月 5 日，国务院总理李克强作政府工作报告时说，今年要深挖国内需求潜力，开拓发展更大空间。适度扩大需求总量，积极调整改革需求结构，促进供给需求有效对接、投资消费有机结合、城乡区域协调发展，形成对经济发展稳定而持久的内需支撑。

增强消费拉动经济增长的基础作用。适应消费升级趋势，破除政策障碍，优化消费环境，维护消费者权益。支持发展养老、健康、家政、教育培训、文化体育等服务消费。壮大网络信息、智能家居、个性时尚等新兴消费。鼓励线上线下互动，推动实体商业创新转型。完善物流配送网络，促进快递业健康发展。活跃二手车市场，加快建设城市停车场和新能源汽车充电设施。在全国开展消费金融公司试点，鼓励金融机构创新消费信贷产品。降低部分消费品进口关税，增设免税店。落实带薪休假制度，加强旅游交通、景区景点、自驾车营地等设施建设，规范旅游市场秩序，迎接正在兴起的大众旅游时代。

发挥有效投资对稳增长调结构的关键作用。我国基础设施和民生领域有许多短板，产业亟需改造升级，有效投资仍有很大空间。今年要启动一批"十三五"规划重大项目。完成铁路投资 8000 亿元以上、公路投资 1.65 万亿元，再开工 20 项重大水利工程，建设水电核电、特高压输电、智能电网、油气管网、城市轨道交通等重大项目。中央预算内投资增加到 5000 亿元。深化投融资体制改革，继续以市场化方式筹集专项建设基金，推动地方融资平台转型改制进行市场化融资，探索基础设施等资产证券化，扩大债券融资规模。完善政府和社会资本合作模式，用好 1800 亿元引导基金，依法严格履行合同，充分激发社会资本参与热情。

深入推进新型城镇化。城镇化是现代化的必由之路，是我国最大的内需潜力和发展动能所在。今年重点抓好三项工作。一是加快农业转移人口市民化。深化户籍制度改革，放宽城镇落户条件，建立健全"人地钱"挂钩政策。扩大新型城镇化综合试点范围。居住证具有很高的含金量，要加快覆盖未落户的城镇常住人口，使他们依法享有居住地义务教育、就业、医疗等基本公共服务。发展中西部地区中小城市和小城镇，容纳更多的农民工就近就业创业，让他们挣钱顾家两不误。二是推进城镇保障性安居工程建设和房地产市场平稳健康发展。今年棚户区住房改造 600 万套，提高棚改货币化安置比例。完善支持居民住房合理消费的税收、信贷政策，适应住房刚性需求和改善性需求，因城施策化解房地产库存。建立租购并举的住房制度，把符合条件的外来人口逐步纳入公租房供应范围。三是加强城市规划建设管理。增强城市规划的科学性、权威性、公开性，促进"多规合一"。开工建设城市地下综合管廊 2000 公里以上。积极推广绿色建筑和建材,大力发展钢结构和装配式建筑,提高建筑工程标准和质量。打造智慧城市,改善人居环境,使人民群众生活得更安心、更省心、更舒心。

优化区域发展格局。深入推进"一带一路"建设,落实京津冀协同发展规划纲要,加快长江经济带发展。制定实施西部大开发"十三五"规划,实施新一轮东北地区等老工业基地振兴战略,出台促进中部地区崛起新十年规划,支持东部地区在体制创新、陆海统筹等方面率先突破。促进资源型地区经济转型升级。支持革命老区、民族地区、边疆地区、贫困地区发展。制定国家海洋战略,保护海洋生态环境,拓展蓝色经济空间,建设海洋强国。

李克强总理主持召开国务院常务会议决定大力
发展装配式建筑，推动产业结构调整升级

国务院总理李克强2016年9月14日主持召开国务院常务会议，部署推进"互联网＋政务服务"，以深化政府自身改革更大程度利企便民；决定大力发展装配式建筑，推动产业结构调整升级。

会议指出，推进"互联网＋政务服务"，是深化简政放权、放管结合、优化服务改革的关键之举，可以提高政府效率和透明度，降低制度性交易成本，变"群众跑腿"为"信息跑路"、变"企业四处找"为"部门协同办"。一要优化服务流程。各地各部门要加快政务服务电子化网络化，凡能网上办理的事项，不得要求群众必须到现场办理；能通过网络共享的材料，不得要求重复提交；能通过网络核验的信息，不得要求其他单位重复提供。对与企业生产经营及居民生活、社保等密切相关的服务事项，要推行网上办理，做到"应上尽上、全程在线"。二要整合政务信息和服务平台，推进政务大厅与网上平台融合，推动服务事项跨地区远程办理、跨层级联动办理、跨部门协同办理，做到"单点登录、全网通办"。基层服务网点要围绕就业、救助、扶贫等，开展上门办理等便民服务。三要促进各部门、各层级、各业务系统互联互通，力争到2017年底前，各省级政府、国务院有关部门建成面向公众的一体化网上政务服务平台；2020年底前，建成覆盖全国、一网办理的"互联网＋政务服务"体系。四要加强系统和信息安全防护能力，加大对涉及商业秘密、个人隐私等重要数据保护力度。五要清理不适应"互联网＋政务服务"的规定，健全电子证照、公文、签章等标准规范。

会议认为，按照推进供给侧结构性改革和新型城镇化要求，发展钢结构、混凝土等装配式建筑，具有节能环保、提高建筑安全水平、化解过剩产能等一举多得之效。会议决定，以京津冀、长三角、珠三角城市群和常住人口超过300万的其他城市为重点，提高装配式建筑占新建建筑的比例。一要适应市场需求，完善装配式建筑标准规范，推进集成化设计、工业化生产、装配化施工、一体化装修，促进建造方式现代化。二要健全与装配式建筑相适应的发包、施工、验收等制度，强化全过程监管，确保工程质量安全。三要加大人才培养，将发展装配式建筑列入城市规划建设考核指标，鼓励各地出台规划、财税、用地、设施配套等支持政策。用适用、经济、安全、绿色、美观的装配式建筑提升群众生活品质。

国务院办公厅关于大力发展
装配式建筑的指导意见

国办发〔2016〕71号

各省、自治区、直辖市人民政府，国务院各部委、各直属机构：

　　装配式建筑是用预制部品部件在工地装配而成的建筑。发展装配式建筑是建造方式的重大变革，是推进供给侧结构性改革和新型城镇化发展的重要举措，有利于节约资源能源、减少施工污染、提升劳动生产效率和质量安全水平，有利于促进建筑业与信息化工业化深度融合、培育新产业新动能、推动化解过剩产能。近年来，我国积极探索发展装配式建筑，但建造方式大多仍以现场浇筑为主，装配式建筑比例和规模化程度较低，与发展绿色建筑的有关要求以及先进建造方式相比还有很大差距。为贯彻落实《中共中央　国务院关于进一步加强城市规划建设管理工作的若干意见》和《政府工作报告》部署，大力发展装配式建筑，经国务院同意，现提出以下意见。

一、总体要求

　　（一）指导思想。全面贯彻党的十八大和十八届三中、四中、五中全会以及中央城镇化工作会议、中央城市工作会议精神，认真落实党中央、国务院决策部署，按照"五位一体"总体布局和"四个全面"战略布局，牢固树立和贯彻落实创新、协调、绿色、开放、共享的发展理念，按照适用、经济、安全、绿色、美观的要求，推动建造方式创新，大力发展装配式混凝土建筑和钢结构建筑，在具备条件的地方倡导发展现代木结构建筑，不断提高装配式建筑在新建建筑中的比例。坚持标准化设计、工厂化生产、装配化施工、一体化装修、信息化管理、智能化应用，提高技术水平和工程质量，促进建筑产业转型升级。

　　（二）基本原则。坚持市场主导、政府推动。适应市场需求，充分发挥市场在资源配置中的决定性作用，更好发挥政府规划引导和政策支持作用，形成有利的体制机制和市场环境，促进市场主体积极参与、协同配合，有序发展装配式建筑。

　　坚持分区推进、逐步推广。根据不同地区的经济社会发展状况和产业技术条件，划分重点推进地区、积极推进地区和鼓励推进地区，因地制宜、循序渐进，以点带面、试点先行，及时总结经验，形成局部带动整体的工作格局。

　　坚持顶层设计、协调发展。把协同推进标准、设计、生产、施工、使用维护等作为发展装配式建筑的有效抓手，推动各个环节有机结合，以建造方式变革促进工程建设全过程提质增效，带动建筑业整体水平的提升。

　　（三）工作目标。以京津冀、长三角、珠三角三大城市群为重点推进地区，常住人口超过 300 万的其他城市为积极推进地区，其余城市为鼓励推进地区，因地制宜发展装配式混凝土结构、钢结构和现代木结构等装配式建筑。力争用 10 年左右的时间，使装配式建筑占新建建筑面积的比例达到 30％。同时，逐步完善法律法规、技术标准和监管体系，推动形成一批设计、施工、部品部件规模化生产企业，具有现代装配建造水平的工程总承包企业以及与之相适应的专业化技能队伍。

二、重点任务

（一）健全标准规范体系。加快编制装配式建筑国家标准、行业标准和地方标准，支持企业编制标准、加强技术创新，鼓励社会组织编制团体标准，促进关键技术和成套技术研究成果转化为标准规范。强化建筑材料标准、部品部件标准、工程标准之间的衔接。制修订装配式建筑工程定额等计价依据。完善装配式建筑防火抗震防灾标准。研究建立装配式建筑评价标准和方法。逐步建立完善覆盖设计、生产、施工和使用维护全过程的装配式建筑标准规范体系。

（二）创新装配式建筑设计。统筹建筑结构、机电设备、部品部件、装配施工、装饰装修，推行装配式建筑一体化集成设计。推广通用化、模数化、标准化设计方式，积极应用建筑信息模型技术，提高建筑领域各专业协同设计能力，加强对装配式建筑建设全过程的指导和服务。鼓励设计单位与科研院所、高校等联合开发装配式建筑设计技术和通用设计软件。

（三）优化部品部件生产。引导建筑行业部品部件生产企业合理布局，提高产业聚集度，培育一批技术先进、专业配套、管理规范的骨干企业和生产基地。支持部品部件生产企业完善产品品种和规格，促进专业化、标准化、规模化、信息化生产，优化物流管理，合理组织配送。积极引导设备制造企业研发部品部件生产装备机具，提高自动化和柔性加工技术水平。建立部品部件质量验收机制，确保产品质量。

（四）提升装配施工水平。引导企业研发应用与装配式施工相适应的技术、设备和机具，提高部品部件的装配施工连接质量和建筑安全性能。鼓励企业创新施工组织方式，推行绿色施工，应用结构工程与分部分项工程协同施工新模式。支持施工企业总结编制施工工法，提高装配施工技能，实现技术工艺、组织管理、技能队伍的转变，打造一批具有较高装配施工技术水平的骨干企业。

（五）推进建筑全装修。实行装配式建筑装饰装修与主体结构、机电设备协同施工。积极推广标准化、集成化、模块化的装修模式，促进整体厨卫、轻质隔墙等材料、产品和设备管线集成化技术的应用，提高装配化装修水平。倡导菜单式全装修，满足消费者个性化需求。

（六）推广绿色建材。提高绿色建材在装配式建筑中的应用比例。开发应用品质优良、节能环保、功能良好的新型建筑材料，并加快推进绿色建材评价。鼓励装饰与保温隔热材料一体化应用。推广应用高性能节能门窗。强制淘汰不符合节能环保要求、质量性能差的建筑材料，确保安全、绿色、环保。

（七）推行工程总承包。装配式建筑原则上应采用工程总承包模式，可按照技术复杂类工程项目招投标。工程总承包企业要对工程质量、安全、进度、造价负总责。要健全与装配式建筑总承包相适应的发包承包、施工许可、分包管理、工程造价、质量安全监管、竣工验收等制度，实现工程设计、部品部件生产、施工及采购的统一管理和深度融合，优化项目管理方式。鼓励建立装配式建筑产业技术创新联盟，加大研发投入，增强创新能力。支持大型设计、施工和部品部件生产企业通过调整组织架构、健全管理体系，向具有工程管理、设计、施工、生产、采购能力的工程总承包企业转型。

（八）确保工程质量安全。完善装配式建筑工程质量安全管理制度，健全质量安全责任体系，落实各方主体质量安全责任。加强全过程监管，建设和监理等相关方可采用驻厂监造等方式加强部品部件生产质量管控；施工企业要加强施工过程质量安全控制和检验检测，完善装配施工质量保证体系；在建筑物明显部位设置永久性标牌，公示质量安全责任主体和主要责任人。加强行业监管，明确符合装配式建筑特点的施工图审查要求，建立全过程质量追溯制度，加大抽查抽测力度，严肃查处质量安全违法违规行为。

三、保障措施

（一）加强组织领导。各地区要因地制宜研究提出发展装配式建筑的目标和任务，建立健全工作机制，完善配套政策，组织具体实施，确保各项任务落到实处。各有关部门要加大指导、协调和支持力度，将发展装配式建筑作为贯彻落实中央城市工作会议精神的重要工作，列入城市规划建设管理工作监督考核指标体系，定期通报考核结果。

（二）加大政策支持。建立健全装配式建筑相关法律法规体系。结合节能减排、产业发展、科技创新、污染防治等方面政策，加大对装配式建筑的支持力度。支持符合高新技术企业条件的装配式建筑部品部件生产企业享受相关优惠政策。符合新型墙体材料目录的部品部件生产企业，可按规定享受增值税即征即退优惠政策。在土地供应中，可将发展装配式建筑的相关要求纳入供地方案，并落实到土地使用合同中。鼓励各地结合实际出台支持装配式建筑发展的规划审批、土地供应、基础设施配套、财政金融等相关政策措施。政府投资工程要带头发展装配式建筑，推动装配式建筑"走出去"。在中国人居环境奖评选、国家生态园林城市评估、绿色建筑评价等工作中增加装配式建筑方面的指标要求。

（三）强化队伍建设。大力培养装配式建筑设计、生产、施工、管理等专业人才。鼓励高等学校、职业学校设置装配式建筑相关课程，推动装配式建筑企业开展校企合作，创新人才培养模式。在建筑行业专业技术人员继续教育中增加装配式建筑相关内容。加大职业技能培训资金投入，建立培训基地，加强岗位技能提升培训，促进建筑业农民工向技术工人转型。加强国际交流合作，积极引进海外专业人才参与装配式建筑的研发、生产和管理。

（四）做好宣传引导。通过多种形式深入宣传发展装配式建筑的经济社会效益，广泛宣传装配式建筑基本知识，提高社会认知度，营造各方共同关注、支持装配式建筑发展的良好氛围，促进装配式建筑相关产业和市场发展。

国务院办公厅
2016 年 9 月 27 日

安徽省人民政府关于促进建筑业
转型升级加快发展的指导意见

皖政〔2013〕4 号

各市、县人民政府，省政府各部门、各直属机构：

建筑业是我省的支柱产业，在促进新型工业化、信息化、城镇化和农业现代化，以及吸纳就业尤其是农村富余劳动力就业等方面具有重要作用。为进一步加快我省建筑业改革发展步伐，促进建筑业转型升级、做大做强，推动我省向建筑业大省迈进，现提出以下指导意见：

一、主要目标

到 2015 年，全省建筑业总产值达 7000 亿元，比 2011 年"翻一番"。到 2017 年，全省建筑业总产值超 1 万亿元，进入建筑业大省行列；全省特级资质建筑业企业 10 家以上，二级及以上资质企业占 40％以上；年产值 500 亿元以上企业达 3 家，100 亿元以上企业达 10 家，50 亿元以上企业达 20 家；安徽建筑业企业在省外产值占全省建筑业总产值的比例达到 30％以上。

二、加快建筑业转型升级

（一）优化发展结构。按照扶优扶强、做专做精、提高产业集中度的原则，大力推行工程总承包，优化专业类别结构和布局，扶持高等级资质企业、专业企业发展，形成总承包、专业承包、劳务分包等比例协调、分工合作、优势互补的建筑业发展格局，促进传统建筑业向现代建筑服务业转变。

（二）培育壮大骨干企业。支持鼓励建筑业企业以产权为纽带跨地区、跨行业兼并重组，形成一批在全国有竞争力的安徽建筑业知名企业、品牌企业。联合组建的建筑业企业集团，其子公司可继续保持原有资质，共享企业业绩、人力资源等。支持施工企业向上下游产业延伸，形成主业突出、多元发展的经营格局。鼓励大型设计、施工企业发展成为集设计、咨询、施工于一体的综合性企业集团。

（三）提高专业施工能力。鼓励建筑施工总承包企业向交通、铁路、城市轨道交通、电力、水利等专业承包领域拓展，逐步提升在高端建筑市场的专业施工能力。规范行业管理，扶持装饰、钢结构、防腐等专业承包企业做专做精。提高建筑施工装备水平和装配能力，建筑业企业引进大型专用先进设备，根据相关规定享受贷款贴息等优惠政策。

（四）大力发展总部经济。各地要制定奖励补助政策，吸引中央、外省大型建筑业企业在我省设立总部，优先保障企业总部落户所需的生产生活用地。支持中央、外省大型建筑业企业与我省建筑业企业组建联合体，共同参与高端建筑市场竞争。

（五）扩大国内市场份额。依托各级政府驻外办事机构和驻外建筑业服务机构，推动我省建筑业企业积极参与国内市场竞争，增强市场拓展能力，提高"徽匠"品牌影响力。

三、提升经营管理水平

（一）深化产权制度改革。采取产权转让、增量改制、主辅分离、辅业改制等形式，推进建筑业企业股份制改造，完善法人治理结构。引导改制企业优化股权配置，调动经营管理层和业务骨干的积极性，激发企业活力。

（二）创新经营管理方式。大力发展工程总承包和项目管理总承包，稳妥推行设计、采购、施工、管理一体化。支持工程咨询、勘察、设计、监理、招标代理、造价咨询、检验检测等中介服务企业联合重组或互补合作，拓宽服务领域。积极运用信息技术改造传统建筑业，提升项目管理的标准化、信息水平。有条件的地方可建立具有区域特色的建筑产业园区，整合装备制造、建材生产、设计咨询、资金物流等要素，引导建筑业企业集聚发展，努力形成建筑经济新的增长极。

（三）增强科技创新能力。实施建设行业科技创新联合行动计划，引导设计、施工、检测等企业采取校企合作、技术转让、技术参股等方式，开展产学研联合攻关，增加核心技术储备。鼓励企业编制工程建设标准和工法，开发专利和专有技术。对认定为高新技术企业的建筑业企业，可减按15％的税率征收企业所得税。建筑业企业因技术创新节约投资或提高效益的，建设单位应给予必要的奖励。积极推广使用建筑节能新技术、新工艺、新材料、新设备，大力发展绿色建筑，促进建设工程绿色施工，推进建筑业节能降耗。

（四）加强人才队伍建设。推动建筑业企业与高等院校共建各类创新创业载体，培养引进经营管理、专业技术人才。鼓励建筑业企业与职业技术院校合作培养适应专业岗位需求的高技能人才，合作培养的学员具备土木工程类或建筑学类中等专科以上学历的，在报考二级建造师、二级建筑师执业资格时，其在校学龄可合并计算为工龄。督促建筑业企业足额提取职工教育经费，专项用于技术工种和一线职工技能培训。支持具备条件的大型建筑业企业组建初、中级专业技术资格评审委员会，授予相应专业技术资格评审权。对获得国家工程质量奖、国家级施工工法或3项以上"黄山杯"工程奖的专业技术人员，可不受学历、资历、论文数量等限制，破格申报参评相应专业技术资格。提高建筑业劳务输出组织化程度，推动农村富余劳动力向建筑业有序转移，支持皖北地区、大别山区建筑业和劳务分包企业发展。

（五）提高建筑设计水平。加强传承创新，弘扬徽派建筑文化。注重培养勘察设计领军人物，支持我省勘察设计骨干企业参与省内外大型工程项目建设，增强勘察设计企业竞争力。鼓励我省勘察设计骨干企业加强与国内外品牌设计企业的交流合作，吸引国内外品牌设计企业在我省设立法人机构，繁荣建筑设计创作，提升建筑设计水平。

四、实施"走出去"战略

（一）拓展国外市场。鼓励符合条件的我省建筑业企业申报对外承包工程资格和援外成套项目实施企业资格，努力争取国外工程承包和国家援外工程项目。密切跟踪我国多（双）边经贸合作框架协议，大力推动我省建筑业企业承接框架协议下的建设项目。积极参与我国政府推动的境外经贸合作园区工程项目建设，带动我省设计、咨询、施工、监理以及建筑材料、装备制造等企业"走出去"发展。支持有条件的建筑业企业跻身全球工程承包500强。各级商务、外事、公安、财政、税务、海关、检验检疫等部门要积极为建筑业企业境外发展做好服务。

（二）落实扶持政策。支持我省建筑业企业申请国家对外经济合作专项资金、对外承包工程保函风险专项资金、中非发展基金、对外承包工程项目流动资金贷款贴息和对外承包工程项目货物出口退税等国家扶持政策。鼓励各级金融机构对承包境外工程的建筑业企业实行授信额度差别化管理，对实力强、信誉好的企业承包项目提供人民币中长期贷款、外汇周转贷款。对外承包工程业务集中的市、县，可设立对外承包工程保函风险专项资金。

五、规范建筑业市场

（一）加快建筑市场信用体系建设。建立全省统一的工程建设监管与信用体系平台，完善建筑业企业、人员、项目数据库。加强信用信息公开，健全信用奖惩机制，将信用信息作为招投标、资质审批、评优评奖、工程担保的重要参考，营造诚实守信的建筑市场信用环境。

（二）加强招投标和工程造价管理。完善综合评标和合理低价评标办法，提倡优质优价、优质优先，坚决遏制和打击围标串标、转包、挂靠和低于成本价报价等违法违规行为，禁止在工程招投标中压减职工教育经费。建立政府投资项目和重点工程投标预选企业名录，支持列入名录的企业优先参与省内政府投资项目和重点工程投标活动。建立以市场为导向的工程造价机制，完善工程量清单计价办法，及时发布反映社会平均水平的消耗量标准和价格信息。建立国有投资招标控制价备案和竣工结算价信息报送制度，加强建设工程施工合同备案和履约管理，合理控制工程造价和工期。

（三）强化工程质量安全监管。严格落实建设、勘察、设计、施工、监理等主体责任，加强对施工图设计文件审查机构和检测机构的管理，健全工程质量终身负责制和关键岗位带班制度，规范执业资格人员从业行为，确保工程质量安全。加快施工现场重大危险源数字化监管系统和施工现场关键岗位人员考核系统建设，强化监管能力，提高监管效能。

（四）切实减轻企业负担。总承包企业将工程进行分包的，或总承包、专业承包企业进行劳务分包的，按全部工程额扣除分包工程额的余额计算缴纳营业税。建筑业企业从事技术转让、开发、咨询、服务取得的收入，免征增值税。建筑业企业在境外提供建筑业劳务，暂免征收营业税。任何单位不得擅自设立除投标保证金、履约保证金、质量保证（保修）金、农民工工资保证金之外的其他保证金。建筑业企业可采用银行保函作为保证金缴纳形式。建立工程款结算、协调、仲裁和清算约束机制，业主要求建筑业企业提供履约担保的，应对等向建筑业企业提供工程款支付担保。工程竣工验收合格后，业主要及时全额返还履约保证金，质量保证（保修）金滞留时间最长不得超过24个月。

（五）维护从业人员合法权益。规范建筑业企业用工行为，加强劳动合同管理，推行建筑业务工人员实名制。健全建筑业农民工工资正常增长机制和支付保障机制，完善建筑业农民工工伤保险办法，探索推行建筑业企业以工程项目为单位参加工伤保险的参保方式。积极改善建筑业农民工生产生活条件，推动建筑业农民工向现代产业工人转化。

六、优化建筑业发展环境

（一）加强组织领导。各级政府要将建筑业发展纳入经济社会发展规划和年度工作目标，制定落实扶持建筑业发展的具体政策措施。各级住房城乡建设行政主管部门要认真制定落实行业发展规划，加强协调服务和指导监督，组织评选优秀建筑项目和优秀建筑业企业、优秀建筑业企业家，开展"建筑徽匠技能大赛"等行业竞赛，营造建筑业发展的良好氛围。各有关部门要按照职责分工，积极支持配合，形成推动建筑业加快发展的合力。

（二）加大资金支持力度。对符合条件的建筑业企业和项目，在安排产业发展、科技创新与成果转化、外经外贸、节能减排、人才引进与培训等专项资金方面予以优先支持。建筑业企业晋升特级、一级资质，创鲁班奖、国优工程奖，技术研发中心、发明专利、标准、工法获国家认定，在境外承包工程年外汇收入达 1000 万美元以上或在国内外资本市场成功上市的，各地可制定政策给予奖励。

（三）拓宽融资渠道。鼓励金融机构从资金投入、信贷规模、贷款利率、担保费率等方面扶持建筑业企业发展。创新融资性担保方式，支持以建筑材料、工程设备、在建工程和应收账款等作为抵质押的反担保形式。支持主营业务突出、实力较强的建筑业企业进入融资性担保行业。

安徽省人民政府
2013 年 1 月 26 日

湖南省人民政府关于推进
住宅产业化的指导意见

湘政发〔2014〕12 号

各市州、县市区人民政府，省政府各厅委、各直属机构：

住宅产业化是指采用工业化生产的方式建造住宅。住宅产业化有利于实现节能减排、推进绿色安全施工、提高住宅工程质量、改善人居环境以及促进产业结构调整，是住宅建设发展的趋势。为加快推进我省住宅产业化发展，现提出以下意见：

一、发展目标

以建设节能、省地、环保和绿色住宅为目标，以加快发展部品部件生产制造为重点，以保障性住房、写字楼、酒店等建设项目为突破口，聚焦大型居住社区和郊区新城，逐步扩展到农村，切实推动住宅建设方式的转变，逐步实现住宅设计标准化、部品部件规模化、建筑施工装配化、装修一体化、建设管理信息化。到 2015 年，力争在我省建立国家住宅产业化标准中心，住宅部品部件规模工业产值年均增长 18％以上，实现规模工业产值 400 亿元以上。到 2020 年，力争保障性住房、写字楼、酒店等建设项目预制装配化（PC）率达 80％以上，培育并创建 3—5 个国家级住宅产业化示范基地，30—50 个国家康居示范工程。"十三五"期间，实现住宅部品部件规模工业产值年均增长 20％以上。建立集住宅产业化技术研发和住宅部品部件生产、施工、展示、集散、经营、服务为一体，具有国际一流水平、产值过千亿的可持续发展住宅产业集群。

二、基本原则

坚持政府引导与市场机制相结合。在强化政府规划、协调、引导职能的同时，坚持以市场为导向，以企业为主体，充分发挥市场配置资源的决定性作用。

坚持住宅产业化与建筑业转型升级相结合。建立适应住宅产业化要求的管理制度和管理方式，提高建筑业管理水平和工程建设效率，推动建筑业转型升级。

坚持示范带动与计划推进相结合。选择一批住宅项目作为示范工程，推广应用住宅产业化成套部品部件及技术，引导住宅产业化有序发展。

三、发展重点

（一）完善标准体系。加快建立和完善省住宅产业化标准体系，制定规划、设计、施工、装修、验收、部品部件及消防安全评价等标准，完善工程造价和定额体系，提高部品部件的标准化水平，建立健全住宅产业化产品质量保障体系。切实把好设计关，发布标准设计图集，对采用标准图纸设计的，免予设计审查。加快住宅部品部件和整体住宅认证体系建设，实施住宅性能认定、住宅部品部件推广认证、住宅产业技术方案论证等制度。完善对住宅一体化生产企业、部品部件生产企业的生产供应管理，将预制部品部件纳入建设工程材料目录管理，定期或不定期发布住宅产业部品部件推荐目录。

（二）加强技术创新。将住宅产业化技术研究列为科技重点攻关方向，集中力量攻克关键材料、基础部件、关键装置等核心技术。鼓励设立研发机构，对获得国家（含国家地方联合）新认定的工程（重点）实验室、工程（技术）研究中心、工业设计（创新）中心、企业技术中心等平台，给予项目补助资金。鼓励知识产权转化应用，对取得发明专利的研发成果，在2年内以技术入股、技术转让、授权使用等形式在省内转化的，按技术合同成交额对专利发明者给予适当奖励。对发明专利新获得"中国专利金奖"、"中国专利优秀奖"、"湖南专利奖"，以及获得国家级科技奖励的企业，给予适当奖励。

（三）壮大龙头企业。重点扶持一批规模合理、创新能力强、机械化和装配化水平高的技术研发、部品部件生产、工程建设等企业。引导大型商品混凝土生产企业、传统建材企业向预制构件和住宅部品部件生产企业转型，引导省内特级施工总承包企业和行业内有一定影响的部品部件生产及开发企业转变建设发展方式，培育一批规模较大、带动作用较强且增长较快的龙头企业。省新型工业化和战略性新兴产业资金加大部品部件创新和技改项目支持力度，优先将符合条件的住宅产业化项目纳入省重点建设项目计划。

（四）推进示范工程。各地因地制宜，编制本地区住宅产业化发展规划，并以保障性住房等政府投资项目为切入点，开展采用装配式建筑技术建设的试点工作。按照技术先进、经济适用、示范性强的原则，制订住宅产业化示范项目选择程序及标准、技术导则和动态管理措施。在长株潭城市群开展试点示范，鼓励商品住宅进行产业化试点，通过试点示范工程，引导开发企业在设计理念、技术集成、居住形态、建造方式和管理模式等方面实现根本性转变。对主动申请采用工业化方式建设的住宅开发项目，研究制定预制外墙部分不计入建筑面积、保障性住房建造增加成本计入项目建设成本、建筑面积奖励和新型墙体材料专项资金支持等相关扶持政策。

（五）促进产业集聚。整合产业链资源，鼓励开发、设计、部品部件生产、施工、装饰、家具、家电、物流等企业和科研单位组成联合体或住宅产业化联盟，实现住宅产业配套服务集约化。研究制定推进住宅产业化基地建设优惠政策，支持集设计、生产、施工于一体国家住宅产业化基地和钢结构及部品部件等住宅产业化聚集示范园区建设，引导住宅产业化和相关配套企业入驻，培育形成高效、节能、环保型住宅产业集群

（六）打造质量品牌。强化企业质量主体责任，鼓励企业制定品牌发展战略，加快质量基础能力建设，提升住宅部品部件产品质量，创建有国际影响力的著名品牌。加强质量管控，完善住宅产业化各类装配整体式住宅体系的验收规范和现场施工安全质量技术要求。建立项目施工现场部品部件检测、质量监督等制度，加强住宅产业化项目建设过程监管，落实各参与主体的责任，切实保障工程质量和安全。

四、要素保障

（一）加强土地保障。各地要根据住宅产业化住宅建设目标任务和土地利用总体规划、城市（镇）总体规划，重点保障住宅产业化发展合理用地。鼓励开发建设单位采用住宅产业化方式建设住宅项目，在土地出让或划拨前，对已明确按照住宅产业化方式建造，具备条件的保障性住房、写字楼、酒店等建设项目，优先保障供地。对住宅产业化或预制装配化（PC）率达到50％的建设项目，在符合总体规划的前提下，在建筑容积率上给予适当奖励，具体办法另行制定。

（二）加强金融服务。积极争取世界银行、亚洲开发银行等国际金融组织和外国政府贷款支持。鼓励省内银行业金融机构对符合住宅产业化发展政策的生产企业和开发建设项目，对购买获得国家康居示范工程项目的住宅和达到绿色建筑标识（含国家A级以上住宅性能认定）评价的消费者，优先给予信贷支持，并在贷款额度、贷款期限及贷款利率等方面予以倾斜。

（三）加大财税支持。整合政府相关专项资金，重点支持企业重大项目、重大技术攻关、示范基地建设、创新平台和公共服务平台建设等。对住宅产业化基地建设和技术创新有重大贡献的单位和企业，给予财政奖励。企业在提供建筑业务的同时销售部品部件的，分开核算，部品部件征收增值税，建筑安装业务征收营业税，符合政策条件的给予税收优惠。在建筑工程中使用预制墙体部分，经认定可享受新型墙体材料优惠政策；使用散装水泥预制构件的，可计入建设单位散装水泥专项资金的返退依据，实行先缴后返。对住宅产业化或预制装配化（PC）率达到50％且获得国家绿色建筑二星（含2A住宅性能认定）和三星（含3A住宅性能认定）标识的建设项目，按照财政部住房城乡建设部《关于加快推动我国绿色建筑发展的实施意见》（财建〔2012〕167号）规定给予财政奖励。对全装修住宅，在计税时，合理确定计税价格，以鼓励社会购买全装修住宅。

（四）加强人才培养。开展住宅产业化企业和管理部门相关人员的分类培训，积极培育住宅产业化实用技术人员。依托试点、示范工程，通过企业内部培训，培养具备建造相关专业技术及生产、操作经验的职业技术工人。加强劳务企业管理，建立用工与培训长效机制。对引进的高层管理人员（含核心技术人员），对其户籍、居住证办理、医疗保障、子女教育、家属就业、人才公寓入住或购房补贴等方面给予重点支持。

五、市场推广

（一）组织实施项目带动。通过政府投资项目建设，带动住宅产业化发展。在政府投资的大型建筑和保障性住房中确定一定的比例采用住宅产业化方式建设，积极应用住宅产业化成套部品部件和技术。组织实施国家康居示范工程和住宅性能认定，发挥示范工程的引导和带动作用。对批准实施国家康居示范工程的住宅产业化项目，实行减少项目资本金监管额度、公积金优先放贷等支持政策；对通过终审和验收的国家3A级住宅、国家康居示范工程、国家"广厦奖"的住宅产业化项目，在工程招投标、信用评定、资质升级等工作中给予加分。

（二）支持企业开拓市场。将省产住宅产业化部品部件重点产品纳入政府采购目录。鼓励业内交流与宣传，支持有影响力的展览会或行业峰会落户湖南。鼓励企业走出去，对赴境外参加大型国际展会的企业，在展位费、人员费方面给予一定补贴。建立政府、媒体、企业与公众相结合的宣传机制，定期组织宣传活动，提高公众对发展节能、省地、环保型住宅及公共建筑的认识，增强全社会对住宅产业化的了解，营造良好舆论氛围。

六、优化环境

（一）创新审批机制。对住宅产业化或预制装配化（PC）率达到 50％的建设项目，采用平方米包干价确定工程总造价预算进行施工合同备案，开发报建手续实行并联式审批及绿色通道办理，创新促进住宅产业化的审批监管机制。

（二）加强招标支持。对具有专利或成套住宅产业化技术体系的住宅产业化企业，同等条件下给予投标优先权；对住宅产业化或预制装配化（PC）率达到 50％的建设项目，在施工当地没有住宅产业化生产施工企业或者只有少数几家住宅产业化部件生产施工基地的，招标时可以采用邀请招标方式进行。

（三）确保运输畅通。各级公安和交通运输管理部门在所辖职能范围内，对运输超大、超宽部品部件（预制混凝土及钢构件等）运载车辆，在物流运输、交通通畅方面给予支持。

七、组织协调

建立省住宅产业化发展联席会议制度，省政府分管领导为召集人，省直有关部门参加，联席会议办公室设在省住房城乡建设厅。各级各有关部门要按照职能做好相关工作，指定专门机构负责政策的推介、落实工作，推行"一站式"窗口对外服务，严格实行一次性告知和首问责任制度等。各地要制订相应的鼓励住宅产业化发展的政策和措施，加强对住宅产业化发展的组织领导。

湖南省人民政府
2014 年 4 月 14 日

江苏省政府关于加快推进建筑产业现代化促进建筑产业转型升级的意见

江苏省人民政府文件　苏政发〔2014〕111号

各市、县（市、区）人民政府，省各委办厅局，省各直属单位：

建筑产业是产业链长、带动力强、贡献度高的国民经济重要支柱产业和富民安民基础产业。近年来，我省建筑产业持续快速发展，产业规模位居全国前列，但建筑产业现代化水平还不高，存在建设周期较长、资源能源消耗较高及生产效率、科技含量、标准化程度偏低等问题。我省作为国家建筑产业现代化试点省份，加快推进以"标准化设计、工厂化生产、装配化施工、成品化装修、信息化管理"为特征的建筑产业现代化，有利于提高劳动生产率、降低资源能源消耗、提升建筑品质和改善人居环境质量，有利于促进建筑产业绿色发展、实现建筑大省向建筑强省转变，对加快转变发展方式和经济结构战略性调整、助力新型城镇化和城乡发展一体化，都具有重要意义。为加快推进建筑产业现代化，促进建筑产业转型升级，现提出如下意见。

一、总体要求

（一）指导思想。

学习贯彻党的十八大和十八届三中、四中全会以及中央城镇化工作会议精神，按照建设资源节约型、环境友好型社会的要求，以发展绿色建筑为方向，以住宅产业现代化为重点，以科技进步和技术创新为动力，以新型建筑工业化生产方式为手段，着力调整建筑产业结构，综合运用各项政策措施，加快推进建筑产业现代化，推动建筑产业转型升级，为促进经济社会与环境协调可持续发展提供重要支撑。

（二）基本原则。

1. 政府引导，市场主导。加大政策扶持力度，强化政府规划、协调、引导职能。坚持以市场需求为导向，完善市场机制，充分发挥开发、设计、生产、施工、材料、科研等企业在建筑产业现代化中的主体作用。

2. 因地制宜，分类指导。坚持推动建筑产业现代化与地方实际相适应，依据多层次多样化建筑需求，因地制宜明确建筑发展模式。根据不同地区建设发展水平，合理确定实现建筑产业现代化的目标任务和发展路径，加快推进建筑产业转型升级。

3. 系统构建，联动推进。总结借鉴国内外先进经验，建立建筑产业现代化的标准技术体系、生产体系、市场监管体系和监测评价体系。遵循新型城镇化和城乡发展一体化、新型工业化和信息化要求，在推动建筑产业现代化过程中，实现装配式建筑与成品住房、绿色建筑联动发展。

4. 示范先行，重点突破。在重点城市、重点区域和重点项目中加快推进建筑产业现代化，开展建筑产业现代化试点示范，推动建筑产业现代化示范城市、基地和项目建设，带动全省建筑产业现代化稳步有序发展。

（三）发展目标。

1. 试点示范期（2015—2017年）。到2017年年底，建筑强市以及建筑产业现代化示范市至少建成1个国家级建筑产业现代化基地，其他省辖市至少建成1个省级建筑产业现代化基地。全省建筑产业现代化方式施工的建筑面积占同期新开工建筑面积的比例每年提高2—3个百分点，建筑强市以及建筑产业现代化示范市每年提高3—5个百分点。培育形成一批具有产业现代化、规模化、专业化水平的建筑行业龙头企业。初步建立建筑产业现代化技术、标准和质量等体系框架。

2. 推广发展期（2018—2020年）。建筑产业现代化的市场环境逐渐成熟，体系逐步完善，形成一批以优势企业为核心、贯通上下游产业链条的产业集群和产业联盟，建筑产业现代化技术、产品和建造方式推广至所有省辖市。全省建筑产业现代化方式施工的建筑面积占同期新开工建筑面积的比例每年提高5个百分点。

3. 普及应用期（2021—2025年）。到2025年年末，建筑产业现代化建造方式成为主要建造方式。全省建筑产业现代化施工的建筑面积占同期新开工建筑面积的比例、新建建筑装配化率达到50%以上，装饰装修装配化率达到60%以上，新建成品住房比例达到50%以上，科技进步贡献率达到60%以上。与2015年全省平均水平相比，工程建设总体施工周期缩短1/3以上，施工机械装备率、建筑业劳动生产率、建筑产业现代化建造方式对全社会降低施工扬尘贡献率分别提高1倍。

二、重点任务

（一）制定产业发展规划。制定《江苏省建筑产业现代化发展规划纲要》，并纳入省国民经济和社会发展规划。各地要结合实际，制定建筑产业现代化发展规划，纳入本地区国民经济和社会发展规划、住房城乡建设领域相关规划，明确近期和中长期发展目标、主要任务、保障措施，合理确定建筑产业现代化生产力布局，统筹推进建筑产业现代化。建筑强市以及创建建筑产业现代化试点城市在2015年之前完成规划编制工作，明确目标任务，制定具体政策。

（二）构建现代化生产体系。积极推进建筑产业现代化基地建设，优化生产力布局，整合各类生产要素，形成规模化建筑产业链，实现建筑产业集聚集约发展。加快发展新型建筑工业化，按现代化大工业生产方式改造建筑业，因地制宜推广使用先进高效工程技术和装备，大幅减少现场人工作业。在建筑标准化基础上，实现建筑构配件、制品和设备的工业化大生产，推动建筑产业生产、经营方式走上专业化、规模化道路，形成符合建筑产业现代化要求的设计、生产、物流、施工、安装和建设管理体系。加快转变传统开发方式，大力推进住宅产业现代化，使建筑装修一体化、住宅部品标准化、运行维护智能化的成品住房成为主要开发模式。

（三）促进企业转型升级。实施万企转型升级工程，发挥市场主体作用，引导开发、设计、工程总承包、机械装备、部品构件生产、物流配送、装配施工、装饰装修、技术服务等行业企业适应现代化大工业生产方式要求，加快转型升级。发挥房地产开发企业集成作用，发展一批利用建筑产业现代化方式开发建设的骨干企业，提升开发建设水平。发挥设计企业技术引领作用，培育一批熟练掌握建筑产业现代化核心技术的设计企业，提升标准化设计水平。发挥部品生产企业支撑作用，壮大一批规模合理、创新能力强、机械化水平高的部品生产企业，鼓励大型预拌混凝土、预拌砂浆生产企业、传统建材企业向预制构件和住宅部品部件生产企业转型。发挥施工企业推动作用，形成一批设计施工一体化、结构装修一体化以及预制装配式施工的工程总承包企业。鼓励成立包括开发、科研、设计、部品生产、物流配送、施工、运营维护等在内的产业联盟，向产业链上下游延伸，优化整合各方资源，实现融合互动发展。

（四）提高科技创新能力。加强产学研合作，健全以企业为主体的协同创新机制，推动建筑行业企业全面提升自主创新能力。引导各类创新主体共建具有技术转移、技术开发、成果转化、技术服务和人才培育等多种功能的联合创新载体，培育和组建一批工程研发中心、共性技术服务中心、行业协同创新中心。按照抗震设防和绿色节能要求，加大装配式混凝土结构、钢结构、钢混结构等建筑结构体系研发力度，尽快形成标准设计、部品生产制造、装配施工、成品住房集成等一批拥有自主知识产权的核心技术。

（五）推广先进适用技术。编制《江苏省建筑产业现代化技术发展导则》，制定相关技术政策。积极引导建筑行业采用国内外先进的新技术、新工艺、新材料、新装备，定期发布推广应用、限期使用和强制淘汰的技术、工艺、材料和设备公告。推广应用装配式混凝土结构、钢结构、钢混结构、复合竹木结构等建筑结构体系，全面采用建筑预制内外墙板、预制楼梯、叠合楼板等部品构件。大力发展和应用太阳能与建筑一体化、结构保温装修一体化、门窗保温隔热遮阳新风一体化、成品房装修与整体厨卫一体化，以及地源热泵、采暖与新风系统、建筑智能化、水资源再生利用、建筑垃圾资源化利用等成套技术。

（六）建立完善标准体系。结合江苏现行标准体系和抗震设防、绿色节能等要求，加快研究制定基础性通用标准、标准设计和计价定额，构建部品与建筑结构相统一的模数协调系统，研发相配套的计算软件，实现建筑部品、住宅部品、构配件系列化、标准化、通用化。鼓励企业确立适合建筑产业现代化的技术、产品和装配施工标准，尽快形成一批先进适用的技术、产品标准和施工工法，经评审后优先推荐纳入省级或国家级标准体系。

（七）建立健全监管体系。完善新兴市场主体准入制度，建立健全部品生产企业资质标准和审查制度。改革招投标制度，给予具有建筑产业现代化施工能力的企业优先中标权。完善工程造价管理制度，定期公布贴近市场实际的工程造价指标。健全工程质量监管体系，严格企业质量安全主体责任，加强预制构件生产质量监管，强化装配式施工现场安全管理，完善建筑项目设计、部品制造、施工和运营全流程质量管理体系，提升工程质量水平。建立建筑部品以及整体建筑性能评价体系，明确评价主体、标准和程序。强化成品住房质量验收，完善《质量保证书》和《使用说明书》制度。推行工程质量、成品住房质量担保和保险制度，鼓励多种形式购买保险产品与服务，完善工程质量追偿机制，提高质量监管效能。

（八）提高信息化应用水平。深入推进建筑产业和行业企业信息化应用示范工程，充分应用现代信息技术提升研发设计、开发经营、生产施工和管理维护水平。加快推广信息技术领域最新成果，鼓励企业加大建筑信息模型（BIM）技术、智能化技术、虚拟仿真技术、信息系统等信息技术的研发、应用和推广力度，实现设计数字化、生产自动化、管理网络化、运营智能化、商务电子化、服务定制化及全流程集成创新，全面提高建筑行业企业运营效率和管理能力。

（九）提升产业国际化水平。按照我省"三个国际化"的战略部署，提高建筑行业企业、市场和人才的国际化水平，推动建筑产业现代化发展。鼓励建筑行业企业"走出去"开拓国际市场，提高国际竞争水平。通过"引进来"与"走出去"相结合，引进国际先进的技术装备和管理经验，并购国外先进建筑行业企业，整合国际相关要素资源，提升企业核心竞争力，推动省内大型成套设备、建材、国际物流等建筑相关产业发展。

（十）提高人才队伍建设水平。通过"千人计划""双创计划""333 工程"等，引进和培养一批建筑产业现代化高端人才。通过校企合作等多种形式，培养适应建筑产业现代化发展需求的技术和管理人才。开展多层次建筑产业现代化知识培训，提高行业领导干部、企业负责人、专业技术人员、经营管理人员的管理能力和技术水平，依托职业院校、职业培训机构和实训基地培育紧缺技能人才。建立有利于现代建筑产业工人队伍发展的长效机制，扶持建筑劳务企业发展，着力建设规模化、专业化的建筑产业工人队伍。

三、政策支持

（一）加大财政支持。拓展省级建筑节能专项引导资金支持范围，重点支持采用装配式建筑技术、获得绿色建筑标识的建设项目和成品住房。优化省级保障性住房建设引导资金使用结构，加大对采用装配式建筑技术的保障性住房项目支持力度。符合条件的标准设计、创意设计项目，列入省级服务业和文化产业发展专项资金支持对象。符合条件的技术研发项目，列入省级科技支撑计划、科技成果转化专项资金、产学研联合创新资金等各类科技专项资金支持对象。建筑产业现代化国家级、省级研发中心以及协同创新中心享受省科技扶持资金补贴。对建筑产业现代化优质诚信企业，参照省级规模骨干工业企业政策予以财政奖励。获得"鲁班奖""扬子杯"的项目，纳入省级质量奖奖补范围。对主导制定国家级或省级建筑产业现代化标准的企业，鼓励其申报高新技术企业并享受相关财政支持政策。对建筑产业现代化技能人才实训园区，优先推荐申报省级重点产业专项公共实训基地，符合条件的享受省级财政补贴。将符合现代化生产条件的建筑及住宅部品研发生产列入省高新技术产业和战略性新兴产业目录，享受相关财政扶持政策。

（二）落实税费优惠。对采用建筑产业现代化方式的企业，符合条件的认定为高新技术企业，按规定享受相应税收优惠政策。按规定落实引进技术设备免征关税、重大技术装备进口关键原材料和零部件免征进口关税及进口环节增值税、企业购置机器设备抵扣增值税、固定资产加速折旧、研发费用加计扣除、技术转让免征或减半征收所得税等优惠政策。鼓励建筑企业开拓境外市场，享受相关免抵税收政策。积极研究落实建筑产业营改增税收优惠政策。房地产开发企业开发成品住房发生的实际装修成本可按规定在税前扣除，对于购买成品住房且属于首套住房的家庭，由当地政府给予相应的优惠政策支持。修订全省扬尘排污费征收和使用办法，将扬尘排污费征收范围扩大至全省，征收的扬尘排污费主要用于治理工地扬尘，对装配式施工建造项目核定相应的达标削减系数。装配式复合节能墙体符合现行要求的，对征收的墙改基金、散装水泥基金即征即退。省级建筑产业现代化示范项目可参照省"百项千亿"重点技改工程项目政策，免征相关建设类行政事业性收费和政府性基金。将建筑产业现代化示范基地（园区）纳入省重点产业示范园区范围，享受省新型工业化示范园区相关政策。对采用建筑产业现代化方式的优质诚信企业，在收取国家规定的建设领域各类保证金时，各地可施行相应的减免政策。

（三）加大金融支持。对纳入建筑产业现代化优质诚信企业名录的企业，有关行业主管部门应通过组织银企对接会、提供企业名录等多种形式向金融机构推介，争取金融机构支持。各类金融机构对符合条件的企业要积极开辟绿色通道、加大信贷支持力度，提升金融服务水平。住房公积金管理机构、金融机构对购买装配式商品住房和成品住房的，按照差别化住房信贷政策积极给予支持。鼓励社会资本发起组建促进建筑产业现代化发展的各类股权投资基金，引导各类风险资本参与建筑产业现代化发展。大力发展工程质量保险和工程融资担保。鼓励符合条件的建筑产业现代化优质诚信企业通过发行各类债券融资，积极拓宽融资渠道。

（四）提供用地支持。加强建筑产业现代化基地用地保障，对列入省级年度重大项目投资计划、符合点供条件的优先安排用地指标。各地应根据建筑产业现代化发展规划要求，加强对建筑产业现代化项目建设的用地保障。以招拍挂方式供地的建设项目，各地应根据建筑产业现代化发展规划，在规划条件中明确项目的预制装配率、成品住房比例，并作为土地出让合同的内容。对以划拨方式供地的保障性住房、政府投资的公共建筑项目，各地应提高项目的预制装配率和成品住房比例。

（五）提供行政许可支持。按照行政审批制度改革要求，依法依规规范行政许可事项，优化建筑行业企业发展环境。在符合相关法律法规和规范标准的前提下，对实施预制装配式建筑的项目研究制定容积率奖励政策，具体奖励事项在地块规划条件中予以明确。土地出让时未明确但开发建设单位主动采用装配式建筑技术建设的房地产项目，在办理规划审批时，其外墙预制部分建筑面积（不超过规划总建筑面积的3％）可不计入成交地块的容积率核算。对采用建筑产业现代化方式建造的商品房项目，在办理《商品房预售许可证》时，允许将装配式预制构件投资计入工程建设总投资额，纳入进度衡量。

（六）加强行业引导。将建筑产业现代化推进情况和成效作为"人居环境奖""优秀管理城市"评选的重要考核内容。评选优质工程、优秀工程设计和考核文明工地，优先考虑采用建筑产业现代化方式施工的项目。在建设领域企业综合实力排序中，将建筑产业现代化发展情况作为一项重要指标。建立并定期发布《江苏省建筑产业优质诚信企业名录》，对建筑产业现代化优质诚信企业在资质评定、市场准入、工程招投标中予以倾斜。

四、保障措施

（一）强化组织领导。省人民政府建立推进建筑产业现代化工作联席会议制度，统筹协调全省建筑产业现代化推进工作。联席会议办公室设在省住房城乡建设厅。各市、县（市）人民政府要将推进建筑产业现代化摆上重要议事日程，成立由政府负责人牵头的组织领导机构，强化对推进建筑产业现代化工作的统筹协调。

（二）强化技术指导。省住房城乡建设主管部门成立由管理部门、企业、高等院校、科研机构专家组成的建筑产业现代化专家委员会，并分行业设立设计、部品、施工等专家小组，负责标准编制、项目评审、技术论证、性能认定等方面的技术把关和服务指导。各地要成立相应的专家委员会，在试点示范阶段，负责对本地区建筑产业现代化项目建设方案和应用技术进行论证，并为施工图审查提供参考。

（三）强化示范引导。推进建筑产业现代化示范城市创建工作，建筑强市、人居环境城市、绿色建筑示范市和优秀管理城市要率先建成省级建筑产业现代化示范城市。各地要有计划建设建筑产业现代化示范基地，统筹规划布局，落实政策措施，促进产业集聚发展。政府主导的保障性住房、政府投资的公共建筑、市政基础设施工程三类新建项目应率先采用建筑产业现代化技术和产品，切实发挥示范引导作用，推动建筑产业现代化技术和产品的普及应用。

（四）强化社会推广。各地、各有关部门要通过报纸、电视、电台与网络等媒体，大力宣传建筑产业现代化的重要意义，让公众更全面了解建筑产业现代化对提升建筑品质、宜居水平、环境质量的作用，提高建筑产业现代化在社会中的认知度、认同度。通过举办全省建筑产业现代化系列年度博览会，向社会推介优质、诚信、放心的技术、产品、企业。

（五）强化监测评价。建立建筑产业现代化监测评价指标体系，并将其作为衡量各地促进建筑产业转型升级的重要内容。省推进建筑产业现代化工作联席会议办公室要定期组织监测评价，建立信息发布机制，及时发布监测评价结果。

江苏省人民政府

2014 年 10 月 31 日

安徽省人民政府办公厅关于加快推进
建筑产业现代化的指导意见

皖政办〔2014〕36号

各市、县人民政府，省政府各部门、各直属机构：

建筑产业现代化是指采用标准化设计、工业化生产、装配式施工和信息化管理等方式来建造和管理建筑，将建筑的建造和管理全过程联结为完整的一体化产业链。推进建筑产业现代化有利于节水节能节地节材，降低施工环境污染，提高建设效率，提升建筑品质，带动相关产业发展，推动城乡建设走上绿色、循环、低碳的发展轨道。为加快推进我省建筑产业现代化发展，经省政府同意，现提出以下指导意见：

一、总体要求

以工业化生产方式为核心，以预制装配式混凝土结构、钢结构、预制构配件和部品部件、全装修等为重点，通过推动建筑产业现代化，推进建筑业与建材业深度融合，切实提高科技含量和生产效率，保障建筑质量安全和全寿命周期价值最大化，带动建材、节能、环保等相关产业发展，促进建筑业转型升级。

二、主要目标

到2015年末，初步建立适应建筑产业现代化发展的技术、标准和管理体系，全省采用建筑产业现代化方式建造的建筑面积累计达到500万平方米，创建5个以上建筑产业现代化综合试点城市；综合试点城市当年保障性住房和棚户区改造安置住房采用建筑产业现代化方式建造比例达到20%以上，其他设区城市以10万平方米以上保障性安居工程为主，选择2—3个工程开展建筑产业现代化试点。

到2017年末，全省采用建筑产业现代化方式建造的建筑面积累计达到1500万平方米；创建10个以上建筑产业现代化示范基地、20个以上建筑产业现代化龙头企业；综合试点城市当年保障性住房和棚户区改造安置住房采用建筑产业现代化方式建造比例达到40%以上，其他设区城市达到20%以上。

2015年起，保障性住房和政府投资的公共建筑全部执行绿色建筑标准。在新建住宅中大力推行全装修，合肥市全装修比例逐年增加不低于8%，其他设区城市不低于5%，鼓励县城新建住宅实施全装修。到2017年末，政府投资的新建建筑全部实施全装修，合肥市新建住宅中全装修比例达到30%，其他设区城市达到20%。

三、重点任务

（一）建立健全标准体系。以预制装配式混凝土（PC）和钢结构、预制构配件和部品部件等为重点，加快制定建筑产业现代化项目设计、生产、装配式施工、竣工验收、使用维护、评价认定等环节的标准和规范，健全工程造价和定额体系，提高部品部件的标准化水平，加快完善建筑产业现代化产品质量保障体系。制定新建住宅全装修技术和质量验收标准，完善设计、施工、验收技术要点，确保质量和品质。

（二）大力培育实施主体。引进国内外建筑产业现代化优势企业，吸收推广先进技术和管理经验，带动省内相关建筑业企业发展。支持引导省内建筑业企业整合优化产业资源，向建筑产业现代化方向发展，研究和建立企业自主的技术体系和建造工法。推广工程项目总承包和设计施工一体化，扶持一批创新能力强、机械化和装配化水平高的技术研发、设计、生产、施工龙头企业组成联合体，加快形成适应建筑产业现代化发展的产业集团。大力发展建筑产业现代化咨询、监理、检测等中介服务机构，完善专业化分工协作机制。

（三）加快发展配套产业。大力发展构配件和部品部件产业，完善研发、设计、制造、安装产业链，引导大型商品混凝土生产企业、钢材及传统钢结构生产企业加快技术改造，调整产品和工艺装备结构，向构配件和部品部件生产企业转型。围绕建筑产业现代化，积极发展设备制造、物流、绿色建材、建筑机械、可再生能源等相关产业，培育一批具有自主知识产权的品牌产品和重点企业。大力推进建筑产业现代化基地建设，形成完善的产业链，促进产业集聚发展。

（四）大力实施住宅全装修。加快推进新建住宅全装修，在主体结构设计阶段统筹完成室内装修设计，大力推广住宅装修成套技术和通用化部品体系，减少建筑垃圾和粉尘污染。引导房地产企业以市场需求为导向，提高全装修住宅的市场供应比重。推广菜单式装修模式，推出不同价位的装修清单，满足消费者个性化需求。合理确定不同类型保障性住房装修标准，保障性住房、建筑产业现代化示范项目全部实施全装修。房地产开发项目未按土地出让合同要求实施全装修的，不予办理竣工备案手续。实施住宅全装修分户验收制度，落实保修责任，切实保障消费者利益。

（五）加强科技创新推广。积极创建国家级建筑产业现代化研发推广展示中心，培养一批建筑产业现代化研发团队，支持高等院校、科研院所以及设计、施工等企业，围绕预制装配式混凝土结构、钢结构、全装修的先进适用技术、工法工艺和产品开展科研攻关，集中力量攻克关键材料、关键节点连接、钢结构防火防腐、抗震等核心技术，突破技术瓶颈，提升成果转化和技术集成水平。大力推广外遮阳、墙体保温一体化、厨卫一体化、可再生能源一体化等先进适用技术，以及叠合楼板、非砌筑类内外墙板、楼梯板、阳台板、雨棚板、建筑装饰部件、钢结构、轻钢结构等构配件和部品部件，不断提升应用比例。

（六）健全监管服务体系。加强管理制度建设，根据建筑产业现代化生产特点，创新项目招标、施工组织、质量安全、竣工验收等管理模式，建立结构体系、现场装配与施工、部品部件与整体建筑评价认证制度和资质审批认证制度，健全检验检测体系。实施建筑产业现代化构配件和部品部件推广目录管理制度，定期发布推广应用、限期使用和强制淘汰的建筑产业现代化技术、工艺、材料、设备目录，引导市场消费。建立建筑产业现代化全过程管理信息系统，实现建筑构配件和部品部件全过程的追踪、定位和维护，提升建筑产业现代化工程质量。加快培育建筑节能服务市场，建立健全建筑节能监管体系，建设省建筑能耗监管数据中心，不断提高建筑能源利用效率。

四、保障措施

（一）加强组织领导。省政府将建筑产业现代化工作纳入各市政府节能目标责任评价考核体系，建立由省住房城乡建设厅牵头、省有关部门参加的推进建筑产业现代化联席会议制度，负责研究制定全省建筑产业现代化发展规划和实施计划，协调解决工作推进中的重大问题，联席会议办公室设在省住房城乡建设厅。省住房城乡建设厅要组建专家委员会，指导编制行业发展规划和标准规范，加强对各地建筑产业现代化工作的技术指导。各市、县政府要根据当地实际，加强对建筑产业现代化工作的组织领导和统筹协调。

（二）落实扶持政策。采用建筑产业现代化方式建造的建筑享受绿色建筑扶持政策，符合条件的建筑产业现代化企业享受战略性新兴产业、高新技术企业和创新型企业扶持政策。省财政厅整合绿色建筑、产业发展、科技创新与成果转化、外经外贸、节能减排、人才引进与培训等专项资金，支持建筑产业现代化发展；会同省人力资源社会保障厅等部门制定出台建筑产业现代化工程工伤保险费计取优惠政策，按照国家部署加快推进建筑产业现代化构配件和部品部件生产装配环节营业税改征增值税试点。省科技厅每年从科技攻关计划中安排科研经费，用于支持建筑产业现代化关键技术攻关以及设计、标准、造价、工法、建造技术研究。鼓励高等院校、科研院所、企业等开展建筑产业现代化研究，符合条件的可享受相关科技创新扶持政策。省经济和信息化委加大建筑产业现代化产品推广力度，对预制墙体部分认定为新型墙体材料并享受有关优惠政策。省国土资源厅研究制定促进建筑产业现代化发展的差别化用地政策，在土地计划保障等方面予以支持。省物价局研究完善建筑产业现代化项目的设计收费政策。鼓励金融机构对建筑产业现代化产品的消费贷款和开发贷款给予利率优惠，开发适合建筑产业现代化发展的金融产品，支持以专利等无形资产作为抵押进行融资。

各地要结合实际，研究制定对建筑产业现代化及新建住宅全装修项目实行奖补、全装修部分对应产生的营业税和契税给予适当奖励等政策。在符合法律法规和规范标准的前提下，对建筑产业现代化及新建住宅全装修项目研究制定容积率奖励政策，具体奖励事项在地块招标出让条件中予以明确。土地出让时未明确但开发建设单位主动采用建筑产业现代化方式建造的房地产项目，在办理规划审批时，其外墙预制部分建筑面积（不超过规划总建筑面积的3%）可不计入成交地块的容积率核算。对采用建筑产业现代化方式建造的商品房项目，在办理《商品房预售许可证》时，允许将装配式预制构件投资计入工程建设总投资额，纳入进度衡量。各地在制定年度土地供应计划时，应明确采用建筑产业现代化方式建造和实施住宅全装修建筑的面积比例。对确定为采用建筑产业现代化方式建造和实施住宅全装修的项目，应在项目土地出让公告中予以明确，并将预制装配率、住宅全装修等内容列入土地出让和设计施工招标条件。

（三）推进示范带动。开展建筑产业现代化省级综合试点城市创建工作，支持产业基础良好、创建意愿较强的地方争创国家级建筑产业现代化综合试点城市。开展建筑产业现代化示范园区创建工作，辐射带动周边地区发展。各地要以保障性住房等政府投资项目和绿色建筑示范项目为切入点，全面开展建筑产业现代化试点和新建住宅全装修示范工作，新开工的保障性住房和棚户区改造安置住房要大力推广应用预制叠合楼板、预制楼梯、阳台板、空调板和厨卫一体化等部品部件，鼓励采用工业化程度较高的结构体系。积极引导房地产开发项目采用建筑产业现代化方式建造和实施全装修，推动企业在设计理念、技术集成、居住形态、建造方式和管理模式等方面实现根本性转变。

（四）强化培训宣传。加强建筑产业现代化设计、构配件和部品部件生产以及施工、管理、评价等从业人员培训，将相关政策、技术、标准等纳入建设工程注册执业人员继续教育内容，大力培养适应建筑产业现代化发展需求的产业工人，提高设计、生产、建造能力。充分发挥新闻媒体和行业协会作用，加强对企业和消费者的宣传，提高建筑产业现代化产品和新建住宅全装修在社会中的认同度，为推进建筑产业现代化发展营造良好氛围。

安徽省人民政府办公厅
2014 年 12 月 3 日

福建省人民政府办公厅关于推进
建筑产业现代化试点的指导意见

闽政办〔2015〕68号

各市、县（区）人民政府，平潭综合实验区管委会，省人民政府各部门、各直属机构，各大企业，各高等院校：

为进一步推动绿色建筑行动，推广应用建筑工业化建造方式，现就开展建筑产业现代化试点工作提出如下意见。

一、明确试点目标

（一）2015—2017年，全省选择基础条件较好的福州、厦门、漳州、泉州、宁德、三明市开展建筑产业现代化试点。2015—2016年，重点推进闽清县、海沧区、惠安县、长泰县、华安县、云霄县、福安市、梅列区以及具备条件的县（市、区）建设建筑产业现代化生产和服务基地（园区），为试点项目提供支撑。

到2017年，全省培育并创建3～5个国家级建筑产业现代化生产和服务基地。全省采用建筑工业化建造方式的工程项目建筑面积每年不少于100万平方米。初步形成建筑产业现代化的技术、标准和质量等体系框架。

（二）2018—2020年为建筑产业现代化推广期，试点设区市每年落实住宅新开工建筑面积不少于20%运用建筑工业化方式建造，且所占比重每年增加3个百分点。其他设区市和平潭综合实验区全部建成建筑产业现代化生产和服务基地。

责任单位：各设区市人民政府、平潭综合实验区管委会，省住建厅

二、落实重点任务

（一）2015年起，每年安排一批房屋建筑工程项目开展试点，优先安排新开工保障性安居工程参与试点。其中，福州、厦门市每年安排工程项目的建筑面积不少于50万平方米、漳州市安排不少于10万平方米，宁德市安排不少于5万平方米，泉州、三明市根据基地建设情况自行安排。

（二）优先从成熟和适用的部品部件入手，鼓励使用预制内外墙板、楼梯、叠合楼板、阳台板、空调板、梁等部件和集成化橱柜、浴室等部品。探索适应省情的建筑结构体系，福州、厦门、漳州、三明市重点试点预制装配式混凝土结构体系和钢结构体系，宁德市重点试点钢结构体系，泉州市重点推进装饰装修部品部件设计、生产、施工一体化试点。

（三）健全建筑产业现代化的技术标准和计价定额，明确建筑工业化建造方式的基本要求，推进部品部件标准化、模数化、通用化研究，建立部品部件认证制度。总结建筑产业现代化试点管理经验，探索、建立部品部件生产、施工质量和现场安全监督

管理机制。

责任单位：试点城市人民政府，省住建厅等

三、发挥市场主导

开发、设计、施工、部品部件生产、机械设备、物流配送、技术咨询服务等行业企业要适应建筑产业现代化的要求，发挥市场主体作用，切实转变建筑业发展方式，加快转型升级。

（一）鼓励成立包括开发、科研、设计、部品部件生产、物流配送、施工、运营维护、信息技术等在内的产业联盟，延伸产业链，优化整合资源，实现融合互动发展。

（二）发挥房地产开发企业集成作用，发展一批利用建筑工业化方式开发建设的骨干企业。对于主动采用建筑工业化方式开发建设的房地产开发企业，各相关部门在办理其资质升级、续期、预售许可等手续时开辟"绿色通道"，在办理建筑工业化方式建造的工程项目的用地、规划、施工、预售许可等手续时予以支持，享受税收等方面优惠政策。

（三）发挥设计单位技术引领作用，发展一批掌握建筑产业现代化核心技术的设计单位。设计单位应当提升标准化设计水平，推广建筑产业现代化设计理念，积极应用消能减震、BIM（建筑信息模型）、SI（骨架和填充物）设计、智能化、节能环保等新技术。

（四）发挥部品部件生产企业支撑作用，培育一批规模合理、创新能力强、机械化水平高的部品部件生产企业，鼓励大型预拌混凝土、预拌砂浆生产企业、传统建材企业向预制构件和住宅部品生产企业转型。部品部件生产企业要加大产品科技研发力度，提升生产管理水平，把好原材料关口，加强部品部件生产过程管控，确保质量安全。

（五）发挥施工企业推动作用，形成一批设计施工一体化、结构装修一体化以及预制装配式施工的工程总承包企业和专业承包企业。施工企业要加强技术管理人员、产业工人的培养，增强施工图深化设计能力，探索应用建筑工业化建造方式的施工管理技术。

责任单位：试点城市人民政府，省住建厅牵头、省直相关部门配合

四、强化政策扶持

（一）加强用地保障。试点城市要根据建筑产业现代化发展的目标任务和土地利用总体规划、城市（镇）总体规划，重点保障建筑产业现代化生产和服务基地（园区）建设用地需要和建筑产业现代化项目建设用地。试点城市应明确需要采用建筑工业化方式建造的项目名录。对于名录内项目，在供地前，规划部门应在出具项目规划条件时注明，国土资源部门应在土地出让合同或土地划拨决定书中明确相关要求。对于已签订土地出让合同或核发土地划拨决定书，且土地出让合同或土地划拨决定书中未明确要求采用建筑工业化方式建造的工程项目，在尚未核发建设工程规划许可证的前提下，有意按照建筑工业化方式建造的，其预制外墙或叠合外墙的预制部分可不计入建筑面积，但不超过该栋建筑的地上建筑面积3%。

责任单位：试点城市人民政府，省住建厅、发改委、国土厅、财政厅

（二）加强金融服务。对建筑工业化方式建造的商品住宅，金融机构对该项目的开发贷款利率、消费贷款利率可予以适当优惠。对于购买建筑工业化方式建造且全装修商品住宅的购房者，可按全装修住宅总价款确定贷款额度。各试点城市可采用住房公积金优先放贷、降低住房公积金贷款首付比例等鼓励措施。

责任单位：试点城市人民政府，人行福州中心支行、省住建厅、银监局

（三）落实税费政策。对建筑工业化方式建造的工程项目，预制混凝土墙体部分和非砌筑类的内外墙体不计入新型墙体材料专项基金的墙体材料计算范围。属于保障性安居工程的，根据国家有关规定免收新型墙体材料专项基金。部品部件生产企业享受我省出台的工业企业相关扶持政策。对于符合条件的新型墙体材料生产企业，试点城市可按规定从新型墙体材料专项基金中给予技术研发资金补助。使用散装水泥预制构件的，视为建设单位使用散装水泥，由建设单位报备，不预缴散装水泥专项资金。对符合建筑产业现代化的新材料、新技术、新产品的研发、生产和使用单位收到的技术研发资金补助，符合税法规定的，可以按不征税收入处理；发生的研究开发费用，依照相关规定，可以在计算企业所得税应纳税所得额时加计扣除。

责任单位：试点城市人民政府，省经信委、国税局、地税局

（四）提供招标支持。创新完善建筑工业化建造方式的工程项目招投标制度，积极推行设计、生产、施工为一体的工程总承包承发包方式。政府投融资的依法必须进行招标的民用建筑项目，对于采用建筑工业化建造方式的，只有少量潜在投标人可供选择的，经有权部门认定后，允许采用邀请招标。

责任单位：试点城市人民政府，省住建厅、发改委、财政厅

（五）加大行业扶持。支持厦门等国家住宅产业现代化综合试点城市编制建筑产业现代化的工程建设技术标准和计价定额，在本区域范围内使用。省住建厅要做好定额编制工作，及时发布常用预制构件的制作安装计价定额。实施过程出现定额缺项的，由省住建厅牵头组织市场调研后发布价格信息或补充定额，作为计价依据。支持部品部件生产企业申报施工资质、设计资质，打造部品部件生产、设计、施工一体化企业。优先推荐采用建筑工业化建造方式的工程项目以及项目各方主体参与"鲁班奖"、全国优秀工程勘察设计奖、国家康居示范工程、"闽江杯"、绿色建筑、省级标准化优良项目等评审和企业技术中心认定。对于政府投融资的采用建筑工业化建造方式的工程项目，施工企业缴纳的质量保证金以合同总价扣除预制构件总价作为基数乘以2%费率计取。

责任单位：省住建厅牵头、省直相关部门配合

（六）保障运输通畅。各试点城市及相关职能部门在所辖职能范围内，对运输预制混凝土及钢构件等超大、超宽部品部件的运输车辆，在物流运输、交通通畅方面予以支持。

责任单位：试点城市人民政府，省公安厅、交通运输厅

五、加强组织领导

（一）制定规划计划。各试点城市要加强调研、精心组织编制本地区2015—2020

年建筑产业现代化发展规划和计划安排表，并于 2015 年 9 月底前报送省住建厅备案。省住建厅要抓紧研究、起草全省建筑产业现代化发展规划纲要，明确近期和中长期发展目标。

（二）做好技术服务。省住建厅要抓紧牵头组建省级建筑产业现代化专家委员会，负责全省建筑产业现代化的技术论证和标准论证等相关服务工作。对于采用新技术、新工艺、新材料，可能影响建设工程质量和安全，又没有国家、行业和地方技术标准的，企业标准报备后可作为监督依据。试点城市应针对试点项目可能涉及的特殊结构，建立专项评审制度，通过采取专家专项评审、制定专项方案等手段，强化质量安全管理。

（三）抓好基地建设。各试点城市要加快建筑产业现代化生产和服务基地（园区）建设，在基地（园区）建设资金补助、财政贴息方面给予支持，积极帮助解决基地（园区）原材料来源问题，支持依法开采生产所需的普通建筑用石料（含机制砂）。对于在基地（园区）建设配套人才公寓、员工公寓、公共租赁住房的，可纳入当地保障性安居工程年度计划，按规定享受相应优惠政策。

（四）抓好队伍建设。强化对全省住建系统工程质量安全监督、建筑设计、施工企业等技术管理、监管人员和一线操作人员的学习培训，推动试点企业与相关高校、职业教育机构合作，加大企业内部培训，发挥建筑产业现代化生产和服务基地（园区）和试点项目的示范带动作用，培养适应我省建筑产业现代化需求的管理、开发、设计、生产和施工队伍。

（五）落实监督检查。各试点城市要结合工作实际，建立相关工作机构，制定具体的扶持政策和实施办法，并加强监督管理。省住建厅要牵头会同省直相关部门，加强对试点城市的指导和督查，研究解决试点工作中遇到的困难和问题，及时总结和推广试点经验。

责任单位：试点城市人民政府，省住建厅牵头、省直相关部门配合

福建省人民政府办公厅
2015 年 5 月 6 日

湖北省人民政府关于加快推进
建筑产业现代化发展的意见

鄂政发〔2016〕7号

各市、州、县人民政府，省政府各部门：

为切实转变我省建筑业发展方式，加快推进建筑业创新驱动、绿色低碳发展，不断增强建筑业可持续发展能力，现就推进我省建筑产业现代化发展提出如下意见：

一、总体要求

（一）指导思想。认真贯彻党的十八大和十八届三中、四中、五中全会及中央城市工作会议精神，落实国家生态文明建设战略部署，牢固树立绿色、循环、低碳发展理念，坚持规划引领、市场主导、创新驱动、标准先行，加快推进以"标准化设计、工厂化生产、装配化施工、成品化装修、信息化管理、智能化应用"为特征的建筑产业现代化，实现工程全寿命周期节能环保，促进产业发展和资源环境相协调，推动我省由建筑大省向建筑强省转变。

（二）发展目标。

1. 试点示范期（2016—2017年）。在武汉、襄阳、宜昌等地先行试点示范。到2017年，全省建成5个以上建筑产业现代化生产基地，培育一批优势企业；采用建筑产业现代化方式建造的项目建筑面积不少于200万平方米，项目预制率不低于20％；初步建立建筑产业现代化技术、标准、质量、计价体系。

2. 推广发展期（2018—2020年）。在全省统筹规划建设建筑产业现代化基地，全面推进建筑产业现代化。到2020年，基本形成建筑产业现代化发展的市场环境；培育一批以优势企业为核心，全产业链协作的产业集群；全省采用建筑产业现代化方式建造的项目逐年提高5％以上，建筑面积不少于1000万平方米，项目预制率达到30％；形成较为完备的建筑产业现代化技术、标准、质量、计价体系。

3. 普及应用期（2021—2025年）。自主创新能力增强，形成一批以骨干企业、技术研发中心、产业基地为依托，特色明显的产业聚集区。采用建筑产业现代化方式建造的新开工政府投资的公共建筑和保障性住房应用面积达到50％以上，新开工住宅应用面积达到30％以上；混凝土结构建筑项目预制率达到40％以上，钢结构、木结构建筑主体结构装配率达到80％以上。

二、重点任务

（一）提高科技创新能力。鼓励设计、开发、施工及部品构件生产企业与科研机构、高校院所合作，建立产、学、研、用相结合的协同技术创新体系，全面提升自主创新能力；积极引导建筑行业采用国内外先进的新技术、新工艺、新材料、新装备。

加大装配式混凝土结构、钢结构、钢混结构等建筑结构体系研发力度,尽快形成标准设计、部品生产制造、装配施工、成品住房集成等一批拥有自主知识产权的核心技术。加大建筑信息模型(BIM)、智能化、虚拟仿真、信息系统等技术的研发、应用和推广力度,全面提高企业运营、管理效率。各级政府要将建筑产业现代化技术研究列为科技重点攻关方向,通过统筹整合财政科技资金,加大支持力度。优先推荐采用建筑产业现代化方式建造的工程项目以及项目各方主体参与"鲁班奖""全国优秀工程勘察设计奖""楚天杯"等评审。

(二)推动产业市场建设。加快培育集项目开发、施工及部品构件生产于一体、辐射带动作用较强的建筑产业现代化龙头企业,支持企业投资建设建筑产业现代化基地、申报国家级住宅产业化基地。鼓励传统建材企业大力发展新型绿色材料,向建筑产业现代化生产企业转型。支持开发、施工、制造、物流等企业和科研单位建立产业协作机制,推动建筑产业现代化园区建设,培育全产业链协作的产业集群。发挥政府引导作用,以政府投资工程为重点,先行开展建筑产业现代化项目试点示范。通过土地出让、容积率奖励等激励政策,积极引导房地产等社会投资项目采用建筑产业现代化方式建设。积极推行住宅全装修,鼓励新建住宅一次装修到位或菜单式装修,促进个性化装修和产业化装修相统一。组织开展建筑产业现代化城市示范和省级项目示范,鼓励和支持具备条件的城市申报国家和省级建筑产业现代化试点城市。

(三)建立完善标准体系。加快研究建筑产业现代化建筑结构体系、标准体系、计价依据,组织编制工程设计、部品生产和检验、装配施工、质量安全、工程验收标准、标准设计图集、工程计价定额。优先制定装配式建筑设计统一模数标准、构件部品与建筑结构相统一的模数标准,建立通用种类和标准规格的建筑部品、设施、构件体系,实现工程设计、生产和施工安装标准化。鼓励企业开发、引进、推广适合建筑产业现代化的技术、产品和装配施工标准,尽快形成一批先进适用的技术、产品标准和施工工法。对于没有国家、行业和地方技术标准的新技术、新工艺、新材料,相关企业标准在通过评审后可以暂时作为设计、施工、监理和监督依据。

(四)建立健全监管体系。改进招投标管理方式,鼓励采用设计、部品构件生产、土建施工、设备安装和建筑装修一体化的工程实施总承包(EPC)等模式招标。由省公共资源交易管理机构会同建设行政主管部门制定相关规定,建立全省统一的"建筑产业现代化方式的建设、施工、设计单位和构件供应商名录"。建立和完善建筑产业现代化产品质量监管体系,质量技术监督管理部门和建设行政主管部门,依法加强对建筑产业现代化预制构配件、建筑部品、部件生产过程和成品及设施设备的质量监管,把好进场检验关,强化装配式施工现场安全管理。建立建筑部品以及整体建筑性能评价体系,明确评价主体、标准和程序。强化成品住房质量验收,加强对起重机械安全管理,严格落实安装、拆卸、保养、运营管理安全主体责任。

(五)提升产业国际化水平。鼓励企业"走出去"开拓国际市场,提高国际竞争水平。通过"引进来"与"走出去"相结合,引进国际先进的技术装备和管理经验,并购国外先进建筑行业企业,整合国际相关要素资源,提升企业核心竞争力,推动省内大型成套设备、建材、国际物流等建筑相关产业发展。

三、政策措施

（一）强化用地保障。各地要优先保障建筑产业现代化生产和服务基地（园区）、项目建设用地。规划部门应根据建筑产业现代化发展规划，在出具土地利用规划条件时，明确建筑产业现代化项目应达到的预制装配率、成品住房比例。对符合建筑产业现代化要求的开发建设项目和新建住宅全装修工程，在办理规划审批时，其外墙装配式部分建筑面积（不超过规划总建筑面积的3%）可不计入成交地块的容积率核算；国土资源部门在土地出让合同或土地划拨决定书中要明确相关计算要求。

（二）加大金融支持。发挥湖北建筑业产业联盟作用，通过组织银企对接会、提供企业名录等多种形式向金融机构推介，对符合条件的企业积极开辟绿色通道、加大信贷支持力度，提升金融服务水平。住房公积金管理机构、金融机构对购买装配式商品住房和成品住房的，按照差别化住房信贷政策积极给予支持。鼓励社会资本发起组建促进建筑产业现代化发展的各类股权投资基金，引导各类社会资本参与建筑产业现代化发展。鼓励符合条件的建筑产业现代化优质诚信企业通过发行各类债券，积极拓宽融资渠道。

（三）实施财税优惠。各地对采用建筑产业现代化方式建造的项目，可按建筑面积给予一定的财政补贴。对投资建设建筑产业现代化基地（园区）的企业，符合条件的，认定为高新技术企业，享受相关政策。积极落实建筑产业现代化营改增税收优惠政策，企业为开发建筑产业现代化新技术、新产品、新工艺发生的研究开发费用，符合条件的除可以在税前列支外，并享受加计扣除政策。涉及建筑产业现代化的技术转让、开发、咨询、服务取得的收入，免征增值税。实施全装修的新建商品住宅项目房屋契税征收基数按购房合同总价款扣除全装修成本后计取。采用装配式建筑技术开发建设的项目，在符合相关政策规定范围内，可分期交纳土地出让金。符合新型墙体材料要求的，可按规定从新型墙体材料专项基金中给予技术研发资金补助。对建筑产业现代化工程项目的新型墙体材料专项基金和散装水泥专项资金，可即征即返。对采用建筑产业现代化方式的工程项目，在收取国家规定的各类保证金时，各地可实行相应的减免政策。

（四）创新服务机制。对采用建筑产业现代化方式建设的项目，通过绿色通道，依法提供审批、审核、审查等相关事项快捷服务。对参与建筑产业现代化项目建设的开发和施工单位，可优先办理资质升级、续期、预售许可等相关手续。投入开发建设的资金达到工程建设总投资的25%以上，并已确定施工进度和竣工交付日期的，即可向房地产管理部门办理预售登记，领取预售许可证。允许将装配式构件投资计入工程建设总投资额，纳入进度衡量。按照建筑产业现代化要求建设的商品住宅项目，其项目预售资金监管比例按照15%执行。公安、市政和交通运输管理部门对运输超大、超宽的预制混凝土构件、钢结构构件、钢筋加工制品等的运输车辆，在物流运输、交通畅通方面依法依规给予支持。

四、组织实施

（一）强化组织领导。将建筑产业现代化发展纳入《湖北省国民经济和社会发展第十三个五年规划》，统筹推进。省人民政府建立推进建筑产业现代化工作联席会议制度，统筹协调、指导推进建筑产业现代化工作，建立建筑产业现代化工作目标考核制度。省发展改革委、省经信委、省科技厅、省公安厅、省财政厅、省人社厅、省国土厅、省住建厅、省交通厅、省地税局、省质监局、省金融办、省公共资源交易管理局等部门要加强工作协调配合，认真研究落实相关政策支持。各市、州、县人民政府要将推进建筑产业现代化摆上重要议事日程，成立组织领导机构，明确责任分工，强化工作措施，统筹协调推进建筑产业现代化。

（二）强化队伍建设。加快培养、引进适应建筑产业现代化发展需求的技术和管理人才，通过校企合作等多种形式，开展多层次知识培训，提高企业负责人、专业技术人员、经营管理人员管理能力和技术水平，依托职业院校、职业培训机构和实训基地培育紧缺技能人才。建立有利于现代建筑产业工人队伍发展的长效机制，扶持建筑劳务基地发展，着力建设规模化、专业化的建筑产业工人队伍。

（三）强化社会推广。建立政府、媒体、企业与公众相结合的推广机制，让公众更全面了解建筑产业现代化对提升建筑品质、宜居水平、环境质量的作用，提高建筑产业现代化在社会中的认知度、认同度。通过举办全省建筑产业现代化产品博览会、施工现场观摩会，向社会推介诚信企业、先进技术、放心产品。加强国际合作和交流，不断提升建筑产业现代化建设水平。

湖北省人民政府

2016 年 2 月 3 日